高等职业院校课程改革优秀成果系列教材·机电类

液压与气动控制及应用

主　编　张　帆　李梅红

副主编　岳　鹏　胡玉文

主　审　闫嘉琪

U0253894

北京理工大学出版社

BEIJING INSTITUTE OF TECHNOLOGY PRESS

图书在版编目（CIP）数据

液压与气动控制及应用 / 张帆，李梅红主编. —北京：北京理工大学出版社，2018.8（2023.8重印）

ISBN 978-7-5682-6090-9

Ⅰ．①液…　Ⅱ．①张…　②李…　Ⅲ．①液压传动–高等学校–教材　②气压传动–高等学校–教材　Ⅳ．①TH137　②TH138

中国版本图书馆 CIP 数据核字（2018）第 185247 号

出版发行 / 北京理工大学出版社有限责任公司	
社　　址 / 北京市海淀区中关村南大街 5 号	
邮　　编 / 100081	
电　　话 / （010）68914775（总编室）	
（010）82562903（教材售后服务热线）	
（010）68944723（其他图书服务热线）	
网　　址 / http://www.bitpress.com.cn	
经　　销 / 全国各地新华书店	
印　　刷 / 廊坊市印艺阁数字科技有限公司	
开　　本 / 787 毫米×1092 毫米　1/16	
印　　张 / 16.5	责任编辑 / 多海鹏
字　　数 / 388 千字	文案编辑 / 多海鹏
版　　次 / 2018 年 8 月第 1 版　2023 年 8 月第 5 次印刷	责任校对 / 周瑞红
定　　价 / 49.00 元	责任印制 / 李志强

图书出现印装质量问题，请拨打售后服务热线，本社负责调换

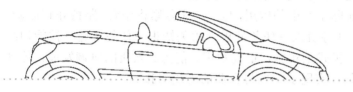

前 言

PREFACE

　　党的二十大报告提出"教育、科技、人才是全面建设社会主义现代化国家的基础性、战略性支撑。必须坚持科技是第一生产力、人才是第一资源、创新是第一动力，深入实施科教兴国战略、人才强国战略、创新驱动发展战略，开辟发展新领域新赛道，不断塑造发展新动能新优势。"教材必须紧密对接国家发展重大战略需求，全面贯彻党的教育方针，落实立德树人根本任务，培养德智体美劳全面发展的社会主义建设者和接班人，才能更好服务于高水平科技自立自强、拔尖创新人才培养。

　　本教材以培养德技双修、技艺精湛的能工巧匠为宗旨，以满足行业、企业对专业技术技能型人才的需求为目标，紧扣职业教育教学中的重难点，运用先进的 AR 技术开发的新型教学产品。编写中借鉴了德国"双元制"职业教育的先进理念，以"就业为导向、能力为本位"为指导思想，以学习项目为引领，典型工作任务为驱动，以技能训练为中心，配备相关的理论知识构成"任务驱动式"的教学模式，采用理论实践一体化训练法，通过"做中学、做中教、边学边做"来实施教学内容，实现理论知识与技能训练的统一。

　　全书包括液压传动、气压传动、气-电综合系统三部分内容，内容选取上按照由简单到复杂的认知规律，如"系统的认知→系统的分析和构建→系统的使用与维护→PLC 控制的综合系统的构建"，共设置七个学习项目。每个学习项目根据需要选取贴近生活和生产实际的若干个工作任务，主要论述了液压与气动的基础知识，液压与气动元件的功能及选用，液压与气动回路的功能与应用，液压与气动系统的分析及构建，液压与气动系统的使用维护及故障排除，基于 PLC 控制的气电综合技术的构建等。

　　本教材利用增强现实技术提供界面友好、形象直观、条理清晰、便于学习的交互式学习环境，并提供图文声像并茂的多种资源；在内容上从应用角度出发，力求贯彻少而精、理论联系实际的原则，突出基本知识和基本技能的培养；同时旗帜鲜明地体现党和国家意志，帮助学生牢固树立对中国共产党和中国特色社会主义的信念，对实现中华民族伟大复兴的坚定信心。主要特点体现为：

　　（1）贯彻落实党的二十大精神，注重素质培养，落实立德树人根本任务，在每个学习项目中增设学习目标，并融入与项目知识相关的中国力量、中国精神、劳模精神、大国工匠等优秀案例。

　　（2）推进教育数字化，提供了多种直观形象的动画、视频、微课及虚拟仿真三维交互模型，方便了"教"与"学"的过程，让数字技术助力成长成才，建设全民终身学习的学习型社会、学习型大国。

　　（3）产业发展不断更新升级，为更好服务于高水平科技自立自强、拔尖创新人才培养，

教材增加了新型元件比例阀和插装阀的应用及基于PLC控制的机电液气一体化综合技术，以推进新型工业化，加快建设制造强国、质量强国、数字强国。

（4）所有工作任务均取材于实际生产中的应用，与生产实际紧密结合，坚持守正创新，坚持问题导向。每个任务均按照"任务引入→任务分析→相关知识→任务实施→技能训练→知识拓展→思考与练习"的教学模式来实施，重视知识、能力、素质的协调发展，体现了"教学做合一"的职业教育特色，实现了学生与企业的无缝对接。

本书由天津工业职业学院张帆、李梅红担任主编，岳鹏、胡玉文担任副主编。其中张帆负责全书的统筹工作，并承担项目一、项目二中任务4、项目五、项目六、项目七及附录的编写；项目四由李梅红编写；项目二中任务1、2、3、5、6、7、8由岳鹏编写；项目三由胡玉文编写。本书由天津工业职业学院闫嘉琪教授担任主审。

本教材可作为高职高专院校机电一体化、机械制造与自动化、数控技术及其它自动化类相关专业的教材，也可作为中职等相关类专业的职业培训教材。

鉴于编者学识和水平有限，书中难免有不足之处，敬请广大读者批评指正。

2023 年 4 月

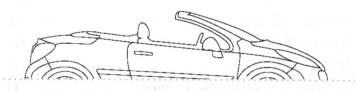

目 录
CONTENTS

项目一

液压传动认知

国之重器——蓝鲸1号

学习目标

本项目以工程实践中常用的液压传动系统为载体分析其工作过程，使学生掌握液压传动的工作原理、系统的组成及特点；认识液压系统中的两个重要的参数——压力和流量；了解液压系统在工程实际中的应用；激发学生的民族自豪感和科技报国的志向；培养学生的责任感和使命感；培养学生从科学的角度看问题。

任务1　认识液压系统

知识目标

◇ 掌握液压传动系统的基本原理和组成；

◇ 了解液压传动系统的优缺点、应用及发展。

技能目标

◇ 能正确区分液压传动系统的各组成部分；

◇ 会分析液压传动系统各部分的作用。

任务引入

液压传动系统应用非常广泛，在工程机械中，如液压千斤顶（图1-1-1）、挖掘机、推土机、装载机、压路机等；在农业机械中，如联合收割机等；在汽车行业，如液压自卸式汽车、高空作业车、汽车起重机等；在机床设备中，如外圆磨床（图1-1-2）、冲床等；在冶金行业中，如加热炉、轧钢机、压力机等都用到液压传动系统。那么什么是液压传动系统？它是怎样工作的？

任务分析

如图1-1-1所示的液压千斤顶可用来举升重物，图1-1-2所示的外圆磨床工作台可做纵向往复运动，两者的运动都是通过液压传动系统来实现的。液压传动和机械传动（如齿轮

项目一　液压传动认知

1

传动、带传动、链传动）、电力传动等传动方式一样，是进行能量传递和控制的一种传动形式。

图1-1-1　液压千斤顶

图1-1-2　外圆磨床

 相关知识

液压传动是利用液体作为传动介质对能量进行传递和控制的一种传动形式，从而实现各种机械的传动和自动控制。相对于机械传动来说，流体传动是一门新技术。液压传动是利用各种液压元件组成能够实现特定功能的基本回路，再由若干基本回路有机组合成能完成一定控制功能的传动系统，从而进行能量的传递、转换与控制。

一、液压传动的工作原理

1. 液压千斤顶的工作原理

液压千斤顶（图1-1-1）是一种起重高度较低（低于1 m）的最简单的起重设备，它主要用于厂矿和交通运输等部门，用作车辆修理及其他起重和支撑等工作。

图1-1-3所示为液压千斤顶的工作原理图，其结构主要由手动柱塞液压泵（杠杆手柄1、油缸2、活塞3）和液压缸（活塞8、油缸9）两大部分构成。工作时关闭截止阀11，当向上提杠杆手柄1时，活塞3被带动上升，泵体油腔中的工作容积增大而产生真空，由于单向阀7反向关闭，油箱12中的油液在大气压力的作用下，打开单向阀进入并充满泵体油腔，此过程为吸油过程；当压下杠杆手柄1时，活塞3被带动下移，泵体油腔中的工作

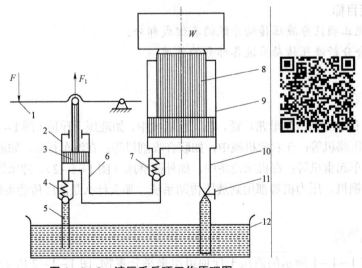

图1-1-3　液压千斤顶工作原理图

1—杠杆手柄；2，9—小油缸；3，8—小活塞；4，7—单向阀；5—吸油管；6，10—管道；11—截止阀；12—油箱

容积减小而压力增大，由于单向阀 4 反向关闭，泵体油腔中受到挤压的油液只能打开单向阀 7 进入油缸 9 的下油腔，此过程为压油过程；当油液压力升高到能够克服重物 W 时，即可举起重物。

2. 外圆磨床工作台的液压传动系统

M1432A 型万能外圆磨床（图 1-1-2）是应用最普遍的外圆磨床，主要用于磨削外圆柱面和圆锥面，还可以磨削内孔和台阶面等。图 1-1-4 所示为其外形图，其中机床工作台的纵向往复运动、砂轮架的快速进退运动和尾座套筒的缩回运动都是以油液为工作介质，利用液压传动系统来传递动力的。下面主要分析磨床工作台的液压传动系统。

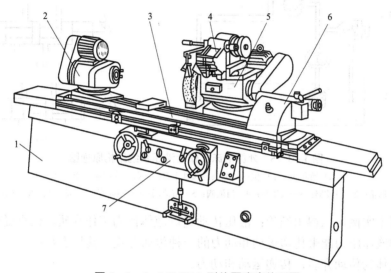

图 1-1-4 M1432A 型外圆磨床外形图
1—床身；2—工件头架；3—工作台；4—内磨装置；5—砂轮架；6—尾座；7—控制箱

图 1-1-5 所示为外圆磨床工作台的液压系统结构原理图，其工作过程如下：液压泵 3 在电动机（图中未画出）的带动下旋转，油液由油箱 1 经过滤器 2 被吸入液压泵，然后压力油将通过节流阀 5 和三位四通手动换向阀 6，如果换向阀 6 此时处于如图 1-1-5（b）所示的状态，油液将进入液压缸 7 的左腔，推动活塞和工作台 8 向右移动，液压缸 7 右腔的油液经换向阀 6 排回油箱。如果将换向阀 6 转换成如图 1-1-5（c）所示的状态，则压力油进入液压缸 7 的右腔，推动活塞和工作台 8 向左移动，液压缸 7 左腔的油液经换向阀 6 排回油箱。工作台 8 的移动速度由节流阀 5 来调节，当节流阀开度增大时，进入液压缸 7 的油液增多，工作台的移动速度增大；当节流阀关小时，工作台的移动速度减小。液压泵 3 输出的压力油除了进入节流阀 5 以外，还通过打开溢流阀 4 流回油箱。如果将手动换向阀 6 转换成如图 1-1-5（a）所示的状态，液压泵输出的油液经手动换向阀 6 截止，因此只能通过溢流阀 4 流回油箱，这时工作台停止运动。

在工作过程中，液压泵 3 输出的压力油一部分进入节流阀 5，另外一部分打开溢流阀 4 流回油箱。液压泵的工作压力由溢流阀 4 调定，其调定值略高于液压缸的工作压力，以克服管道、节流阀和溢流阀的压力损失。液压系统的工作压力不会超过溢流阀的调定值，因此溢流阀对整个系统还能起过载保护作用。

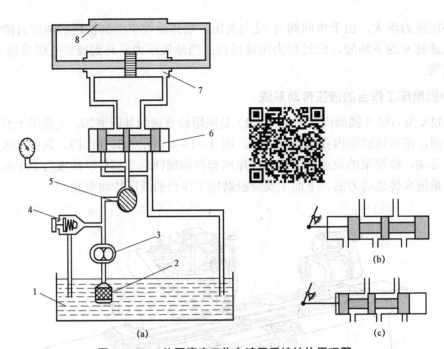

图 1-1-5 外圆磨床工作台液压系统结构原理图

(a) 换向阀处于中位；(b) 换向阀处于右位；(c) 换向阀处于左位

1—油箱；2—过滤器；3—液压泵；4—溢流阀；5—节流阀；6—换向阀；7—液压缸；8—工作台

从以上两个实例可以得出结论：液压传动是以液体作为工作介质，依靠受压液体在密封容积中产生的液体压力能来传递运动和动力的一种传动方式。其特点是：

（1）以液体为传动介质，传递运动和动力。

（2）由于液体只有一定的体积而没有固定的形状，所以液压传动必须在密闭容器内进行。

（3）依靠密封容积的变化传递运动。

（4）依靠压力的变化传递动力。

液压传动的实质是能量的相互转化过程：液压泵将电动机的机械能转换为液体的压力能，然后通过液压缸或液压电动机将液体的压力能再转换为机械能以推动负载运动，即"机械能→液体的压力能→机械能"。

二、液压系统的组成

在实际工作中，为简化液压传动系统的绘制，国家颁发了新液压气动图形符号国家标准（GB/T 786.1—2009），并有以下要求：

（1）只表示元件的功能、操作方式及外部连接通路；

（2）不表示元件的具体结构和参数；

（3）不表示连接口的实际位置和元件的安装位置。

（4）液压元件的图形符号应以元件的静止位置或零位来表示。

用图形符号既便于绘制，又可使液压系统简单明了。图 1-1-6 所示为磨床工作台液压系统工作原理图形符号。

从图 1-1-6 可以看出，一个完整的液压传动系统主要由以下几个组成部分：

（1）动力装置：为系统提供动力，把机械能转换成液体压力能的装置，一般最常见的是液压泵。

（2）执行装置：带动运动部件运动，把液体的压力能转换成机械能的装置，一般指做直线运动的液压缸、做回转运动的液压电动机等。

（3）控制调节装置：对液压系统中流体的压力、流量与流动方向进行控制和调节的装置。例如溢流阀、节流阀、换向阀等，这些元件的不同组合组成了能完成不同功能的液压系统。

（4）辅助装置：指除以上三种以外的其他装置，如油箱、过滤器、蓄能器等，它们能保证液压系统可靠、稳定、持久的工作。

（5）传动介质：系统中传递能量的液体，即液压油。

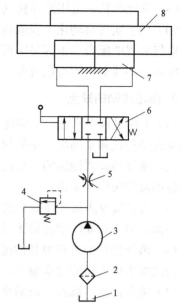

图 1-1-6　磨床工作台液压系统
工作原理图形符号

1—油箱；2—过滤器；3—液压泵；4—溢流阀；

三、液压传动系统的特点

1. 液压传动的优点

与其他传动方式相比，液压传动具有以下优点：

（1）传动平稳。在液压传动装置中，由于油液的压缩量非常小，在通常压力下可以认为不可压缩，依靠油液的连续流动进行传动。油液有吸振能力，在油路中还可以设置液压缓冲装置，故不像机械机构因加工和装配误差而引起振动和撞击，从而使传动十分平稳，便于实现频繁的换向。因此，它广泛地应用于要求传动平稳的机械上，如磨床就全部采用了液压传动。

（2）质量轻、体积小。在输出同样功率的条件下，液压传动体积和质量小，因此惯性小、动作灵敏，这对液压仿形、液压自动控制和要求减轻质量的机器来说，是特别重要的。例如，现今的挖掘机占绝大部分的是全液压、全回转挖掘机。

（3）承载能力大。液压传动易于获得很大的力和转矩，因此广泛用于压制机、隧道掘进机、万吨轮船操舵机和万吨水压机、集装箱龙门吊等。

（4）容易实现无级调速。在液压传动中，调节液体的流量就可实现无级调速，并且调速范围很大，最大可达 2 000:1。

（5）易于实现过载保护。液压系统中采取了很多安全保护措施，能够自动防止过载，避免发生事故。

（6）液压元件能够自动润滑。由于采用液压油作为工作介质，使液压传动装置能自动润滑，因此元件的使用寿命较长。

（7）容易实现复杂的动作。采用液压传动能获得各种复杂的机械动作，如仿形车床的液压仿形刀架、数控铣床的液压工作台，可加工出不规则形状的零件。

（8）简化机构。采用液压传动可大大地简化机械结构，从而减少了机械零部件数目。

（9）便于实现自动化。在液压系统中，液体的压力、流量和方向是非常容易控制的，再加上电气装置的配合，很容易实现复杂的自动工作循环。目前，液压传动在要求比较高的组合机床和自动线上应用得很普遍。

2. 液压传动的缺点

（1）工作过程中常有较多的能量损失（如摩擦损失、泄漏损失等）、漏油等因素影响到液压运动的平稳性和正确性，不能保证严格的传动比，且不宜远距离传动。

（2）液压传动对油温的变化比较敏感，工作稳定性很容易受到温度的影响，不宜在很高或很低的温度条件下工作。

（3）为了减少泄漏及性能上的要求，液压元件的配合件制造精度较高，加工工艺较复杂，造价较高，对工作介质的污染比较敏感。

（4）液压传动要求有单独的能源，不像电源那样使用方便，并且发生故障不易检查和排除。因此对维修人员的要求很高，需要系统地掌握液压传动知识并有一定的实践经验。

（5）随着高压、高速、高效率和大流量，液压元件和系统的噪声增大，泄漏增多，容易造成环境污染。

四、液压系统的应用

液压技术与气动、机械、电气和电子技术一起，互相补充，已发展成为实现生产过程自动化的一个重要手段，在机械工业、冶金工业、轻纺食品工业、化工、交通运输、航空航天、国防建设等各个部门已得到广泛的应用。由于液压技术有许多突出优点，从民用到国防，由一般传动到精确度很高的控制系统，即在国防工业中，如飞机、坦克、导弹等；在机床工业中，如磨床、铣床、组合机床等；在冶金工业中，如电炉控制系统、平炉装料、转炉控制等；在工程机械中，如挖掘机、汽车起重机、平地机、压路机等；在农业机械中，如联合收割机、拖拉机等；在锻压机械中，如压力机、模锻机、空气锤等；在汽车工业中，如液压自卸式汽车、液压高空作业车、消防车等；在轻纺工业中，如塑料注塑机、造纸机、印刷机、纺织机等；在船舶工业中，如全液压挖泥船、打捞船、采油平台、气垫船等，液压技术都得到了广泛的应用。

认识液压实训台，指出液压传动系统中各组成部分及其作用。

在实训台上安装外圆磨床液压传动系统，实训步骤如下：

（1）在老师指导下根据液压回路原理图正确选择相应元器件，在实训台上安装回路。

（2）检查各油口连接情况后，启动液压泵，按下相应按钮，液压执行元件带动工作台实现往复运动。

（3）重点观察液压系统所实现的运动方式，能指出液压传动的工作原理和系统的组成。

（4）完成实训，经老师评估后关闭油泵，拆下管路，将元件放回原来位置。

知识拓展

液压传动技术的发展

第一阶段：液压传动从 17 世纪帕斯卡提出静压传递原理、1795 年世界上第一台水压机诞生，已有 200 多年的历史，但由于没有成熟的液压传动技术和液压元件，且工艺制造水平低下，故发展缓慢，几乎停滞。

第二阶段：20 世纪 30 年代，由于工艺制造水平提高，开始生产液压元件，并首先应用于机床。

第三阶段：20 世纪 50—70 年代，工艺水平有了很大提高，液压与气动技术也迅速发展，渗透到国民经济的各个领域：从蓝天到水下，从军用到民用，从重工业到轻工业，到处都有流体传动与控制技术。

目前，液压技术正向高压、高速、大功率、高效、低噪声、高性能及高度集成化、模块化、智能化的方向发展。同时，在新型液压元件和液压系统的计算机辅助设计（CAD）、计算机辅助测试（CAT）技术、计算机直接控制（DDC）技术、计算机实时控制技术、机电一体化技术、计算机仿真和优化设计技术、可靠性技术，以及污染控制技术等方面也是当前液压传动及控制技术发展和研究的方向；气压传动技术在科技飞速发展的当今世界发展将更加迅速。随着工业的发展，气动技术的应用领域已从汽车、采矿、钢铁、机械工业等行业迅速扩展到化工、轻工、食品、军事工业等各行各业。

思考与练习

一、填空题

1. 液压传动是以_____为工作介质进行能量传递和控制的一种传动形式。

2. 液压传动系统主要由_____、_____、_____及传动介质五部分组成。

3. 液压泵是_____元件，是把_____能转换成_____能的装置。

4. 液压缸是把_____能转换成_____能的装置。

5. 液压电动机是_____元件，是把_____能转换成_____能的装置。

6. 液压阀的功用是控制液压系统中液体的_____、_____和_____。

二、判断题

（　　）1. 液压传动不容易获得很大的力和转矩。

（　　）2. 液压传动可在较大范围内实现无级调速。

（　　）3. 液压传动系统不宜远距离传动。

（　　）4. 液压传动的元件要求制造精度高。

（　　）5. 液压传动是依靠密封容积中液体静压力来传递力的，如万吨水压机。

（　　）6. 与机械传动相比，液压传动其中的一个优点是运动平稳。

（　　）7. 在液压传动系统中，常用的工作介质是汽油。

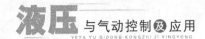

三、简答题

1. 举例说明在日常生活中见到过哪些是用液压传动的机械设备。
2. 液压传动系统的工作原理及实质是什么？
3. 液压传动系统有哪些基本组成部分？各部分的作用是什么？
4. 液压传动系统的优缺点有哪些？

任务 2　认识压力和流量

知识目标

◇ 掌握液体静压力的形成和特性；
◇ 掌握液体动力学的性质；
◇ 掌握液压油的性质。

技能目标

◇ 会计算液压传动系统的输出力及液体的流速；
◇ 能合理选用液压油。

对于一台液压设备来说，要使工作部件克服不同负载，液压泵输出的油液就必须具有一定的压力，并能根据负载大小进行调节；另外，为满足不同的加工工艺要求，运动部件的速度也可以进行调整。如图 1−2−1 所示的液压千斤顶，若要举起重量为 G 的小汽车，那么人该施加多大的力 F_1 呢？

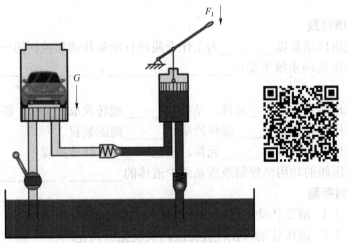

图 1−2−1　液压千斤顶工作示意图

上述任务中单靠人力是不可能将小汽车举起的，需靠液压系统将人力放大，这是如何实现的？压力和流量是流体传动及其控制技术中最基本、最重要的两个技术参数，外界负载的变化引起液体压力的变化，流量的变化引起运动部件速度的变化。下面引入流体传动中压力和流量的相关知识。

相关知识

一、压力

1. 液体静压力

1）静压力的定义

当液体处于静止状态时，其单位面积上所受的法向作用力常用 p 表示。在这里压力与压强的概念相同，物理学中称为压强，工程实际中称为压力。

若法向力 F 均匀地作用在面积 A 上，则压力可表示为

$$p = \frac{F}{A} \qquad\qquad (1-2-1)$$

式中，F——法向作用力（N）；

A——承压面积（m^2）。

总之，当液体受到外力的作用时，就会形成液体的压力，如图 1-2-2 所示。

2）静压力的单位

压力的单位为 N/m^2，即帕斯卡（帕），符号为 Pa，工程上常用兆帕或工程大气压来表示压力，不同单位压力之间的换算关系如下：

1 兆帕（MPa）＝ 10^3 千帕（kPa）＝ 10^6 帕（Pa）

1 工程大气压（at）＝ 1 千克力/厘米 ^{2}（kgf[①]/m^2）＝ 9.8×10^4 帕（Pa）≈0.1 兆帕（MPa）

1 米水柱（mH_2O）＝ 9.8×10^3Pa

1 毫米汞柱（mmHg）＝ 1.33×10^2Pa

3）静压力的特性

静止液体压力具备两个重要特性：

（1）液体静压力的方向总是沿着承压面的内法线方向，如图 1-2-2 所示容器中各承压面处表示的液体的压力方向；

（2）静止液体内任一点的液体静压力在各个方向上都大小相等，如图 1-2-3 所示。

4）压力的表示方法

根据度量基准不同，压力的表示方法有两种，即绝对压力和相对压力。

（1）绝对压力：以绝对真空（$p = 0$）作为基准所表示的压力。

（2）相对压力：以大气压力（$p = p_a$）作为基准所表示的压力。由于大多数测压仪表所测得的压力都是相对压力，故相对压力也称表压力。

---

① 1 kgf=9.806 65 N。

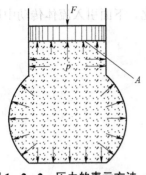

图1-2-2 压力的表示方法

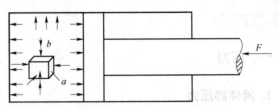

图1-2-3 液体质点受力分析图

注： 当绝对压力小于大气压力时，负相对压力数值部分叫作真空度。绝对压力、相对压力和真空度的相互关系如图1-2-4所示，其关系表示如下：

$$绝对压力 = 相对压力 + 大气压力$$

$$真空度 = 大气压力 - 绝对压力 = -（绝对压力 - 大气压力）$$

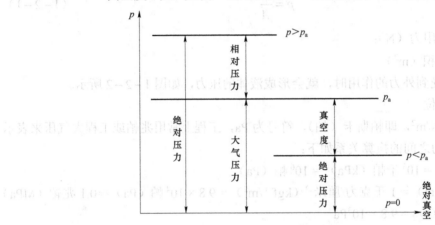

图1-2-4 压力的表示方法

由此可知，当以大气压力为基准计算压力时，基准以上的正值是表压力，基准以下的负值就是真空度。

2. 液体静力学基本方程式

如图1-2-5所示，密度为ρ的液体在容器内处于静止状态，作用在液面上的压力为p_0，如计算距液面深度为h处A点压力p，由于液柱处于平衡状态，于是有

$$p \cdot \Delta A = p_0 \cdot \Delta A + \rho g h \cdot \Delta A \qquad (1-2-2)$$

故

$$p = p_0 + \rho g h \qquad (1-2-3)$$

式（1-2-3）称为液体静力学基本方程。由方程可知：

（1）静止液体内任一点处的压力由两部分组成：一部分是液面上的压力p_0，另一部分是液柱和重力所产生的压力$\rho g h$。当液面上只受大气压力p_a时，则$p = p_a + \rho g h$。

（2）静止液体内部的压力随液体深度h的增加而线性规律递增。

（3）距液面深度相同的各点压力相等。由压力相等的各点组成的面称为等压面，重力作用下静止液体中的等压面是一个水平面。

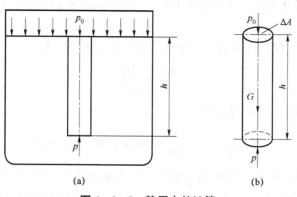

图 1-2-5　静压力的计算

3. 液体压力的传递（帕斯卡原理）

由液体静力学基本方程可知，静止液体内任一点处的压力都包含了液面上的压力 p_0。这说明在密封容器内，施加于静止液体上的压力，能等值地传递到液体中各点，这就是液体压力传递原理，也称为帕斯卡原理。液压传动就是在这个原理的基础上建立起来的。

在实际的液压传动中，由外力所产生的压力要比液体自重形成的压力大得多，为此可将静力学基本方程中的 $\rho g h$ 项忽略不计，而认为静止液体内各点的压力相等。在如图 1-2-6 所示的密闭连通器中，各容器上压力表指示的数值都相同。

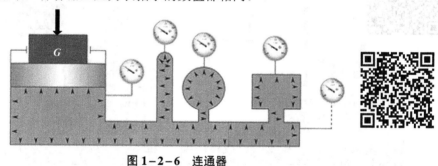

图 1-2-6　连通器

例 1-2-1　图 1-2-7 所示为相互连通的两个液压缸，已知大缸内径 $D = 100$ mm，小缸

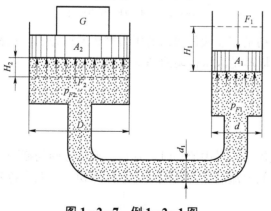

图 1-2-7　例 1-2-1 图

内径 $d=30\,\mathrm{mm}$，大活塞上放一重物 $G=20\,\mathrm{kN}$。问在小活塞上应加多大的力 F_1，才能使大活塞顶起重物？

解：根据帕斯卡原理，由外力产生的压力在两缸中相等，即

$$\frac{4F_1}{\pi d^2}=\frac{4G}{\pi D^2}$$

故顶起重物时在小活塞上应加的力为

$$F_1=\frac{d^2}{D^2}G=\frac{30^2}{100^2}\times 20\,000\,(\mathrm{N})=1\,800\,\mathrm{N}$$

分析：如果 $G=0$，不论怎样推动小活塞，也不能在液体中形成压力，即 $p=0$；反之，G 越大，液压缸中的压力也越大，推力也就越大。这说明了液压系统的工作压力决定于外负载。

与液压千斤顶一样，所有液压传动系统的工作都是建立在外负载的基础之上的。如图 1-2-8 所示的液压缸运动过程详细地分析了液压系统压力建立的过程。图 1-2-8（a）所示为液压缸运动过程中，活塞杆还没接近重物时，系统压力比较低；图 1-2-8（b）所示为活塞杆压紧重物时，负载加大，系统压力开始升高，此时，如果没有溢流阀的限压保护，压力会一直升高而损坏设备。

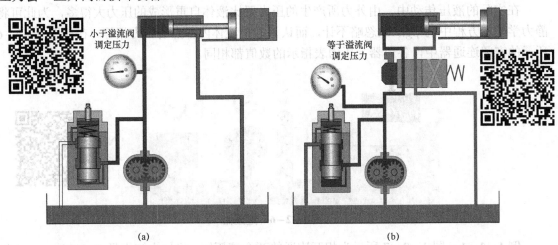

（a）　　　　　　　　　　　　　　（b）

图 1-2-8　压力的形成

（a）压力较小；（b）压力较大

综上所述，液压传动是依靠液体内部的压力来传递动力的，在密闭容器中压力是以等值传递的。所以静压传递原理是液压传动的基本原理之一。

二、流量

1. 基本概念

（1）通流截面：液体在管道中流动时，垂直于流动方向的截面。

（2）流量：单位时间内流过某通流截面的液体体积。一般用符号 q 来表示，即

$$q=\frac{V}{t}\tag{1-2-4}$$

式中，V——液体体积（m^3）；

t——流动时间（s）。

在 SI 制中，流量的单位为 m³/s，工程上常用 L/min，两者的换算关系为

$$1\ \text{m}^3/\text{s} = 6 \times 10^4 \text{L/min}$$

（3）平均流速：假设通流截面上各点的流速均匀分布，液体以此平均流速流过通流截面的流量与以实际流速流过的流量相等，这时流速 v 称为平均流速，即

$$v = \frac{q}{A} \qquad\qquad (1-2-5)$$

式中，q——液体流量（m³/s）；

A——通流面积（m²）。

2. 液体的流动状态

雷诺实验证明，液体的流动状态有层流和素流两种，如图 1-2-9 所示。

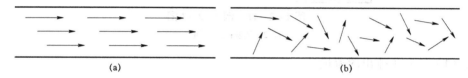

图 1-2-9　液体的流动状态

（a）层流；（b）素流

（1）层流：液体的质点沿管路分层流动，层与层之间互不干扰的现象，如图 1-2-8（a）所示。

（2）素流：液体的质点除沿管路流动外，还有横向运动，呈杂乱无章的现象，如图 1-2-8（b）所示。

在层流时，液体流速较低，质点受黏性约束，不能随意流动，黏性力起主导作用；素流时，液体流速较高，黏性制约作用减弱，惯性力起主导作用。

3. 液流连续性方程

假设液体在图 1-2-10 所示的无分支管道内连续流动，若任取两个通流截面，其截面面积分别为 A_1 和 A_2，平均流速分别为 v_1 和 v_2，液体的密度分别为 ρ_1 和 ρ_2，则根据质量守恒定律，在 Δt 时间内流过两个通流截面的液体质量 $m_1 = m_2$，即

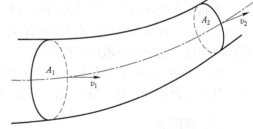

图 1-2-10　液体的流动状态

$$\rho_1 v_1 A_1 \Delta t = \rho_2 v_2 A_1 \Delta t \qquad\qquad (1-2-6)$$

若忽略液体可压缩性，即 $\rho_1 = \rho_2 = \rho$，则

$$v_1 A_1 = v_2 A_1 = q = 常数 \qquad\qquad (1-2-7)$$

式（1-2-7）就是液流连续性方程，液体在管道中流动时，流过各个截面的流量是相等的，而流速和通流截面的面积成反比，即管径粗的地方流速慢，管径细的地方流速快。

例 1-2-2　如图 1-2-11 所示液压千斤顶在压油过程中，已知活塞 1 的直径 $d = 30\ \text{mm}$，

活塞 2 的直径 $D=100\,\text{mm}$，管道 3 的直径 $d_1=15\,\text{mm}$。假定活塞 1 的下压速度为 $200\,\text{mm/s}$，试求活塞 2 上升速度和管道 3 内液体的平均流速。

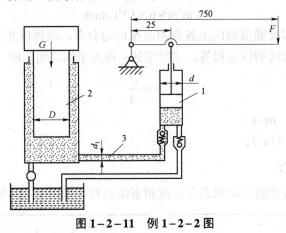

图 1-2-11　例 1-2-2 图

1，2—活塞；3—管道

解：（1）活塞 1 排出的流量

$$q_1 = A_1 v_1 = \frac{\pi d^2}{4} v_1 = \frac{3.14 \times 0.03^2}{4} \times 0.2 \,\text{m}^3/\text{s} = 14.13 \times 10^{-6} \,\text{m}^3/\text{s}$$

（2）根据连续性原理，推动活塞 2 上升的流量，由上面公式可得活塞 2 的上升速度

$$v_2 = \frac{q_2}{A_2} = \frac{4q_2}{\pi D} = \frac{4 \times 14.13 \times 10^{-6}}{3.14 \times 0.1^2} \,\text{m/s} = 1.8 \times 10^{-3} \,\text{m/s}$$

（3）同理，在管道 3 内流量 $q_3 = q_1 = q_2$，所以

$$v_3 = \frac{q_3}{A_3} = \frac{4q_3}{\pi d_1^2} = \frac{4 \times 14.13 \times 10^{-6}}{3.14 \times 0.015^2} \,\text{m/s} = 0.08 \,\text{m/s}$$

分析：在液压缸中，液体的流速即为平均流速，它与活塞的运动速度相同，从而可以建立起活塞运动速度与液压缸有效面积和流量之间的关系。当液压缸的有效面积一定时，活塞的运动速度决定于输入液压缸的流量。

综上所述，液压传动是依靠密封容积的变化传递运动的，而密封容积的变化所引起的流量变化要符合等量原则，所以液流连续性原理也是液压传动的基本原理之一。

三、液压油

液体是液压系统中进行力传递的工作介质，在实际的液压系统中常用油类作为工作介质，这种油称为液压油。

1. 液压油的性质

1）液体的可压缩性

液体受压力作用而发生体积变小的性质。对一般的中、低压液压系统，其液体的可压缩性是很小的，可以认为液体是不可压缩的。

2）液体的黏性

液体在外力作用下流动（或有流动趋势）时，分子间的内聚力要阻止分子相对运动而产生一种内摩擦力，这种现象叫作液体的黏性。液体只有在流动（或有流动趋势）时才会呈现出黏性，黏性使流动液体内部各处的速度不相等。静止液体不呈现黏性。

黏性的大小可用黏度来衡量，常用的黏度有动力黏度、运动黏度和相对黏度三种。

（1）动力黏度（μ）：又称绝对黏度，它是表征液体黏性的内摩擦系数，单位为 Pa·s（帕·秒）。

（2）运动黏度（ν）：是液体的动力黏度与其密度的比值，即 $\nu=\mu/\rho$，单位为 m²/s；液压油的牌号就是以 40 ℃时的运动黏度（mm²/s）的平均值来标号的。例如，L–HL32 普通液压油在 40 ℃时的运动黏度的平均值为 32 mm²/s。

（3）相对黏度：又称条件黏度，各国采用的相对黏度单位有所不同，如美国采用赛氏黏度（SSU）；英国采用雷氏黏度（R）；我国和一些欧洲国家采用恩氏黏度（°E）。

注：黏度是选择液压油的一个重要参数，黏度与温度和压力的变化都有关。当液体温度升高时，黏度将显著降低；当液体所受压力增大时，其分子间距离减小、内聚力增大，黏度也随之增大。

2. 液压系统对液压油的要求

（1）适当的黏度，较好的黏温特性。

（2）润滑性能好。在工作压力和温度发生变化时，应具有较高的油膜强度。

（3）成分纯，杂质少。

（4）对金属和密封件有良好的相容性，即不发生化学反应，如密封不会变质损坏。

（5）具有良好的化学稳定性和热安定性，油液不易氧化和变质。

（6）抗泡沫性好，抗乳化性好，腐蚀性小，防锈性好。

（7）流动点和凝固点低，闪点（明火能使油面上油蒸气闪燃，但油本身不燃烧时的温度）和燃点高。

（8）对人体无害，成本低。

3. 液压油的种类

液压油主要有石油型、乳化型和合成型三大类。石油型液压油又分为：普通液压油、液压–导轨油、抗磨液压油、低温液压油、高黏度指数液压油以及专用液压油。石油型液压油具有润滑性能好、腐蚀性小、黏度较高和化学稳定性好等优点，在液压传动系统中应用最广。

合成型液压油主要有水–乙二醇、磷酸酯液和硅油等，乳化型液压油分为水包油乳化液（L–HFAE）和油包水乳化液（L–HFB）两大类。液压油的类型、特性及用途见表 1–2–1。

表 1–2–1　液压油的类型及特性

类型	名称	代号	特性和用途
矿油型	通用液压油	L–HL	精制矿油加添加剂，提高抗氧化和防锈性能，适于一般设备的中低压系统
	抗磨型液压油	L–HM	L–HL 油加添加剂，改善抗磨性能，适用于工程机械、车辆液压系统
	液压导轨油	L–HG	L–HM 油加添加剂，改善黏温特性，适用于机床中液压和导轨润滑合用的系统

类型	名称	代号	特性和用途
矿油型	低温液压油	L-HV	可用于环境温度为 $-40\ ℃\sim-20\ ℃$ 的高压系统
	高黏度指数液压油	L-HR	L-HL 油加添加剂，改善黏温特性，适用于对黏温特性有特殊要求的低压系统
合成型	水-乙二醇液	L-HFC	难燃，黏温特性和抗蚀性好，能在 $-30\ ℃\sim60\ ℃$ 温度范围内使用，适用于有抗燃要求的中低压系统
	磷酸酯液	L-HFDR	难燃，润滑抗磨性和抗氧化性能良好，能在 $-54\ ℃\sim135\ ℃$ 温度范围内使用，但有毒。适用于有抗燃要求的高压精密系统中
乳化型	水包油乳化液	L-HFAE	其含油量为 $5\%\sim10\%$，含水量为 $90\%\sim95\%$，另加各种添加剂。其特点是难燃，黏温特性好，有一定的防锈能力，但润滑性差，易泄漏
	油包水乳化液	L-HFB	其含油量为 60%，含水量为 40%，另加各种添加剂。其特点是有较好的润滑性、防锈性、抗燃性，但使用温度不能高于 $65\ ℃$

4. 液压油的选择

正确、合理地选用液压油，是保证液压设备正常和高效率运转的前提。选用液压油时，可根据液压元件生产厂样本和说明书所推荐的品种号数来选用，或根据液压系统的工作压力、工作温度、液压元件种类及经济性等因素全面考虑，一般是先确定适用的黏度范围，再选择合适的液压油品种。同时还要考虑液压系统工作条件的特殊要求，如在寒冷地区工作的系统则要求油的黏度指数高、低温流动性好、凝固点低；伺服系统则要求油质纯、压缩性小；高压系统则要求油液抗磨性好。其中黏度的选择应考虑液压系统在以下几方面的情况：

（1）根据液压系统的工作压力选择：为减少泄漏，工作压力较高的系统宜选用黏度较大的液压油。

（2）根据工作环境选择：为减少泄漏，环境温度较高时，宜选用黏度较大的液压油。

（3）根据工作速度选择：为减少液体流动时的黏性摩擦损失，当液压系统的工作部件运动速度较高时，宜选用黏度较小的液压油。

中国芯助力极寒地质加工

助力俄罗斯地铁建设

在图 1-2-1 中，已知液压千斤顶的大、小活塞直径分别为 D、d，小汽车的重力作用在大活塞上形成负载 G，则根据帕斯卡原理可知，大、小活塞处产生的压力相等，即

$$p = \frac{4F}{\pi d^2} = \frac{4G}{\pi D^2}$$

所以人需要施加的力为

$$F = \frac{d^2}{D^2} G$$

由上式可知，d、D 相差得越大，则推动小汽车需要施加的力就越小，这就是液压系统的放大作用。

知识拓展

一、管道内压力损失

因实际流动的液体具有黏性，液体流动时突然地转弯和通过阀口时会产生相互的撞击和出现漩涡，因此，液体在管道流动过程中必有阻力。为克服阻力，需消耗能量，造成能量损失，这种能量损失可用液体的压力损失来表示，分为沿程压力损失和局部压力损失两种。

（1）沿程压力损失：液体沿等径直管流动时，由于液体的黏性摩擦和质点的相互扰动作用而产生的压力损失。

（2）局部压力损失：液体在流经阀口、管道截面变化、弯曲等处时，由于流动方向和速度变化及复杂的流动现象（旋涡，二次流等）而造成的局部能量损失。

液压传动中的压力损失会造成功率损耗、油液发热、泄漏增加，影响系统的工作性能，故应尽量减少压力损失。常采取减小流速、缩短管道长度、减少管道截面突变和弯曲及合理选用阀类元件等措施，将压力损失控制在较小范围内。

二、液压系统的异常现象

1. 液压冲击

在液压系统中由于某种原因，液体压力在一瞬间会突然升高，产生很高的压力峰值，这种现象称为液压冲击。

造成液压冲击的主要原因是：液压速度的急剧变化、高速运动工作部件的惯性力和某些液压元件的反应动作不够灵敏。

液压冲击会引起系统的振动、噪声，而且会破坏密封装置、管道和液压元件，还会由于压力冲击产生的高压力可能会使某些液压元件（如压力继电器）产生误动作而损坏设备，既影响了系统的工作质量，又会缩短系统的使用寿命。

避免液压冲击的主要办法是避免液流速度的急剧变化。延缓速度变化的时间，能有效地防止液压冲击，如将液动换向阀和电磁换向阀联用可减少液压冲击，这是因为液动换向阀能把换向时间控制得慢一些。

2. 气穴现象（空穴现象）

气穴现象是指，在液压系统中，当某点压力低于液体所在温度下的空气分离压力时，原来溶于液体中的气体会分离出来而产生大量气泡的现象。气穴现象多发生在阀口和液压泵的吸油口处。

气穴现象造成的危害：

（1）液体中的气泡随着液流运动到压力较高的区域时，气泡在较高压力的作用下将迅速破裂，从而引起局部液压冲击，造成噪声和振动。

（2）气泡破坏了液流的连续性，降低了油管的通油能力，造成流量和压力的波动，使液压元件承受冲击载荷，因此影响了其使用寿命。

（3）气泡中的氧也会腐蚀金属元件的表面，造成汽蚀现象。

减小气穴现象的措施：

（1）减小小孔和缝隙前后压力降，希望 $p_1/p_2 < 3.5$。

（2）增大直径、降低高度、限制流速。

（3）管路要有良好的密封性，以防止空气进入。

（4）提高零件的抗腐蚀能力，采用抗腐蚀能力强的金属材料，减小表面粗糙度。

（5）整个管路尽可能平直，避免急转弯缝隙，合理配置。

思考与练习

一、填空题

1. 液压传动中最重要的参数是_____和_____。

2. 压力表示方法有_____和_____两种，真空度属于_____。

3. 液压系统的压力大小取决于_____。

4. 油液黏度因温度升高而_____，因压力增大而_____。

5. 液压缸有效面积一定时，其活塞的运动速度由_____决定。

6. 管路的压力损失分为_____和_____。

7. 流体流动时，沿其边界面会产生一种阻止其运动的流体摩擦作用，这种产生内摩擦力的性质称为_____。

8. 工作压力较高的系统宜选用黏度_____的液压油，以减少泄漏；执行机构运动速度较高时，为了减小液流的功率损失，宜选用黏度_____的液压油；温度较高的系统宜选用黏度_____的液压油，以减少泄漏。

9. 我国油液牌号是以_____℃时油液的黏度来表示的。

10. 液压油的品种分为_____、_____和_____三类。

二、选择题

1. （　　）又称表压力。

A. 绝对压力　　　　B. 相对压力　　　　C. 大气压　　　　D. 真空度

2. 在密闭容器中，施加于静止液体内任一点的压力能等值地传递到液体中的所有地方，这称为（　　）

A. 能量守恒原理　B. 动量守恒定律　　C. 质量守恒原理　D. 帕斯卡原理

3. 在液压传动中，压力一般是指压强，在国际单位制中，它的单位是（　　）

A. 帕　　　　　　B. 牛顿　　　　　　C. 瓦　　　　　　D. 牛米

4. 在液压传动中，人们利用（　　）来传递力和运动。

A. 固体　　　　　B. 液体　　　　　　C. 气体　　　　　D. 绝缘体

三、简答题

1. 选用液压油主要应考虑哪些因素？

2. 什么是液压冲击？

3. 什么是空穴现象？应怎样避免空穴现象？

4. 什么是液体的黏性？常用的黏度有几种表示方法？

四、计算题

如图 1-2-12 所示的液压千斤顶中，小活塞直径 $d=10\,mm$，大活塞直径 $D=40\,mm$，重物 $G=5\,000\,N$，小活塞行程 20 mm，杠杆 $L=500\,mm$，$l=25\,mm$。

问：（1）杠杆端需加多少力才能顶起重物 G？

（2）此时液体内所产生的压力为多少？

（3）杠杆每上下一次，重物升高多少？

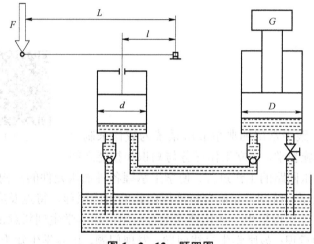

图 1-2-12 题四图

项目二

液压系统的分析与构建

大国重器——国宝级战略装备
大型模锻压力机

学习目标

本项目以工程实践中常用的典型液压系统为载体来制定工作任务，组织和实施教学，建立工作任务与知识和技能之间的联系。通过分析液压回路的工作过程，使学生掌握各种液压元件的结构、工作原理及应用；能阅读一般设备的液压系统图，正确分析液压回路的组成原理、特点及应用；能构建一般设备的液压控制回路，能实现机电一体化技术综合应用；培养学生创新意识和创造思维；培养学生的团队合作精神意识；鼓励学生寻找问题，发现问题，培养学生知难而进的意志和毅力。

任务1　液压机动力元件的选择

知识目标

◇ 掌握液压泵的工作原理；

◇ 了解液压泵的性能参数、分类及应用；

◇ 掌握液压泵的结构及拆装要点。

技能目标

◇ 能正确选用各类液压泵。

如图 2-1-1 所示的液压机是利用液体静压力来加工金属、塑料、橡胶、粉末等制品的机械，其立柱的上下运动是通过液压系统来实现的，该液压系统的动力元件为液压泵；同时，在自动化机床的润滑装置中，向各润滑部位自动供油的动力元件也是液压泵。那么不同工作情况下这些元件有何不同呢？如何根据具体要求选择这些元件呢？

图 2-1-1　液压机

任务分析

液压泵是液压系统的动力元件，它将原动机输出的机械能转化为工作液体的压力能，是一种能量转换元件。液压机在工作时需要液压泵输出较大的流量和很高的工作压力；而机床的润滑装置在工作时，要求液压泵的噪声小、工作平稳，且小流量供油时较稳定。液压泵的种类很多，不同工况下该如何选用呢？下面引入液压泵的相关知识。

相关知识

一、液压泵概述

液压泵是液压系统的动力元件，它将原动机输出的机械能转化为工作液体的压力能，为系统提供液压油。

1. 液压泵的工作原理

液压泵都是依靠密封容积变化的原理来进行工作的，故一般称为容积式液压泵。图2-1-2所示为容积式液压泵的工作原理图，柱塞2装在缸体3内，并可做左右移动，在弹簧4的作用下，柱塞紧压在偏心轮1的外表面上。当电动机带动偏心轮旋转时，偏心轮推动柱塞左右运动，使密封容积a的大小发生周期性的变化。当a由小变大时压力变小，形成部分真空，使油箱中的油液在大气压的作用下，经吸油管道顶开单向阀6进入油腔a实现吸油；反之，当a由大变小时油压变大，a腔中吸满的油液将顶开单向阀5流入系统而实现压油。电动机带动偏心轮不断旋转，液压泵就不断地吸油和压油。

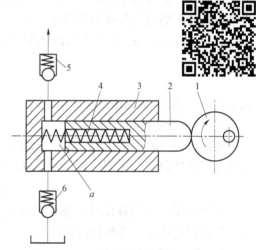

图2-1-2 容积式液压泵工作原理图

1—偏心轮；2—柱塞；3—缸体；4—弹簧；5，6—单向阀

结论：容积式液压泵都是靠密封容积的变化来实现吸油和压油的，其排油量的大小取决于密封腔的容积变化值。其正常工作的必备条件是：

（1）具有若干个密封且又可以周期性变化的空间；

（2）油箱内液体的绝对压力必须恒等于或大于大气压力（保证泵能正常吸油）；

（3）具有相应的配流机构（将吸、压油腔隔开，保证泵有规律地连续吸、排液体）。

2. 液压泵的分类和图形符号

液压泵的种类很多，目前最常见的按结构形式可分为齿轮泵、叶片泵及柱塞泵等；按泵的输油方向能否改变可分为单向泵和双向泵；按泵的排量能否调节可分为定量泵和变量泵；按泵的额定压力的高低可分为低压泵、中压泵和高压泵三类。其图形符号如图2-1-3所示。

3. 液压泵的主要性能参数

1）压力

工作压力（p）：液压泵实际工作时的输出压力。其值取决于外负载的大小和排油管路上

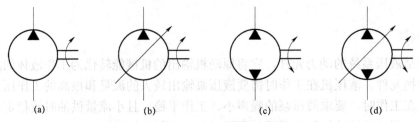

图 2-1-3 液压泵图形符号

（a）单向定量泵；（b）单向变量泵；（c）双向定量泵；（d）双向变量泵

的压力损失，而与液压泵的流量无关。

额定压力（p_n）：液压泵在正常工作条件下，按试验标准规定连续运转的最高压力（受泵本身泄漏和结构强度限制）。

2）排量和流量

排量（V）：液压泵每转一周，由其密封容积几何尺寸变化计算而得的排出液体的体积。排量可以调节的液压泵称为变量泵；排量不可以调节的液压泵则称为定量泵。

理论流量（q_t）：在不考虑液压泵的泄漏流量的条件下，单位时间内所排出的液体体积，即

$$q_t = Vn$$

式中，V——液压泵的排量（m^3/r）；

n——主轴转速（r/s）。

实际流量（q）：液压泵在某一具体工况下，单位时间内所排出的液体体积，它等于理论流量 q_t 减去泄漏和压缩损失后的流量 q_l，即

$$q = q_t - q_l$$

额定流量（或公称流量、铭牌流量 q_n）：在正常工作条件下，试验标准规定（如在额定压力和额定转速下）必须保证的流量。

3）液压泵的功率损失

容积损失（η_v）：由于泵本身的泄漏所引起在流量上的能量损失。它等于液压泵的实际输出流量 q 与其理论流量 q_t 之比，即

$$\eta_v = \frac{q}{q_t}$$

机械损失（η_m）：由于泵机械副之间的摩擦所引起在转矩上的能量损失。它等于液压泵的理论转矩 T_t 与实际输入转矩 T_i 之比，即

$$\eta_m = \frac{T_t}{T_i}$$

4）液压泵的功率

输入功率（P_i）：指作用在液压泵主轴上的机械功率，即驱动液压泵的电动机所需的功率。当输入转矩为 T_i、角速度为 ω 时，

$$P_i = T_i \omega = T_i \cdot 2\pi n$$

输出功率（P_o）：指液压泵在工作过程中的实际吸、压油口间的压差 Δp 和输出流量 q 的乘积。

$$P_o = \Delta p \cdot q$$

5）液压泵的总效率（η）

实际输出功率与其输入功率的比值，即

$$\eta = \frac{P_o}{P_i} = \eta_m \eta_v$$

二、齿轮泵

齿轮泵是液压泵中结构最简单的一种，且价格便宜，故在一般机械上被广泛使用。齿轮泵一般做成定量泵，可分为外啮合齿轮泵和内啮合齿轮泵，其中以外啮合齿轮泵应用最广。

1. 齿轮泵的工作原理

外啮合齿轮泵的构造和工作原理如图 2-1-4 所示，它由装在壳体内的一对齿数相同、宽度和泵体接近而又互相啮合的齿轮所组成，齿轮两侧由端盖罩住，壳体、端盖和齿轮的各个齿间槽组成了许多密封工作腔。如图 2-1-4（b）所示，当齿轮按图示方向旋转时，左侧吸油腔由于相互啮合的齿轮逐渐脱开，密封工作容积逐渐增大，形成部分真空，因此油箱中的油液在外界大气压的作用下，经吸油管进入吸油腔，将齿间槽充满，并随着齿轮旋转，把油液带到右侧的压油腔内。在右侧压油区，由于齿轮在这里逐渐进入啮合，密封工作腔容积不断减小，油液便被挤出去，从压油腔输送到压油管路中去。这里啮合点处的齿面接触线一直起着隔离高、低压腔的作用，因此在齿轮泵中不需要设置专门的配流机构，这是它和其他类型容积式液压泵的不同之处。

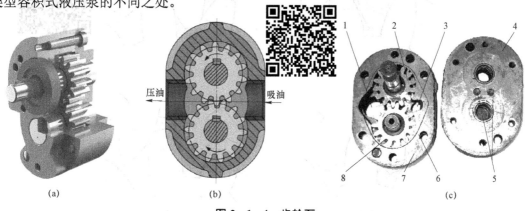

（a）   （b）   （c）

图 2-1-4　齿轮泵

（a）实物图；（b）工作原理图；（c）结构图

1—吸入口；2—主动齿轮；3—排出口；4—前端盖；5—卸荷孔；6—卸荷沟；7—泵体；8—从动齿轮

2. 齿轮泵的结构特点

以 CB-B 型齿轮泵的结构为例分析齿轮泵在结构上存在的问题，图 2-1-4 所示为典型的齿轮泵的分离三片式结构，三片是指泵的前、后端盖和泵体。

1）齿轮泵的泄漏

外啮合齿轮运转时存在三个可能产生泄漏的部位：通过齿轮两端面和端盖间的端面间隙泄漏，占总泄漏量的 75%～80%；通过泵体内孔和齿顶圆间的径向间隙泄漏，占总泄漏量的 20%～25%；通过齿轮啮合处的齿侧泄漏，约占齿轮泵总泄漏量的 5%。

总之，泵工作压力越高，泄漏越大。

2）齿轮泵的困油现象

齿轮泵要平稳工作，齿轮啮合的重叠系数必须大于 1，即要求在一对齿轮即将脱开啮合前，后面的一对齿轮就要开始啮合。就在两对轮齿同时啮合的这一小段时间内，留在齿间的油液困在两对轮齿和前后泵盖所形成的一个密闭空间中，这个空间称为困油区。困油区的容积会随齿轮的旋转而发生周期性的变化。

如图 2-1-5 所示，图 2-1-5（a）所示为两对轮齿刚进入啮合时形成的空间，当齿轮继续旋转时，这个空间的容积就逐渐减小，直到两个啮合点 A、B 处于节点两侧的对称位置（图 2-1-5（b））时，封闭容积减至最小。当齿轮继续旋转，这个封闭容积又逐渐增大到图 2-1-5（c）所示的最大位置。由于油液的可压缩性很小，当封闭空间的容积减小时，被困的油受挤压，压力急剧上升，油液从零件结合面的缝隙中被强行挤出，导致油液发热，并使齿轮和轴承受到很大的径向力；容积增大时又会造成局部真空，使油液中溶解的气体分离，产生空穴现象，这些都将使齿轮泵产生强烈的噪声。这就是齿轮泵的困油现象。

消除困油现象采取的措施是在泵盖（或轴承座）上对应困油区的位置开卸荷槽，如图 2-1-5（d）虚线所示，当密闭容积增大时使其与吸油腔相通，及时补油；当密闭容积减小时使其与压油腔相通，及时排油。

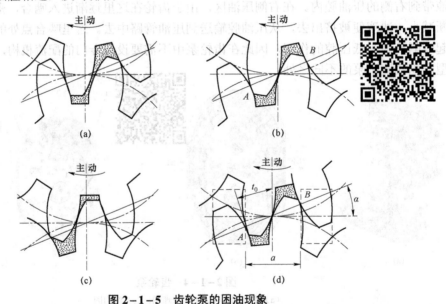

图 2-1-5 齿轮泵的困油现象

（a）两对轮齿刚进入啮合时；（b）封闭容积最小；（c）封闭容积最大；（d）虚线位置开卸荷槽

3）齿轮泵的径向不平衡力

在齿轮泵中，作用在齿轮外圆上的压力是不相等的，如图 2-1-6 所示，在压油腔与吸油腔处，齿轮外圆和齿廓表面承受着工作压力和吸油腔压力，在齿轮和壳体内孔的径向间隙中，可以认为压力由压油腔压力逐渐分级下降至吸油腔压力，这些液体压力综合作用的结果，相当于给齿轮一个径向的作用力（即不平衡力），使齿轮和轴承受载，这就是径向不平衡力。工作压力越大，径向不平衡力也越大，使齿轮和轴承受到很大的冲击载荷，甚至会使轴发生弯曲，导致齿顶和壳体发生接触，同时加速轴承的磨损、降低轴承的寿命，并产生振动和噪声。

为了减小径向不平衡力，常采用的方法是缩小压油口，以减小压力油作用面积；同时适当增大泵体内表面和齿顶间隙，使齿轮在压力作用下齿顶不能和壳体相接触。

3. 齿轮泵的特点和应用

齿轮泵存在结构简单、价格便宜、工作可靠、自吸能力强、维护方便、耐冲击、转动惯量大等优点，但也存在流量不可调节、噪声大、易磨损、压力低、效率不高等缺点，故齿轮泵一般用于环境差、精度要求不高的场合，如工程机械、建筑机械、农用机械等。

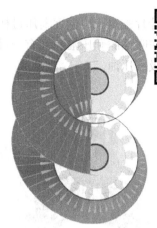

图 2-1-6 齿轮泵的径向不平衡力

齿轮泵使用时应注意以下几个方面的问题：

（1）泵传动轴与电动机输出轴之间的安装采用弹性联轴器，其同轴度偏差应小于 0.1 mm，采用轴套式联轴节的同轴度偏差应小于 0.05 mm。

（2）传动装置应保证泵的主动轴受力在允许的范围内。

（3）在泵的吸油口处应安装滤油器。

（4）工作油液应严格按规定选用，通常其运动黏度为 25～33 mm²/s、工作温度为 -20 ℃～80 ℃。

（5）泵的旋转方向不能搞错，即泵的进、出油口位置不能错。拆卸和装配泵时，必须严格按出厂使用说明书进行。

（6）要拧紧泵进、出口管接头的螺钉；密封装置要可靠，以免引起吸空和漏油，影响泵的工作性能；应避免泵带负载启动和带负载情况下停车。

（7）启动前，必须检查系统中的溢流阀是否在调定的许可压力上。

（8）对于新泵或检修后的齿轮泵，工作前应进行空负载运行和短时间的超负载运行，然后检查泵的工作情况，不允许有渗漏、冲击声、过度发热和噪声等现象发生。

（9）泵长时间不用时，应将泵与电动机分离，再使用时，不得立即使用最大负载，应有不少于 10 min 的空载运行时间。

三、叶片泵

叶片泵根据各密封工作容积在转子旋转一周吸、排油液次数的不同，分为双作用叶片泵和单作用叶片泵。其优点是运转平稳、压力脉动小、噪声小；结构紧凑、尺寸小、流量大。其缺点是与齿轮泵相比结构较复杂，对油液要求高，如油液中有杂质，则叶片容易卡死。叶片泵广泛应用于机械制造中的专用机床、自动线等中、低压液压系统中。

1. 单作用叶片泵

1）工作原理

单作用叶片泵主要由定子、转子、叶片、配油盘及两侧端盖组成，定子具有圆柱形内表面，定子和转子间有偏心距 e，叶片装在转子槽中，并可在槽内滑动。图 2-1-7 所示为其工作原理图，当转子逆时针方向回转时，由于离心力的作用，使叶片紧靠在定子内壁，这样在定子、转子、叶片和两侧配油盘间就形成了若干个密封的工作区间。在定子中心的右侧，叶片逐渐伸出，相邻叶片间的工作空间逐渐增大，从吸油口吸油，这就是吸油腔；在定子中心的左侧，叶片被定子内壁逐渐压进槽内，工作空间逐渐减小，将油液从压油口压出，这就是压油腔。在吸油腔和压油腔间有一段封油区，把吸油腔和压油腔隔开。转子不停地旋转，泵就不停地吸、压油。

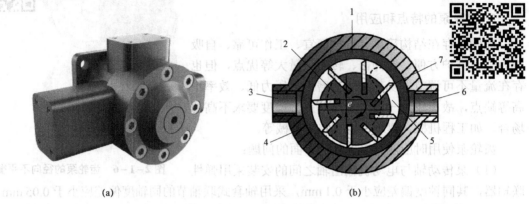

（a）　　　　　　　　　　　　　　　　（b）

图 2-1-7　单作用叶片泵

（a）实物图；（b）工作原理图

1—定子；2—转子；3—吸油口；4—泵体；5—配油盘窗口；6—压油口；7—叶片

2）工作特性

因叶片泵转子每转一周，每个工作空间完成一次吸油和压油，故称单作用叶片泵。因叶片泵从吸油腔到压油腔液压力逐渐升高，转子周围所受径向液压力不平衡，故称非卸荷式叶片泵。

3）结构特点和应用范围

（1）定子和转子存在偏心量 e，改变偏心量 e 的大小，可改变泵的排量，成为变量泵；改变偏心量 e 的方向，可改变泵的吸、压油方向，成为双向泵。

（2）转子受不平衡的径向液压力，且随泵的工作压力提高而提高，因此这种泵的工作压力不能太高。

（3）叶片有一个与旋转方向相反的倾斜角（24°），这样更有利于叶片在惯性力作用下向外伸出。

由上所述，单作用叶片泵为变量泵，轴承受单向力作用，易磨损，泄露大，压力不高，噪声大，一般用于机床、注塑机械等。

2. 双作用叶片泵

1）工作原理

双作用叶片泵也是由定子、转子、叶片和配油盘等组成的，但与单作用叶片泵的区别是，转子和定子中心重合，定子内表面是由两段长半径圆弧、两段短半径圆弧和四段过渡曲线所组成的。其工作原理如图 2-1-8（b）所示，当转子顺时针方向转动时，叶片在离心力和根部压力油的作用下，在转子槽内向外移动而压向定子内表面，在叶片、定子的内表面及转子的外表面和两侧配油盘间就形成了若干个密封空间。当密封空间从小圆弧上经过渡曲线而运动到大圆弧的过程中，叶片外伸，密封空间的容积增大，从油箱中吸入油液；当密封空间从大圆弧经过渡曲线运动到小圆弧的过程中，叶片被定子内壁逐渐压过槽内，密封空间容积变小，将油液从压油口压出。转子不停地旋转，泵就不停地吸、压油。

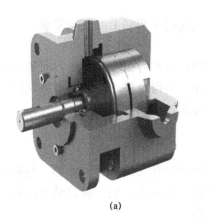
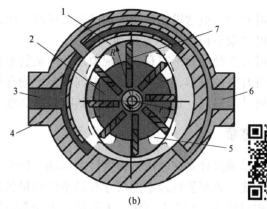

(a) (b)

图 2-1-8 双作用叶片泵

（a）实物图；（b）工作原理图

1—定子；2—转子；3—压油口；4—泵体；5—配油盘窗口；6—吸油口；7—叶片

2）工作特性

叶片泵转子每转一周，每个工作空间完成两次吸油和压油，故称双作用叶片泵。叶片泵的两个吸、压油区沿径向对称分布，转子周围所受径向液压力平衡，故又称卸荷式叶片泵。

3）结构特点和应用范围

如图 2-1-9 所示，双作用叶片泵配油盘上开有三角槽和环形沟槽，三角槽能防止压力突然跳变，同时避免困油现象，减缓了流量和压力脉动并降低了噪声；环形沟槽与压油腔和转子叶片槽底部相通，使叶片底部通以压力油，防止压油区叶片内滑。定子内表面曲线由四段圆弧和四段过渡曲线组成，常采用性能较好的等加速等减速曲线。叶片沿旋转方向前倾 10°～14°，以减小压力角，使叶片在槽中转动灵活以减少磨损。

图 2-1-9 双作用叶片泵结构

1—定子；2—配油盘；3—排油窗口；4—卸荷槽；5—排油口；6—叶片；7—转子；8—吸油口

双作用叶片泵为定量泵，轴承径向受力平衡，寿命较长，结构紧凑，流量均匀，噪声小，一般用于机床、注塑机、液压机、起重运输机械、工程机械和飞机等。

叶片泵使用时应注意以下几个方面的问题：

（1）叶片泵安装前应用煤油进行清洗。

（2）叶片泵与电动机连接的同轴度要求较高，应满足使用说明书上的安装要求。

（3）叶片泵不得用 V 形带传动。

（4）叶片在使用中不得有卡死现象，叶片泵装配和修理时不得把叶片倾角方向装反。

（5）叶片泵的进口、出口和旋转方向在泵上均有标注，不得反接，叶片泵不得反转。

（6）叶片泵具有一定的吸入能力，其吸入口高度不得超过液面 0.5 m。

四、柱塞泵

柱塞泵是通过柱塞在液压缸内做往复运动，使密封容积变化实现吸、压油的。与齿轮泵和叶片泵相比，该泵能以最小的尺寸和最小的重量供给最大的动力，为一种高效率的泵，但制造成本相对较高，常用于高压、大流量、大功率的场合。

柱塞泵按柱塞排列方式不同分为径向柱塞泵、轴向柱塞泵，其中最常用的是轴向柱塞泵。

轴向柱塞泵可分为斜盘式和斜轴式两大类，图 2-1-10 所示为斜盘式轴向柱塞泵的工作原理图。这种泵由缸体 7、配油盘 10、柱塞 5、斜盘 1 等主要零件组成。斜盘 1 和配油盘 10 是不动的，传动轴 9 带动缸体 7 和柱塞 5 一起转动，柱塞 5 靠机械装置或在低压油作用下压紧在斜盘上。当传动轴按图 2-1-10 所示方向旋转时，柱塞 5 在其沿斜盘自上而下回转的半周内逐渐向缸体外伸出，使缸体孔内密封工作腔容积不断增加，产生局部真空，从而将油液经位于配油盘左部的吸油窗口吸入；柱塞在其自下而上回转的半周内又逐渐向里推入，使密封工作腔容积不断减小，将油液从位于配油盘右部的压油窗口向外排出，缸体每转一转，每个柱塞往复运动一次，完成一次吸油动作。改变斜盘倾角 γ 大小，就可以改变柱塞的有效行程，实现泵的排量的变化，成为变量泵；改变斜盘倾角方向，就能改变吸油和压油的方向，成为双向泵。

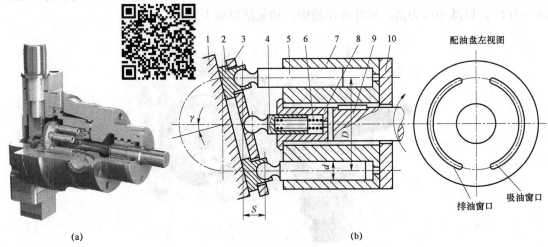

（a） （b）

图 2-1-10 斜盘式轴向柱塞泵的工作原理

（a）实物图；（b）工作原理图

1—斜盘；2—滑履；3—压板；4，8—套筒；5—柱塞；6—弹簧；7—缸体；9—传动轴；10—配油盘

轴向柱塞泵结构复杂，径向尺寸小，转动惯量小，转速高，流量大，压力高，变流量方便，效率高，噪声大。一般用于工程机械、锻压机械、矿山机械和冶金机械等。

安装与使用柱塞泵安装使用时，应注意以下几个问题：

（1）轴向柱塞泵有两个泄油口，安装时将高处的泄油口接上通往油箱的油管，使其无压漏油，而将低处的泄油口堵死。

（2）经拆洗重新安装的泵，在使用前要检查轴的回转方向和排油管的连接是否正确可靠，并且从高处的泄漏油往泵体内注满工作油，先用手盘转3、4周再启动，以免把泵烧坏。

（3）泵启动前应将排油路上的溢流阀调至最低压力，待泵运转正常后逐渐调高到所需压力。调整变量机构要先将排量调至最小值，再逐渐调至所需流量。

（4）若系统中装有辅助液压泵，应先启动辅助液压泵，调整控制辅助液压泵的溢流阀，使其达到规定的供油压力，再启动主泵。若发现异常情况，应先停主泵，待主泵停稳后再停辅助泵。

（5）检修液压系统时，一般不要拆洗泵。若确认泵有问题必须拆开，则必须注意保持清洁，严防碰撞拉毛、划伤和将细小杂物留在泵内。

尖端应用——液压"中国心"耐久测试创纪录打破国际技术封锁

（6）装配花键轴时，不应用力过猛，各个缸孔配合要用柱塞逐个试装，不能用力打入。

一般来说，由于不同液压泵的结构、功用和转动方式各不相同，因此应根据不同的使用场合选择合适的液压泵。液压泵的选用原则是：根据主机工况、功率大小和系统对工作性能的要求，首先确定液压泵的类型，然后按系统所要求的压力、流量大小确定规格型号。一般在机床液压系统中，选用双作用叶片泵和限压式变量叶片泵；而在筑路机械、港口机械以及小型工程机械中选择抗污染能力较强的齿轮泵；在负载大、功率大的场合选择柱塞泵。常用液压泵的性能与应用范围见表2-1-1。

在本次任务中选择输出压力高、输出流量大、效率较高的柱塞泵作为液压机液压系统的动力元件；选择流量均匀（几乎没有流量脉动）、运动平稳、噪声小、径向力平衡、轴承使用寿命长、结构紧凑、排量大的双作用叶片泵作为润滑装置的动力元件。选用泵时的注意事项如下：

（1）合理选择液压油的黏度，黏度过高，吸油阻力增大，影响泵的流量；黏度过低，则会因叶片泵内部间隙的影响，造成真空度不够，难吸油，对设备工作造成不良影响。

（2）油温应合适，一般应控制在20 ℃～50 ℃。

（3）须保证油液过滤良好及环境清洁。

表2-1-1　常用液压泵的性能与应用范围

类型	齿轮泵	双作用叶片泵	单作用叶片泵	轴向柱塞泵	径向柱塞泵
工作压力/MPa	<20	6.3～21	≤7	20～35	10～20
转速范围/($r \cdot min^{-1}$)	300～7 000	500～4 000	500～2 000	600～6 000	700～1 800
容积效率	0.70～0.95	0.80～0.95	0.80～0.90	0.90～0.98	0.85～0.95
总效率	0.60～0.85	0.75～0.85	0.70～0.85	0.85～0.95	0.75～0.92
功率重量比	中等	中等	小	大	小
流量脉动率	大	小	中等	中等	中等

类型	齿轮泵	双作用叶片泵	单作用叶片泵	轴向柱塞泵	径向柱塞泵
自吸特性	好	较差	较差	较差	差
对油的污染敏感性	不敏感	敏感	敏感	敏感	敏感
噪声	大	小	较大	大	大
寿命	较短	较长	较短	长	长
单位功率造价	最低	中等	较高	高	高
应用范围	机床、工程机械、农机、航空、船舶、一般机械	机床、注塑机、液压机、起重运输机械、工程机械	机床、注塑机	工程机械、起重运输机械、锻压机械、矿山机械、船舶、飞机	机床、液压机、船舶

技能训练

1. 齿轮泵的拆装实训

图 2-1-11 所示为齿轮泵的结构拆装图，拆装注意事项如下：

（1）拆解齿轮泵时，先用内六方扳手松开并卸下泵盖及轴承压盖上的全部连接螺栓，卸下定位销及泵盖、轴承盖，轻轻取出泵体，观察卸荷槽及吸、压油腔等结构，弄清楚其作用，并分析其工作原理。

（2）从泵壳内取出传动轴、被动齿轮轴套、主动齿轮、被动齿轮及密封圈；检查轴头骨架油封，如其阻油唇边良好且能继续使用，则不必取出，如损坏则取出更换。

（3）将拆下的零件用煤油进行清洗。

（4）拆装中应用铜棒轻轻敲打零部件，以免损坏零部件和轴承，切忌不要乱敲硬砸，遇到元件卡住的情况时应请指导老师来解决。

（5）一般情况下，当吸油口和排油口的口径一致时，吸、排油口可以通用；当吸油口和排油口的口径不同时，则口径大者为吸油口，口径小者为排油口，二者不能通用。齿轮泵的旋转方向视结构而定。国产 CB 系列齿轮泵的吸油口和排油口是不能互换的，因此泵的旋转方向有明确的规定，安装时不能搞错。

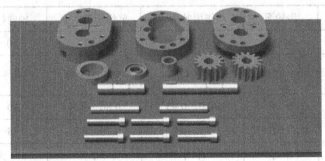

图 2-1-11　齿轮泵的结构拆装

（6）装配时，遵循先拆的部件后安装、后拆的零部件先安装的原则，正确合理地安装，先将齿轮、轴装在后泵盖的滚动轴承内，轻轻装上泵体和前泵盖，打紧定位销，拧紧螺栓，注意使其受力均匀。安装完毕后应使泵转动灵活，没有卡死现象。

2. 叶片泵的拆装实训

图2-1-12所示为叶片泵的结构拆装图，拆装注意事项如下：

1）叶片泵零件修换的原则

定子与转子以及叶片的表面粗糙度值大于原设计要求一级时，可继续使用；大于两级时，则应修复或更换。当叶片或转子槽的配合间隙超过原设计要求的50%时，应更换新件。当定子的工作表面拉毛或有棱时，应加以修复。

2）叶片泵各配合件的配合间隙

叶片、转子与定子圈宽度间隙值（叶片与转子都比定子圈宽度小）：小型泵为15～30 μm；中型泵为20～45 μm。叶片最好略低于转子高度5 μm。总装时，轴向间隙一般可控制在40～70 μm范围内。叶片厚度与转子槽宽间隙一般为15～25 μm。泵体、盖和配油盘端面不允许中间凸起，只许内凹且在15 μm以内。

3）叶片泵装配时注意事项

要特别注意清洁，零件必须在煤油中清洗，千万不要用面纱等易掉毛物来擦洗。配油盘是叶片泵中极为重要的零件，装配前要严格检查其端面是否在要求的平面度范围内。选配好叶片，使它在槽中的松紧度适宜，并注意倒角的方向朝后。安装转子时，要注意旋转方向，双作用式叶片泵转子槽顺转向向前倾，单作用式叶片泵转子槽倾角与双作用式相反，不得装反，并且不能装得太紧。装配完毕后，用手旋转主动轴，应运动平稳，无阻滞现象。

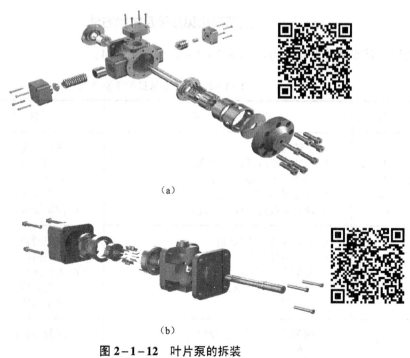

（a）

（b）

图2-1-12 叶片泵的拆装

（a）单作用叶片泵；（b）双作用叶片泵

3. 柱塞泵的拆装实训

图2-1-13所示为柱塞泵的结构拆装图，拆装注意事项如下：

（1）轴向柱塞泵有两个泄油口，安装时将高处的泄油口接上通往油箱的油管，使其无压漏油，而将低处的泄油口堵死。

（2）经拆洗重新安装的泵，在使用前要检查轴的回转方向和排油管的连接是否正确可靠，并且从高处的泄漏油往泵体内注满工作油，先用手盘转3、4周再启动，以免把泵烧坏。

（3）装配花键轴时，不应用力过猛，各个缸孔配合要用柱塞逐个试装，不能用力打入。

图2-1-13 柱塞泵的结构拆装

液压泵常见故障及排除方法

液压泵常见故障及排除方法见表2-1-2～表2-1-4。

表2-1-2 齿轮泵常见故障及排除

故　障	故　障　原　因	排　除　方　法
泵不输出油、输出油量不足、压力提不高	① 泵转向不对； ② 吸油管路或过滤器堵塞； ③ 间隙过大（端面、径向）； ④ 泄漏引起空气混入； ⑤ 油液黏度过大或温升过高	① 纠正转向； ② 疏通管路、清洗过滤器； ③ 修复零件； ④ 紧固连接件； ⑤ 控制油液黏度在合适的范围内
噪声大、压力波动严重	① 泵与原动机不同轴； ② 齿轮精度太低； ③ 骨架油封损坏； ④ 吸油管路或过滤器堵塞； ⑤ 油中混有空气	① 调整同轴度； ② 更换齿轮或修研齿轮； ③ 更换油封； ④ 疏通管路、清洗过滤器； ⑤ 排空气体
泵旋转不灵活或卡死	① 间隙过小（端面、径向）； ② 装配不良； ③ 油液中有杂质	① 修复零件； ② 重新装配； ③ 保持油液清洁

表 2-1-3　叶片泵常见故障及排除方法

故 障	故 障 原 因	排 除 方 法
外泄漏	① 密封件老化； ② 进、出油口连接部位松动； ③ 密封面磕碰或泵壳体有砂眼	① 更换密封件； ② 紧固管接头或螺钉； ③ 修磨密封面或更换壳体
过度发热	① 油温过高； ② 油黏度太大、内泄过大； ③ 工作压力过高； ④ 回油口直接接到泵入口	① 改善油箱散热条件或使用冷却器； ② 选用合适的液压油； ③ 降低工作压力； ④ 回油口接至油箱液面以下
泵不吸油或 无压力	① 泵转向不对或漏装传动键； ② 泵转速过低或油箱液面过低； ③ 油温过低或油液黏度过大； ④ 吸油管路或过滤器堵塞； ⑤ 吸油管路漏气	① 纠正转向或重装传动键； ② 提高转速或补油至最低液面以上； ③ 加热至合适黏度后使用； ④ 疏通管路、清洗过滤器； ⑤ 密封吸油管路
输油量不足 或压力不高	① 叶片移动不灵活； ② 各连接处漏气； ③ 间隙过大（端面、径向）； ④ 吸油不畅或液面太低； ⑤ 叶片和定子内表面接触不良	① 不灵活叶片单独配研； ② 加强密封； ③ 修复或更换零件； ④ 清洗过滤器或向油箱内补油； ⑤ 定子磨损发生在吸油区，双作用叶片泵可将定子旋转 180° 后重新定位装配
噪声、震动 过大	① 吸油不畅或液面太低； ② 有空气侵入； ③ 油液黏度过高； ④ 转速过高； ⑤ 泵与原动机不同轴； ⑥ 配油盘端面与内孔不垂直或叶片垂直度太差	① 清洗过滤器或向油箱内补油； ② 检查吸油管，注意液位； ③ 适当降低油液黏度； ④ 降低转速； ⑤ 调整同轴度至规定值； ⑥ 修磨配油盘端面或提高叶片垂直度

表 2-1-4　轴向柱塞泵常见故障及排除方法

故障	可能引起的原因	排 除 方 法
流量不够	① 油脏造成进油口滤油器堵死或阀门吸油阻力较大； ② 吸油管漏气，油面太低； ③ 中心弹簧断裂，缸体和配流盘无初始密封力； ④ 变量泵倾角处于小偏角； ⑤ 配流盘与泵体配油面贴合不平或严重磨损； ⑥ 油温过高	① 去掉滤油器，提高油液清洁度；增大阀门，减少吸油阻力； ② 排除漏气，增高油面； ③ 更换中心弹簧； ④ 增大偏角； ⑤ 消除贴合不平的原因，重新安装配流盘，或更换配流盘； ⑥ 降低油温
压力波动， 压力表指 示值不 稳定	① 压力阀本身不能正常工作； ② 系统中有空气； ③ 吸油腔真空度太大； ④ 因油脏等原因使配油面严重磨损； ⑤ 压力座处于振动状态	① 更换压力阀； ② 排除空气； ③ 降低真空度值，使其小于 0.016 MPa； ④ 修复或更换零件并消除磨损原因； ⑤ 消除表座振动原因
无压力或 大量泄漏	① 滑靴脱落； ② 配油面严重磨损； ③ 调压阀未调整好或建立不起压力；	① 更换柱塞滑靴； ② 更换或修复零件并消除磨损原因； ③ 重新调整或更换调压阀；

续表

故障	可能引起的原因	排 除 方 法
无压力或大量泄漏	④ 中心弹簧断，无初始密封力； ⑤ 泵和电动机安装不同轴，造成泄漏严重	④ 更换中心弹簧； ⑤ 调整泵轴与电动机轴的同轴度
噪声过大	① 吸油阻力太大，自吸真空度太大，接头处不密封，吸入空气； ② 泵和电动机安装不同轴，主轴受径向力； ③ 油液的黏度太大； ④ 油液大量泡沫	① 密封，排除系统中空气； ② 调整泵和电动机的同轴度； ③ 降低黏度； ④ 视不同情况消除进气原因
油温提升过快	① 油箱容积太小； ② 油泵内部漏损太大； ③ 液压系统泄漏太大； ④ 周围环境温度过高	① 增加容积或加置冷却装置； ② 检修油泵； ③ 修复或更换有关元件； ④ 改善环境条件或加冷却液
伺服变量机构失灵不变量	① 伺服活塞卡死； ② 变量活塞卡死； ③ 变量头转动不灵活； ④ 单向阀弹簧断裂	① 消除伺服活塞卡死原因； ② 消除变量活塞卡死原因； ③ 消除转动不灵原因； ④ 更换弹簧
泵不能转动（卡死）	① 柱塞与缸体卡死（油脏或油温变化引起）； ② 滑靴脱落（柱塞卡死、负载过大）； ③ 柱塞球头折断（柱塞卡死、负载过大）	① 更换新油、控制油温； ② 更换或重新装配滑靴； ③ 更换零件

思考与练习

一、填空题

1. 容积式液压泵是靠_____来实现吸油和排油的。

2. 液压泵的额定流量是指泵在额定转速和_____压力下的输出流量。

3. 液压泵的机械损失是指液压泵在_____上的损失。

4. 液压泵是把_____能转变为液体_____能的转换装置。

5. 齿轮泵的泄漏一般有三个渠道：_____、_____、_____。其中以_____最为严重。

6. 液压泵正常工作的条件是_____。

7. 影响外啮合齿轮泵工作压力提高的主要因素是_____和_____。

8. 若改变单作用叶片泵的_____，就能改变其排量，称为_____量泵。

9. 齿轮泵的吸油口比排油口大，是为了减少_____。

10. 液压泵的选用原则是依据系统所需的_____、_____。

二、选择题

1. 图 2-1-14 所示为轴向柱塞泵和轴向柱塞电动机的工作原理图。当缸体按图 2-1-14 所示方向旋转时，判断各油口压力高低：（1）作液压泵用时_____，（2）作油电动机用时_____。

A. a 为高压油口；b 为低压油口　　B. b 为高压油口；a 为低压油口

C. c 为高压油口；d 为低压油口　　D. d 为高压油口；c 为低压油口

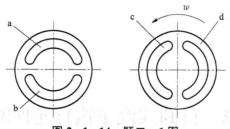

图 2-1-14 题二、1 图

2. 限制齿轮泵压力提高的主要因素是（　　）。

A. 流量脉动　　B. 困油现象　　　　C. 泄漏　　　　　　　D. 径向不平衡力

3. 在齿轮泵的齿轮端面上安装自动补偿装置的目的是减少（　　）的产生。

A. 泄漏　　　　B. 径向不平衡力　　C. 困油现象

4. 在齿轮泵端盖上开卸荷槽的目的是减少（　　）的产生。

A. 泄漏　　　　B. 径向不平衡力　　C. 困油现象

5. 在常见的液压泵系列中，柱塞泵属于（　　）。

A. 高压泵　　　B. 中压泵　　　　　C. 低压泵

6. 双作用叶片泵定子过渡曲线一般采用（　　）。

A. 阿基米德螺旋线　　　　　　　B. 等加速等减速曲线

C. 抛物线　　　　　　　　　　　D. 椭圆

7. 在没有泄露的情况下，根据泵的几何尺寸计算得到的流量称为（　　）。

A. 实际流量　　B. 额定流量　　　　C. 理论流量　　　　D. 最大流量

8. 液压系统中的压力大小决定于（　　）。

A. 液压泵额定压力　　　　　　　B. 负载　　　　　　C. 液压泵的流量

三、简答题

1. 确定双作用叶片泵的叶片数应满足什么条件？通常采用的叶片数为多少？

2. 为什么柱塞泵一般比齿轮泵或叶片泵能达到更高的压力？

3. 何谓液压泵的困油？请说明困油引发的后果。

4. 液压传动中常见的液压泵分为哪几种类型？

5. 液压泵的工作压力取决于什么？泵的工作压力与额定压力有何区别？

6. 什么是液压泵的排量、理论流量和实际流量？它们的关系如何？

7. 齿轮泵压力的提高主要受哪些因素的影响？可以采取哪些措施来提高齿轮泵的压力？

8. 试比较各类液压泵性能上的异同点。

9. 简述容积式液压泵能正常工作的条件。

10. 某液压泵的转速为 $n = 950\ \text{r/min}$，排量 $V = 168\ \text{mL/r}$，在额定压力 $p = 30\ \text{MPa}$ 和同样转速下，测得的实际流量为 $150\ \text{L/min}$，额定工况下的总效率为 0.87。

求：（1）泵的理论流量；

（2）泵的容积效率和机械效率；

（3）泵在额定工况下，所需电动机的驱动功率。

11. 某液压系统，泵的排量 $V = 10\ \text{mL/r}$，电动机转速 $n = 1\ 200\ \text{r/min}$，泵的输出压力 $p = 3\ \text{MPa}$，泵容积效率 $\eta_v = 0.92$，总效率 $\eta = 0.84$。

项目二　液压系统的分析与构建

求：（1）泵的理论流量；

（2）泵的实际流量；

（3）泵的输出功率；

（4）驱动电动机的功率。

任务 2　自卸式汽车执行元件的选择

知识目标

◇ 掌握液压缸的分类及工作原理；

◇ 会计算液压缸的输出推力和速度。

技能目标

◇ 能正确选用液压缸。

任务引入

如图 2-2-1 所示的自卸式汽车在工作过程中，其翻斗可以实现翻转运动，翻斗的运动是通过液压系统中的什么元件来带动的？不同工作情况下这些元件有何不同？如何根据具体要求选择这些元件呢？

图 2-2-1　自卸式汽车

任务分析

自卸式汽车的翻斗要完成工作所需的翻转运动必须靠液压传动系统中相关的元件来带动，这个元件就是液压系统中的执行元件。执行元件一般有液压缸和液压马达两种，在此任务中需采用液压缸作为执行元件来带动铲斗做翻转运动。液压缸的类型很多，不同工况下该如何选用呢？下面引入液压执行元件的相关知识。

相关知识

液压执行元件是把将液压泵供给的液压能转换为机械能输出的装置，包括带动运动部件实现往复直线运动的液压缸和实现回转运动的液压马达两种类型。

一、液压缸

1. 液压缸的分类

液压缸按结构形式可分为活塞缸、柱塞缸和摆动缸三类；按活塞杆形式可分为单活塞杆式、双活塞杆式；按供油方向（作用方式）可分为单作用式和双作用式两类，其中单作用式液压缸只有一腔能进、出压力油，活塞或缸体只能依靠液压力做单向运动，回程需借助自重或外力；双作用式液压缸两腔均能进、出压力油，活塞或缸体能做正、反两个方向的移动。

2. 液压缸的结构组成

1）液压缸的典型结构举例

图 2-2-2 所示为较常用的双作用单活塞杆液压缸，由缸底 20、缸筒 10、缸盖兼导向套 9、活塞 11 和活塞杆 18 组成。缸筒一端与缸底焊接，另一端缸盖（导向套）与缸筒用卡键 6、套 5 和弹簧挡圈 4 固定，以便拆装检修，两端设有油口 A 和 B。活塞 11 与活塞杆 18 利用卡键 15、卡键帽 16 和弹簧挡圈 17 连在一起。活塞与缸孔的密封采用的是一对 Y 形聚氨酯密封圈 12，由于活塞与缸孔有一定间隙，采用由尼龙 1010 制成的耐磨环（又叫支撑环）13 定心导向。活塞杆 18 和活塞 11 的内孔由 O 形密封圈 14 密封。较长的导向套 9 则可保证活塞杆不偏离中心，导向套外径由 O 形密封圈 7 密封，而其内孔则由 Y 形密封圈 8 和防尘圈 3 密封，以防止油外漏和灰尘被带入缸内。缸与杆端销孔与外界连接，销孔内有尼龙衬套抗磨。

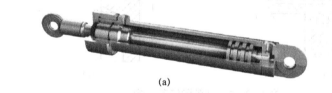

(a)

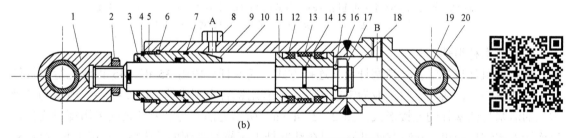

(b)

图 2-2-2　双作用单活塞杆液压缸

（a）实物图；（b）工作原理图

1—耳环；2—螺母；3—防尘圈；4，17—弹簧挡圈；5—套；6，15—卡键；7，14—O 形密封圈；8，12—Y 形密封圈；9—缸盖兼导向套；10—缸筒；11—活塞；13—耐磨环；16—卡键帽；18—活塞杆；19—衬套；20—缸底

2）液压缸的组成

从上面所述的液压缸典型结构中可以看到，液压缸的结构基本上可以分为缸筒组件、活塞杆组件、密封装置、缓冲装置和排气装置五个部分。

（1）缸筒组件。

缸筒组件包括缸筒和缸盖及其连接方式，一般来说，缸筒和缸盖的结构形式和其使用的材料有关。图2-2-3所示为缸筒和缸盖的常见结构形式。图2-2-3（a）所示为法兰式连接，其结构简单，容易加工和装拆，但外形尺寸和重量都较大，常用于铸铁制的缸筒上。图2-2-3（b）所示为半环式连接，它的缸筒壁部因开了环形槽而削弱了强度，为此有时要加厚缸壁，且容易加工和装拆，重量较轻，常用于无缝钢管或锻钢制的缸筒上。图2-2-3（c）所示为螺纹式连接，它的缸筒端部结构复杂，外径加工时要求保证内、外径同心，装拆要使用专用工具，它的外形尺寸和重量都较小，常用于无缝钢管或铸钢制的缸筒上。图2-2-3（d）所示为拉杆式连接，其结构的通用性大，容易加工和装拆，但外形尺寸较大，且较重。图2-2-3（e）所示为焊接式连接，其结构简单，尺寸小，但缸底处内径不易加工，且可能引起变形。

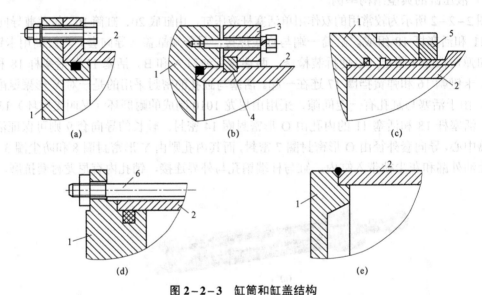

图2-2-3　缸筒和缸盖结构

（a）法兰式连接；（b）半环式连接；（c）螺纹式连接；（d）拉杆式连接；（e）焊接式连接

1—缸盖；2—缸筒；3—压板；4—半环；5—防松螺帽；6—拉杆

（2）活塞杆组件。

活塞杆组件包括活塞、活塞杆及其连接方式。活塞杆一般用35钢、45钢或无缝钢管做成实心或空心杆，活塞材料一般为钢或铸铁，也有用铝合金制成的。图2-2-4所示为几种常见的活塞与活塞杆的连接形式。图2-2-4（a）所示为活塞与活塞杆之间采用螺母连接，该连接方式结构简单，安装方便可靠，但在活塞杆上车螺纹将削弱其强度，常用于负载较小、受力无冲击的单杆液压缸。图2-2-4（b）和图2-2-4（c）所示为卡环式连接，该连接方式强度高，但结构复杂，装拆不便，常用于高压大负载或振动较大的场合。图2-2-4（d）所示为一种径向销式连接结构，该连接方式加工容易，装配简单，但承载能力小，且需防止脱落，常用于双出杆式活塞。

（3）密封装置。

密封装置的功用是防止油液泄漏，一般指活塞、活塞杆处的动密封和缸盖等处的静密封。液压缸中常见的密封装置如图2-2-5所示。

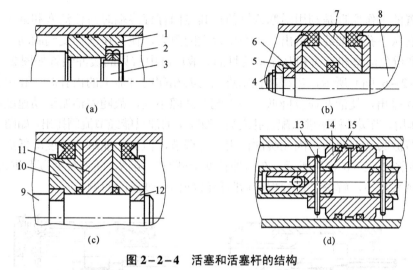

图 2-2-4 活塞和活塞杆的结构

（a）螺母连接；（b），（c）卡环式连接；（d）径向销式连接

1，7，11，14—活塞；2—螺母；3，8，11，9—活塞杆；4—弹簧卡；5—轴套；6，12—半环；13—销锥

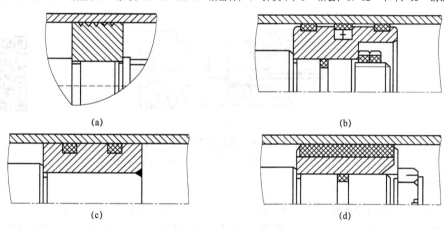

图 2-2-5 密封装置

（a）间隙密封；（b）摩擦环密封；（c）O 形圈密封；（d）V 形圈密封

图 2-2-5（a）所示为间隙密封，它依靠运动间的微小间隙来防止泄漏。间隙密封的结构简单，摩擦阻力小，可耐高温，但泄漏大，加工要求高，磨损后无法恢复原有能力，只有在尺寸较小、压力较低、相对运动速度较高的缸筒和活塞间使用。图 2-2-5（b）所示为摩擦环密封，它依靠套在活塞上的摩擦环（尼龙或其他高分子材料制成）在 O 形密封圈弹力作用下贴紧缸壁而防止泄漏。这种材料效果较好，摩擦阻力较小且稳定，可耐高温，磨损后有自动补偿能力，但加工要求高，装拆较不便，适用于缸筒和活塞之间的密封。图 2-2-5（c）和图 2-2-5（d）所示为密封圈（O 形圈、V 形圈等）密封，其利用橡胶或塑料的弹性使各种截面的环形圈贴紧在静、动配合面之间来防止泄漏。其结构简单，制造方便，磨损后有自动补偿能力，性能可靠，在缸筒和活塞之间、缸盖和活塞杆之间、活塞和活塞杆之间、缸筒和缸盖之间都能使用。

（4）缓冲装置。

缓冲装置的作用是防止活塞在行程终点时和缸盖相互撞击，引起噪声和冲击。液压缸一般都设置缓冲装置，特别是对大型、高速或要求高的液压缸，则必须设置缓冲装置。

缓冲装置的工作原理是利用活塞或缸筒在其走向行程终端时封住活塞和缸盖之间的部分油液，强迫它从小孔或细缝中挤出，以产生很大的阻力，使工作部件受到制动，逐渐减慢运动速度，达到避免活塞和缸盖相互撞击的目的。液压缸中常见的缓冲装置如图2-2-6所示。

如图2-2-6（a）所示，当缓冲柱塞进入与其相配的缸盖上的内孔时，孔中的液压油只能通过间隙 δ 排出，使活塞速度降低。由于配合间隙不变，故随着活塞运动速度的降低，其主要起缓冲作用。当缓冲柱塞进入配合孔之后，油腔中的油只能经节流阀排出，如图2-2-6（b）所示。由于节流阀是可调的，因此缓冲作用也可调节，但仍不能解决速度降低后缓冲作用减弱的缺点。如图2-2-6（c）所示，在缓冲柱塞上开有三角槽，随着柱塞逐渐进入配合孔中，其节流面积越来越小，解决了在行程最后阶段缓冲作用过弱的问题。

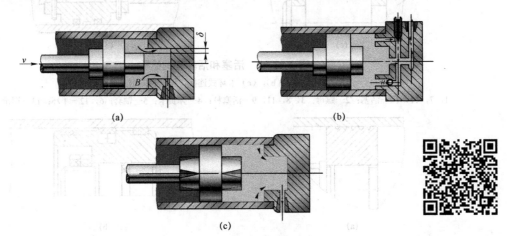

图2-2-6 液压缸的缓冲装置

（a）圆环状间隙式；（b）可调节流式；（c）可变节流槽式

（5）排气装置。

液压缸在安装过程中或长时间停放重新工作时，液压缸里和管道系统中会渗入空气，为了防止执行元件出现爬行、噪声和发热等不正常现象，需把缸和系统中的空气排出。如图2-2-7所示，一般可在液压缸的最高处设置进、出油口把空气带走，也可在最高处设置如图2-2-7（a）所示的放气孔或专门的放气阀［见图2-2-7（b）和图2-2-7（c）］。

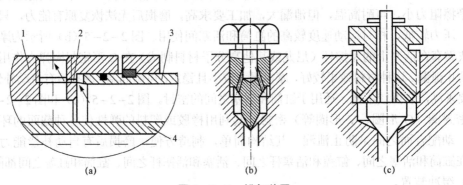

图2-2-7 排气装置

（a）放气孔；（b），（c）放气阀

1—缸盖；2—放气小孔；3—缸体；4—活塞杆

3. 液压缸速度和推力的计算

1）双作用单出杆活塞式液压缸

活塞只有一端带活塞杆，有缸体固定和活塞杆固定两种形式，它们的工作台移动范围都是活塞有效行程的两倍。图 2-2-8 所示为缸体固定的单杆液压缸，图 2-2-8（d）所示为其图形符号。若输入液压缸的油液流量为 q，液压缸进、出油口压力分别为 p_1 和 p_2，则在以下三种情况下活塞上所产生的推力 F 和速度 v 分别为

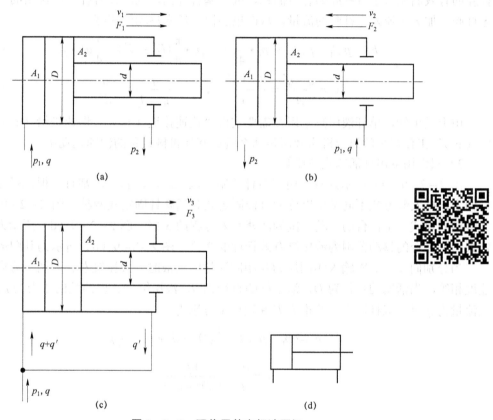

图 2-2-8 双作用单出杆液压缸

（a）无杆腔进油；（b）有杆腔进油；（c）两腔同时进油；（d）图形符号

（1）当无杆腔进油，如图 2-2-8（a）所示，活塞杆伸出时

$$v_1 = \frac{q}{A_1} = \frac{4q}{\pi D^2} \tag{2-2-1}$$

$$F_1 = p_1 A_1 - p_2 A_2 = p_1 \cdot \frac{\pi}{4} D^2 - p_2 \cdot \frac{\pi}{4} (D^2 - d^2) = \frac{\pi}{4} D^2 \cdot (p_1 - p_2) + \frac{\pi}{4} d^2 \cdot p_2 \tag{2-2-2}$$

（2）当有杆腔进油，如图 2-2-8（b）所示，活塞杆缩回时

$$v_2 = \frac{q}{A_2} = \frac{4q}{\pi(D^2 - d^2)} \tag{2-2-3}$$

$$F_2 = p_1 A_2 - p_2 A_1 = p_1 \cdot \frac{\pi}{4}(D^2 - d^2) - p_2 \cdot \frac{\pi}{4}D^2 = \frac{\pi}{4}D^2 \cdot (p_1 - p_2) - \frac{\pi}{4}d^2 \cdot p_1$$

$$(2-2-4)$$

由以上两式可知，$F_1 > F_2$，$v_1 < v_2$，此特点常用于实现机床的工作进给（用 F_1、v_1）和快速退回（用 F_2、v_2）。

（3）当左、右两腔同时通入压力油（即差动连接）时，如图 2-2-8（c）所示，由于无杆腔的有效面积大于有杆腔的有效面积，故活塞杆伸出，同时使有杆腔中排出的油液也进入无杆腔，加大了流入无杆腔的流量，从而也加快了活塞移动的速度。

$$F_3 = p_1 A_1 - p_2 A_2 \approx p_1 \cdot \frac{\pi}{4}D^2 - p_1 \cdot \frac{\pi}{4}(D^2 - d^2) = \frac{\pi}{4}d^2 \cdot p_1 \qquad (2-2-5)$$

$$v_3 = \frac{q + q'}{A_1} = \frac{q + v_3 A_2}{A_1} \Rightarrow v_3 = \frac{q}{A_1 - A_2} = \frac{4q}{\pi d^2} \qquad (2-2-6)$$

由上式可知，单杆液压缸常用在需要实现"快速接近（v_3）—慢速进给（v_1）—快速退回（v_2）"工作循环的组合机床液压传动系统或其他机械设备的快速运动中。

2）双作用双出杆活塞式液压缸

图 2-2-9（a）所示为双作用双出杆活塞式液压缸，活塞两端都有一根直径相等的活塞杆伸出，据安装方式不同又可以分为缸筒固定式和活塞杆固定式两种。图 2-2-9（c）所示为缸筒固定式，工作台的运动范围为活塞有效行程的 3 倍。图 2-2-9（d）所示为活塞杆固定式，工作台的移动范围为液压缸有效行程的 2 倍。图 2-2-9（b）所示为其图形符号。

当分别向左、右腔输入相同压力和相同流量的油液时，液压缸左、右两个方向的推力和速度相等，当活塞的直径为 D，活塞杆的直径为 d，液压缸进、出油腔的压力为 p_1 和 p_2，输入流量为 q 时，双杆活塞缸的推力 F 和速度 v 分别为

$$F = (p_1 - p_2)A = \frac{\pi}{4}(D^2 - d^2)(p_1 - p_2) \qquad (2-2-7)$$

$$v = \frac{q}{A} = \frac{4q}{\pi(D^2 - d^2)} \qquad (2-2-8)$$

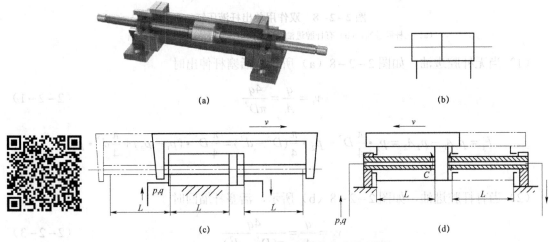

图 2-2-9 双作用双出杆活塞式液压缸

（a）实物图；（b）图形符号；（c）缸体固定式；（d）活塞杆固定式

二、液压马达

1. 液压马达的特点

从能量转换的观点来看，液压泵与液压马达是可逆工作的液压元件，向任何一种液压泵输入工作液体，都可使其变成液压马达工况；反之，当液压马达的主轴由外力矩驱动旋转时，也可变为液压泵工况。因为它们具有同样的基本结构要素——密闭而又可以周期性变化的容积和相应的配油机构。

但是，由于液压马达和液压泵的工作条件不同，对它们的性能要求也不一样，所以同类型的液压马达和液压泵之间，仍存在许多差别。首先液压马达应能够正、反转，因而要求其内部结构对称；液压马达的转速范围需要足够大，特别是对它的最低稳定转速有一定的要求。因此，它通常采用滚动轴承或静压滑动轴承。其次液压马达由于在输入压力油条件下工作，因而不必具备自吸能力，但需要一定的初始密封性，才能提供必要的起动转矩。由于存在着这些差别，使得液压马达和液压泵在结构上比较相似，但不能可逆工作。

2. 液压马达的分类

液压马达按其结构类型分为齿轮式、叶片式、柱塞式和其他型式；按排量是否可调分为定量马达、变量马达；按输油方向是否可换分为单向马达、双向马达；按其额定转速分为高速马达和低速马达。

3. 液压马达的工作原理

1）齿轮式液压马达

齿轮式液压马达结构与齿轮式液压泵类似，比较简单，主要用于高转速、小转矩的场合，也用作笨重物体旋转的传动装置。

由于笨重物体的惯性起到飞轮的作用，可以补偿旋转的波动性，因此齿轮式液压马达在起重设备中应用比较多。但是齿轮式液压马达输出转矩和转速的脉动性较大，径向力不平衡，在低速及负荷变化时运转的稳定性较差。图 2－2－10 所示为齿轮式液压马达的实物图。

图 2－2－10　齿轮式液压马达实物图

2）叶片式液压马达

图 2－2－11 所示为叶片式液压马达，由于在每个密闭工作腔叶片伸出的面积不同，压力油作用在叶片上的液压力也不同，各个叶片上的压力差使叶片产生转矩，从而带动转子旋转，对外输出转速和转矩。叶片式液压马达的输出转矩与液压马达的排量和液压马达进、出油口之间的压力差有关，其转速由输入液压马达的流量大小来决定。

项目二　液压系统的分析与构建

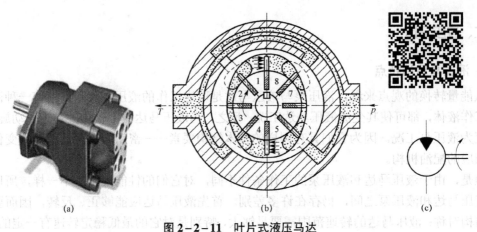

(a)　　　　　　　　　(b)　　　　　　　　　(c)

图2-2-11　叶片式液压马达

（a）实物图；（b）工作原理图；（c）图形符号

1, 2, 3, 4, 5, 6, 7, 8—叶片

由于液压马达一般都要求能正反转，所以叶片式液压马达的叶片要径向放置。为了使叶片根部始终通有压力油，在回、压油腔通入叶片根部的通路上应设置单向阀。为了确保叶片式液压马达在压力油通入后能正常启动，必须使叶片顶部和定子内表面紧密接触，以保证良好的密封，因此在叶片根部应设置预紧弹簧。

叶片式液压马达体积小，转动惯量小，动作灵敏。但其泄漏量较大，低速工作时不稳定。其适用于换向频率较高、转速高、转矩小和动作要求灵敏的场合。

3）轴向柱塞式液压马达

图2-2-12所示为轴向柱塞式液压马达，斜盘1和配油盘4固定不动，缸体3及柱塞2

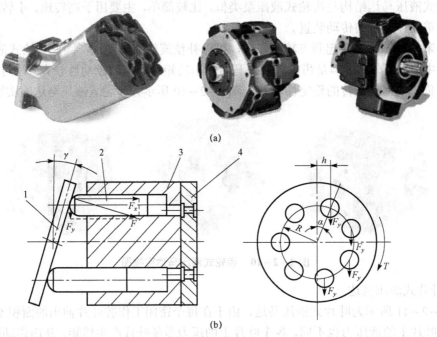

(a)

(b)

图2-2-12　轴向柱塞式液压马达

（a）实物图；（b）工作原理图

1—斜盘；2—柱塞；3—缸体；4—配油盘

可绕缸体的水平轴线旋转。当压力油经配油盘进入柱塞底部时，柱塞受油压作用而向外紧紧压在斜盘上，这时斜盘对柱塞产生一反作用力 F，由于斜盘有一倾斜角 γ，所以可分解为两个分力：一个是轴向分力 F_x，与作用在柱塞上的液压力平衡；另一个分力 F_y，垂直于柱塞轴线，对缸体轴线产生力矩，带动缸体旋转，通过主轴向外输出转矩和转速。

4. 液压马达的性能指标

液压马达的基本参数和基本性能主要有以下几项指标：

1）转矩和排量

液压马达在工作中输出的转矩大小是由负载转矩决定的。推动同样大小的负载，工作腔大的马达的压力要低于工作腔小的马达的压力，所以说工作腔的大小是液压马达工作能力的重要标志。

液压马达的排量是指在没有泄漏的情况下，马达轴转一转所需输入的油液体积，用 V 表示。液压马达排量的大小只决定于马达中密封工作腔的几何尺寸，与转速无关。根据排量的大小可以计算在给定压力下液压马达所能输出的转矩的大小，也可计算在给定的负载转矩下马达的工作压力的大小。

2）机械效率和启动机械效率

液压泵是由电动机带动而旋转的，所以它的输入量是转矩和转速（角速度），输出量是液体的压力和流量。液压马达正好相反，其输入量是液体的压力和流量，输出量是转矩和转速（角速度）。

如果液压马达在能量转换过程中没有能量损失，则输入功率与输出功率相等。但由于有泄漏损失，故输入液压马达的实际流量必须大于它的理论流量；由于有摩擦损失，故液压马达的实际输出转矩必然小于它的理论转矩。

在同样的压力下，液压马达由静止到开始转动的启动状态的输出转矩要比运转中的转矩小，这给液压马达的启动造成了困难，所以启动性能对液压马达来说非常重要。

启动转矩降低的原因是在静止状态下的摩擦系数最大，在摩擦表面出现相对滑动后摩擦系数明显减小，这是机械摩擦的一般性质。对液压马达来说，更为主要的原因是静止状态时液压油在金属表面形成的润滑油膜被挤掉，启动时基本上成了金属表面之间的干摩擦。一旦马达开始转动，随着润滑油膜的建立，摩擦阻力立即下降，并随着滑动速度增大和油膜变厚而进一步降低。所以如果液压马达带负载启动，必须注意到所选择的液压马达的启动性能。

3）转速和低速稳定性

液压马达的转速取决于供油的流量 q 和液压马达本身的排量 V。由于液压马达内部有泄漏，并不是所有进入马达的液体都推动液压马达做功，一小部分液体因泄漏损失掉了，所以马达的实际转速要比理想情况低一点。在工程中，液压马达的转速和液压泵的转速都用 r/min（转/分）表示。

当液压马达工作速度过低时，往往无法保持稳定的转速，而进入时转时停的不稳定工作状态，即所谓的爬行。为避免在低速时出现爬行，在选择低速液压马达时，低速稳定性也是一个很重要的指标。液压马达使用时应尽量高于其标牌上标有的最低转速，一般来说，低速大转矩液压马达的低速稳定性要比高速马达好。

4）调速范围

当负载是在从低速到高速很宽的速度范围内工作时，也就要求液压马达能在较大的速度范围内工作，否则就需要专门的变速机构，使传动系统变得复杂。液压马达的调速范围以允许的最大转速和最低稳定转速之比表示，即：$i = n_{max}/n_{min}$。显然，调速范围宽的液压马达应具有良好的高速性能和低速稳定性。

中国力量——中国"天眼"中的液压技术

任务实施

了解了有关液压缸的类型、工作参数、结构特点，在实际的选用中应根据不同的工作要求从以下几方面来合理选择。

（1）根据机构运动和结构要求，选择液压缸的类型。

如双作用单出杆液压缸带动工作部件的往复运动速度不相同，常用于实现机床设备中的快速退回和慢速工作进给。同时，液压缸两腔的有效作用面积不同，产生的推力也不同，如本次任务中的筑路机工作时，就需要选择双作用单出杆液压缸。

双作用双出杆液压缸带动工作部件的往返速度一致，常用于需要工作部件做等速往返直线运动的场合，如外圆磨床的工作台就由双作用双出杆液压缸驱动。

差动液压缸只需较小的牵引力就可以获得相等的往返速度，并且可以使用小流量泵获得较快的运动速度，在机床上应用较多。如在组合机床上常用于要求推力不大、速度相同的快进和快退工作循环的液压传动系统中。

（2）根据机构工作压力的要求，确定液压缸的输出力。

（3）根据系统压力和往返速度比，确定液压缸的主要尺寸，如缸径、杆径等，并按照标准尺寸系列选择适当的尺寸。

（4）根据机构运动的行程和速度要求，确定液压缸的长度和流量，并由此确定液压缸的通油口尺寸。

（5）根据工作压力和材料，确定液压缸的壁厚尺寸、活塞杆尺寸、螺钉尺寸及端盖结构。

（6）可靠的密封是保证液压缸正常工作的重要因素，应选择适当的密封结构。

（7）根据缓冲要求，选择适用的缓冲机构，对高速液压缸必须设置缓冲装置。

（8）在保证获得所需往复运动行程和驱动力的条件下，尽可能减小液压缸的轮廓尺寸。

（9）对运动平稳性要求较高的液压缸应设置排气装置。

技能训练

在液压实训室进行如图2-2-13和图2-2-14所示液压缸的结构拆装实训，拆装实训注意事项如下：

（1）拆卸液压缸前，应使液压缸回路中的油压降为零。

（2）拆卸时要防止损坏液压缸的零件。

（3）由于液压缸的具体结构不尽相同，拆卸的顺序也不尽相同，要根据具体情况进行判断。法兰式连接，应先拆除法兰连接螺钉，用螺钉把端盖顶出，不能硬撬或锤击，以免损坏；内卡键式连接，应使用专用工具，将导向套向内推，露出卡键并将卡键取出后用尼龙或橡胶质地的物品把卡键槽填满后再往外拆；螺纹连接式油缸，应先把螺纹压盖拧下。在拆除活塞杆和活塞时，不能硬性将活塞杆组件从缸筒中拉出，应设法保持活塞杆组件和缸筒的轴心在一条线上缓慢拉出。

（4）在零件拆除检查后，应将零件保存在较干净的环境中，并加装防止磕碰的隔离装置，重新装配前应将零件清洗干净。

（5）缸的装配：装配前清洗各零件，在活塞杆与导向套、活塞与活塞杆、活塞与缸体等配合表面涂润滑油，按拆卸时的反向顺序装配。

图 2-2-13　单杆双作用式液压缸的拆装

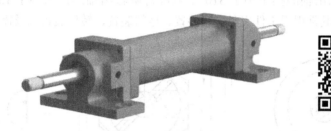

图 2-2-14　双杆双作用式液压缸的拆装

其他形式的液压缸

1. 柱塞缸

如图 2-2-15 所示，柱塞缸是一种单作用液压缸，柱塞与工作部件连接，缸筒固定在机体上，当压力油进入缸筒时，推动柱塞带动运动部件向右运动，但反向退回时必须靠其他外力或自重驱动。如图 2-2-15（b）所示，为了得到双向运动，柱塞缸通常成对反向布置使用。

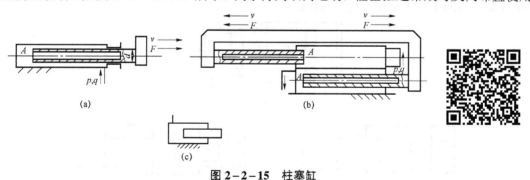

图 2-2-15　柱塞缸
（a）工作原理图；（b）柱塞缸成对使用；（c）图形符号

当柱塞的直径为 d、输入液压油的流量为 q、压力为 p 时，其柱塞上所产生的推力 F 和速度 v 为

$$F = p \cdot \frac{\pi}{4} d^2$$

$$v = \frac{4q}{\pi d^2}$$

柱塞缸的特点是柱塞与缸筒无配合要求，缸筒内孔无须精加工，甚至可以不加工，运动时由缸盖上的导向套来导向，特别适用于行程较长的场合。

2. 摆动缸

摆动缸是输出转矩并实现往复摆动的液压执行元件，又称摆动式液压马达。常用的有单叶片式和双叶片式，如图 2-2-16 所示，由叶片轴 1、缸体 2、定子块 3 和回转叶片 4 等零件组成。定子块固定在缸体上，叶片和叶片轴连接在一起，当油口交替输入压力油时，叶片带动叶片轴做往复摆动，输出转矩和角速度。

单叶片缸输出轴的摆角小于 310°，双叶片缸输出轴的摆角小于 150°，但输出转矩是单叶片缸的两倍。其常用于工件夹具夹紧装置、送料装置、转位装置以及需要周期性进给的系统。

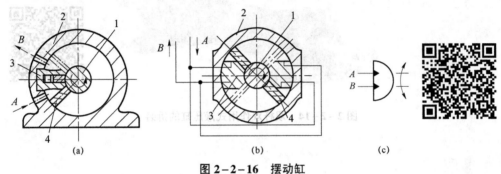

图 2-2-16 摆动缸
（a）单叶片式；（b）双叶片式；（c）图形符号
1—叶片轴；2—缸体；3—定子块；4—回转叶片

3. 增压缸

增压缸的作用是将输入的低压油变为高压油，常用于某些短时或局部需要高压油的系统中。如图 2-2-17 所示，有单作用和双作用两种形式。图 2-2-17（b）所示为单作用增压缸，只能在单方向行程中输出高压油，不能获得连续的高压油；图 2-2-17（c）所示为双作用增压缸，由两个高压端连续向系统供油。

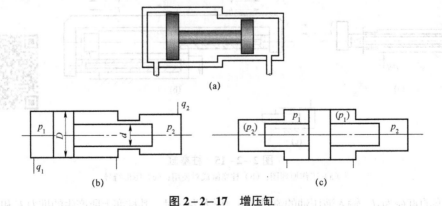

图 2-2-17 增压缸
（a）示意图；（b）单作用增压缸；（c）双作用增压缸

注意：增压缸只能将高压端输出油通入其他液压缸以获取大的推力，其本身不能直接作

为执行元件。其增压比为

$$p_2 = p_1 \cdot \frac{D^2}{d^2}$$

4. 伸缩缸

如图 2-2-18 所示，伸缩缸由两级或多级活塞缸套装而成，又称多级缸。伸缩缸中活塞伸出的顺序是从大至小，而空载缩回的顺序一般是从小至大。当输入流量相同时，外伸速度逐次增大；当负载恒定时，液压缸的工作压力逐次增高。伸缩缸常用于安装空间小而行程要求很长的场合，如起重运输车辆。

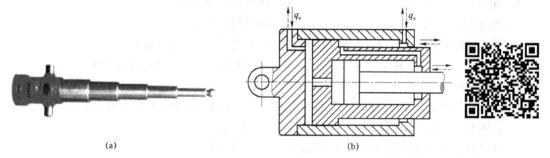

图 2-2-18　伸缩缸
（a）实物图；（b）工作原理图

5. 齿条活塞缸

如图 2-2-19 所示，齿条活塞缸由两个柱塞缸和一套齿轮齿条传动装置组成，当液压油推动活塞左右往复运动时，齿条就推动齿轮件往复旋转，从而齿轮驱动工作部件做周期性的往复旋转运动。齿条活塞缸常用于需要回转运动的场合，如自动线、磨床等。

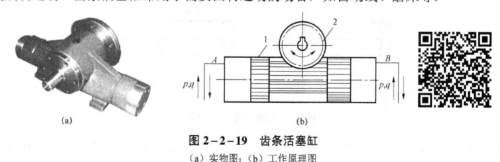

图 2-2-19　齿条活塞缸
（a）实物图；（b）工作原理图
1—双活塞缸；2—齿轮齿条机构

🚛 思考与练习

一、填空题

1. 在工作行程很长的情况下，使用_____液压缸最合适。

2. 气液阻尼缸是由气缸和液压缸组合而成的，它以_____为动力，并利用油液的_____和控制流量来获得活塞的平稳运动。

3. 液压缸的结构基本上可分为_____、_____、_____、_____和_____等 5 个部分。

4. 液压缸常见的密封方式有_____、_____、_____和_____。

5. 活塞式液压缸按活塞杆布置情况一般可分为_____和_____两种。

二、选择题

1. 为防止液压缸活塞在行程终端时与缸盖碰撞，特设置（　　）。

A. 排气装置　　　　B. 缓冲装置　　　　C. 密封装置

2. 利用压缩空气使膜片变形，从而推动活塞杆做直线运动的气缸是（　　）。

A. 薄膜式气缸　　　B. 冲击气缸　　　C. 气－液阻尼缸　　　D. 摆动气缸

3. 活塞缸差动连接时，其和非差动连接同向运动相比（　　）。

A. 速度快、推力大　　　　　　　　B. 速度快、推力小

C. 速度慢、推力大　　　　　　　　D. 速度慢、推力小

4. 要求机床工作台往复运动速度相同时，应采用（　　）液压缸。

A. 柱塞　　　　　B. 差动　　　　　C. 双活塞杆　　　　　D. 单活塞杆

三、简答题

1. 活塞式液压缸有哪几种形式？各有什么特点？它们分别用在什么场合？

2. 简述 O 形与 Y 形密封圈的特点和使用注意事项。

3. 以单杆活塞式液压缸为例，说明液压缸的一般结构形式。

4. 活塞式液压缸的常见故障有哪些？如何排除？

5. 如图 2－2－20 所示，两个相同尺寸的液压缸串联，它们的无杆腔和有杆腔的有效面积分别为 $A_1 = 100 \text{ cm}^2$ 和 $A_2 = 80 \text{ cm}^2$，两缸的负载均为 F，输入的压力 $p = 9 \times 10^5$ Pa，输入的流量 $q = 12$ L/min。试求：

（1）可承受的负载 F；

（2）两缸活塞的运动速度 v_1、v_2。

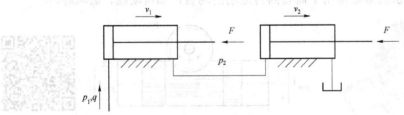

图 2－2－20　题三、5 图

6. 如图 2－2－21 所示，两液压缸 I、II 并联，已知两缸的活塞面积分别为 A_1 和 A_2，若 $A_1 = A_2$，$F_1 > F_2$，试问当输入压力油时，哪个液压缸先运动？为什么？

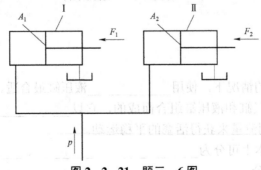

图 2－2－21　题三、6 图

任务3 汽车起重机支腿锁紧回路的构建

知识目标

◇ 掌握方向阀的种类、工作原理及应用；
◇ 掌握换向阀的中位机能。

技能目标

◇ 能分析锁紧回路、换向回路的油路原理及应用；
◇ 能正确安装与调试方向控制回路。

图2-3-1所示为汽车起重机，在汽车起重机液压系统中，由于汽车轮胎的支撑能力有限，而且为弹性变形体，作业很不安全，故作业前必须放下前后支腿，使汽车轮胎架空，用支腿承受重量。在行驶时又必须将支腿收起来，让轮胎着地。要求支腿能够停放在任意位置，并且在停止运动时能可靠地锁定而不受外界影响发生漂移或窜动。那么，应选用何种液压元件来实现这一功能呢？

图2-3-1 汽车起重机

液压传动中只要使液压油进入液压缸的不同工作腔，就能使液压缸带动工作部件完成往返运动，这种能使液压油进入不同的液压缸工作腔从而实现执行机构不同运动方向的元件为换向阀，起重机执行机构的运动就是靠换向阀来控制的。

若要求起重机执行机构在停止运动时不受外界影响，仅依靠换向阀是不能保证的，因为换向阀的阀芯和阀体间总是存在间隙，这就造成了换向阀内部的泄漏，不能保证执行机构定位可靠，这就要利用单向阀来控制液压油的流动，从而可靠地使执行元件能停在某处而不受外界影响。换向阀和单向阀都属于液压系统中的方向控制元件，下面引入方向控制阀的知识。

方向控制阀主要用来通断油路或改变油液流动的方向，从而控制液压执行元件的启动或停止，改变其运动方向。它主要有单向阀和换向阀两类。

一、单向阀

单向阀的主要作用是控制油液的单向流动（单向导通，反向截止）。对其性能要求是正向流动阻力损失小，反向时密封性好，动作灵敏。

1. 普通单向阀

图 2-3-2 所示为一种管式普通单向阀的结构，压力油从阀体左端的通口流入时克服弹簧 3 作用在阀芯上的力，使阀芯向右移动，打开阀口，并通过阀芯上的径向孔 a、轴向孔 b 从网体右端的通口流出；但是压力油从阀体右端的通口流入时，液压力和弹簧力一起使阀芯压紧在阀座上，使阀口关闭，油液无法通过，其图形符号如图 2-3-2（c）所示。

一般单向阀的开启压力在 0.035～0.05 MPa，作背压阀使用时，更换刚度较大的弹簧，使开启压力达到 0.2～0.6 MPa。

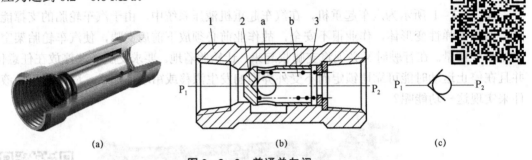

图 2-3-2　普通单向阀

（a）实物图；（b）工作原理图；（c）图形符号

1—阀体；2—阀芯；3—弹簧

2. 液控单向阀

图 2-3-3 所示为一种液控单向阀的结构，当控制口 K 处无压力油通入时，它的工作和普通单向阀一样，压力油只能从进油口 P_1 流向出油口 P_2，不能反向流动。当控制口 K 处有压力油通入时，控制活塞右侧 a 腔通泄油口，在液压力作用下活塞向右移动，推动顶杆顶开阀芯，使油口 P_1 和 P_2 接通，油液就可以从 P_2 流向 P_1 口。图 2-3-3（c）所示为其图形符号。

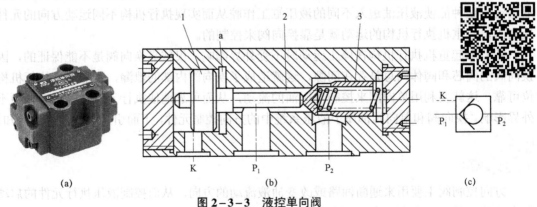

图 2-3-3　液控单向阀

（a）实物图；（b）工作原理图；（c）图形符号

3. 单向阀的应用

（1）普通单向阀装在液压泵的出口处，可以防止油液倒流而损坏液压泵。

（2）普通单向阀装在回油管路上作背压阀，使其产生一定的回油阻力，以满足控制油路使用要求或改善执行元件的工作性能。

（3）隔开油路之间不必要的联系，防止油路相互干扰。

（4）普通单向阀与其他阀制成组合阀，如单向减压阀、单向顺序阀和单向调速阀等。

二、换向阀

换向阀通过改变阀芯和阀体间的相对位置，控制油液流动方向，接通或关闭油路，从而改变液压系统工作状态的方向。

1. 换向阀的分类

换向阀的种类很多，按阀芯相对于阀体的运动方式可分为滑阀、转阀；按操作方式可分为手动、机动、电动、液动和电液动等；按阀芯工作时在阀体中所处的位置可分为二位、三位等；按换向阀所控制的通路数不同可分为二通、三通、四通和五通等；按阀的安装方式可分为管式（螺纹式）、板式和法兰式等。其中滑阀式换向阀在液压系统中应用广泛，因此本部分主要介绍滑阀式换向阀。

2. 换向阀的工作原理

换向阀是利用阀芯与阀体的相对位置改变油路连接，切断或变换油流的方向，从而实现液压执行元件的启动、停止或变化方向的。如图 2-3-4（a）所示，其中 P 口为进油口，T 口为回油口，A 口和 B 口分别接执行元件的两腔。

当阀芯在外力作用下处于图 2-3-4（a）所示的工作位置时，四个油口互不通，液压缸两腔均不通压力油，处于停车位置状态。当阀芯向右移动一定的距离时，由液压泵输出的压力油从阀的 P 口经 A 口流向液压缸左腔，液压缸右腔的油经 B 口流回油箱，液压缸活塞向右运动；反之，若阀芯向左移动某一距离，液流反向，活塞向左运动。图 2-3-4（b）所示为其图形符号。

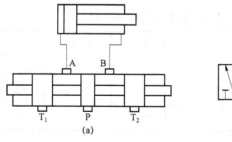

图 2-3-4　换向阀的工作原理

（a）工作原理图；（b）图形符号

3. 换向阀的图形符号

换向阀滑阀的工作位置数称为"位"，与液压系统中油路相连通的油口数称为"通"。常用的换向阀种类有：二位二通、二位三通、二位四通、二位五通、三位三通、三位四通、三

位五通和三位六通等。表 2-3-1 列出了常用换向阀的图形符号。

表 2-3-1　常用换向阀的图形符号

名称	结构原理图	图形符
二位二通		
二位三通		
二位四通		
三位四通		

控制滑阀移动的方法常用的有人力、机械、电气、直接压力和先导控制等。表 2-3-2 列出了常用控制方法的图形符号。

表 2-3-2　控制滑阀移动的方法

人力控制	机械控制	电气控制	直接压力控制	先导控制
一般符号	弹簧控制	单作用电磁铁	加压或卸压控制	液压先导控制

"位"和"通"是换向阀的重要概念，不同的"位"和"通"构成了不同类型的换向阀。一个完整的换向阀图形符号包含了换向阀的位、通、控制方式、复位方式和定位方式等内容。换向阀图形符号的规定和含义说明如下：

位：阀芯相对于阀体的工作位置数，用方格表示，几位即几个方格。

通：阀体对外连接的主要油口数（不包括控制油口和泄漏油口）。"↑"表示两油路连通，但不表示流向。"⊥"表示油路不通。在一个方格内，"↑"或"⊥"与方格的交点数为油路的通路数，即"通"数。

控制方式：包括手动、机动（行程）、电动、液动和电液动控制等。

常态位：二位阀靠弹簧的一格；三位阀中间一格。原理图中，油路应该连接在常态位置。

P、A、B、T（O）有固定方位，P—进油口，T（O）—回油口，A、B—与执行元件连接的工作油口。W、M—弹簧（画在方格两侧）。

注：控制方式和复位弹簧的符号画在方框的两侧。

4. 换向阀的中位机能（滑阀机能）

中位机能指三位换向阀处于常态位（即中位）时各油口的连通方式。不同的中位机能，可以满足液压系统的不同要求，常用的中位机能有"O"型、"H"型、"P"型、"Y"型、"M"型等。常见的三位四通、三位五通换向阀的中位机能的类型、滑阀状态、符号、作用和特点见表2-3-3。

表2-3-3　换向阀常用中位机能

机能型式	结构简图	中间位置的符号		性能及作用
		三位四通	三位五通	
O	T(T₁) A P B T(T₂)	A B / P T	A B / T₁ P T₂	P、A、B、T油口全封闭，液压泵不卸荷，液压缸闭锁
H	T(T₁) A P B T(T₂)	A B / P T	A B / T₁ P T₂	P、A、B、T油口全连通，液压泵卸荷，液压缸浮动
Y	T(T₁) A P B T(T₂)	A B / P T	A B / T₁ P T₂	A、B、T油口通，液压泵不卸荷，液压缸浮动
P	T(T₁) A P B T(T₂)	A B / P T	A B / T₁ P T₂	P、A、B油口通，液压缸实现差动连接
M	T(T₁) A P B T(T₂)	A B / P T	A B / T₁ P T₂	P、T油口通，A、B油口封闭，液压泵卸荷，液压缸闭锁

5. 几种常用的换向阀

1）手动换向阀

如图2-3-5所示，手动换向阀是利用手动杠杆来改变阀芯位置实现换向，有二位二通、二位四通和三位四通等多种形式。图2-3-5（c）所示为自动复位式三位四通手动换向阀的图形符号，该阀应用于动作频繁、工作持续时间短的场合，如工程机械等。图2-3-5（d）

所示为钢珠定位式三位四通手动换向阀的图形符号，该阀应用于液压机、船舶等需保持工作状态时间长的场合。

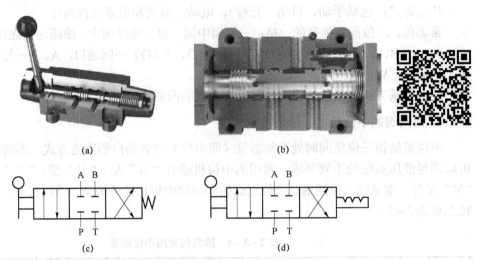

(a)   (b)

(c)   (d)

图 2-3-5 手机换向阀

（a）实物图；（b）结构原理图；（c）自动复位式；（d）钢球定位式

2）机动换向阀

如图 2-3-6 所示，机动换向阀又称行程阀，主要用来控制机械运动部件的行程，借助于安装在工作台上的挡铁或凸轮迫使阀芯运动，从而控制液流方向。机动换向阀常为二位阀，有二通、三通、四通和五通等。

机动换向阀结构简单，换向平稳、可靠，位置精度高，但需安装在运动件附近，油管较长。常用在控制运动件的行程，或快、慢速度转换的场合。

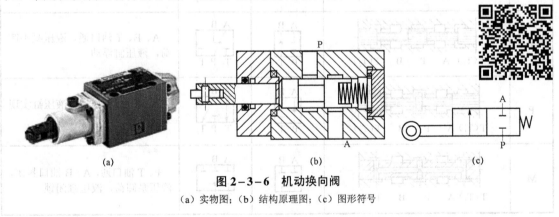

(a)   (b)   (c)

图 2-3-6 机动换向阀

（a）实物图；（b）结构原理图；（c）图形符号

3）电磁换向阀

如图 2-3-7 所示，电磁换向阀是利用电磁铁的通电吸合与断电释放而直接推动阀芯来控制液流方向的。电磁换向阀是电气系统和液压系统之间的信号转换元件，电磁铁可用按钮开关、行程开关、压力继电器等电气元件控制，易于实现动作转换的自动化，动作迅速，操作方便，但受电磁铁吸力较小的限制，常用于流量不超过 1.05×10^{-4} m^3/s 的液压系统中。

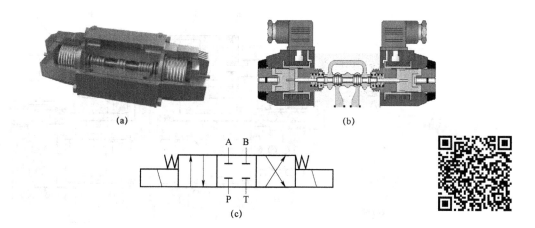

图 2-3-7 电磁换向阀

（a）实物图；（b）结构原理图；（c）图形符号

4）液动换向阀

如图 2-3-8 所示，液动换向阀是利用控制油路的压力油来改变阀芯位置的换向阀。阀芯是由其两端密封腔中油液的压差来移动的。

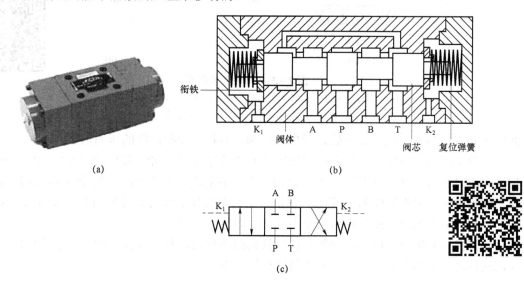

图 2-3-8 液动换向阀

（a）实物图；（b）结构原理图；（c）图形符号

液动换向阀结构简单，动作可靠，换向平稳，由于压力油液可以产生很大的推力，故可用于高压大流量的液压系统中。

5）电液换向阀

如图 2-3-9 所示，电液换向阀由电磁阀和液动阀组成。电磁换向阀为先导阀，用于改变控制油路的方向；液动换向阀为主阀，用以改变主油路的方向。

当先导阀右端电磁铁通电时，阀芯左移，控制油路的压力油进入主阀右控制油腔，使主阀阀芯左移（左控制油腔油液经先导阀泄回油箱），使进油口 P 与油口 B 相通、油口 A 与回

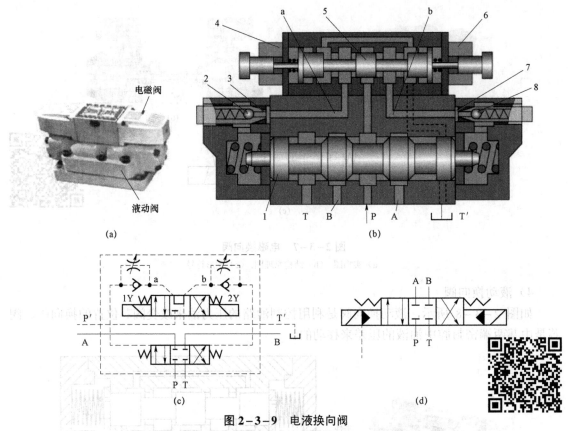

图 2-3-9 电液换向阀

（a）实物图；（b）结构原理图；（c）详细图形符号；（d）简化图形符号

1—主阀阀芯；2、8—单向阀；3、7—节流阀；4、6—电磁铁线圈；5—阀芯；a，b—连接油口

油口 T 相通；当先导阀左端电磁铁通电时，阀芯右移，控制油路的压力油进入主阀左控制油腔，推动主阀阀芯右移（主阀右控制油腔的油液经先导阀泄回油箱），使进油口 P 与油口 A相通、油口 B 与回油口 T 相通，实现换向；当两端电磁铁均断电时，先导阀阀芯在弹簧力作用下回到中位，因先导阀为 Y 型中位机能，主阀两端控制腔与先导阀两工作油口 A、B 相连并通油箱，故主阀两端控制腔压力变为零，主阀也回到中位。

电液换向阀集合了电磁换向阀与液动换向阀的优点，具有操作简便、易于实现自动控制和液动阀通量大的优点，常用于大中型液压设备中。

三、方向控制回路

方向控制回路是控制液压执行元件启动、停止和换向作用的回路。

1. 换向回路

换向回路指利用各种方向阀来控制液流的通断和变向，以使执行元件启动、停止或换向的回路。各种控制方式的换向阀或双向变量泵都可组成换向回路。图 2-3-10 所示为二位四通手动换向阀的换向回路，当操纵手柄时，液压缸活塞杆退回；当松开手柄时，活塞杆伸出。

2. 锁紧回路

锁紧回路能使液压缸在任意位置上停留，且停留后不会在外力作用下移动位置。常用的锁紧回路有以下两种：

（1）通过三位换向阀的中位机能进行锁紧的回路。

采用 O 型、M 型或 K 型中位机能的换向阀均能使液压缸锁紧，但由于滑阀式换向阀不可避免地存在泄漏，锁紧效果差，故只能用于锁紧时间短、锁紧要求不高的场合。

（2）通过液控单向阀进行锁紧的回路。

如图 2－3－11 所示，在液压缸两腔的油路上分别设置一个液控单向阀，当换向阀处于中位时，液压泵通过 H 型中位机能卸荷，同时两个液控单向阀控制压力变为零，迅速关闭，此时两个液控单向阀将液压缸两腔油液封闭在里面，液压缸停止运动。由于液控单向阀的密封性能好，从而使执行元件长期锁紧，此回路常用于工程机械、起重运输机械和飞机起落架的收放油路上。

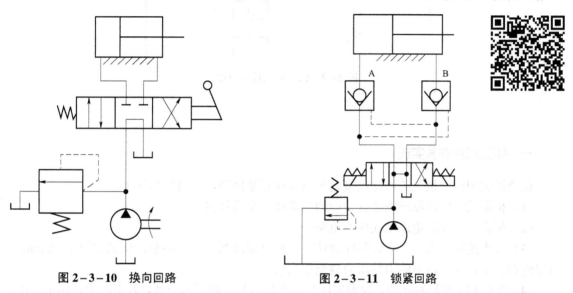

图 2－3－10　换向回路　　　　　　图 2－3－11　锁紧回路

注：为了保证锁紧迅速可靠，三位阀的中位机能应为 H 型或 Y 型。如果采用 O 型中位机能的换向阀，换向阀处于中位时，由于控制油液仍存在一定的压力，液压锁不能立即关闭，直至由于换向阀泄漏使控制油液压力下降到一定值后，液压锁才能关闭，这降低了锁紧效果。

大国重器的千斤顶

恒力液压

任务实施

　　该任务中，起重机液压系统对执行机构的往返运动过程中停止位置要求较高，其本质就是对执行机构进行锁紧，使之不动，即上述的锁紧回路。如图 2－3－12 所示，当电磁换向阀左位通电时，压力油经左液控单向阀进入液压缸左腔，同时将右液控单向阀打开，使液压缸右腔油液能流回油箱，液压缸活塞向右运动；当电磁换向阀右位通电时，液压缸活塞向左运动；当两端电磁铁均断电时，两液控单向阀立即关闭，活塞停止运动。因液控换向阀的密封性能好，能使执行元件长期锁紧。电气控制电路图如图 2－3－12 所示。

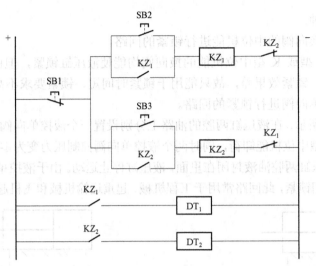

图 2-3-12　电气控制电路

一、锁紧回路安装实训

在液压实训台上按上述回路连接起重机支腿锁紧回路，实训步骤如下：

（1）根据液压回路原理图选择相应的元器件并正确连接。

（2）根据电气控制电路图连接好电路。

（3）检查连接无误后，进行回路调试：先松开溢流阀，启动油泵，让泵空转 1～2 min；再慢慢调节溢流阀，将泵的出口压力调至适当值。

（4）操作相应的控制按钮，观察液压缸动作是否与控制要求一致，若不能达到预定动作，则应检查各液压元件连接是否正确、调节是否合理、电气线路是否存在故障等。应能根据实训回路原理图检查并排除实训过程中出现的故障，直至实训正确。

（5）实训完毕后，整理工作台并擦拭干净。

二、普通单向阀结构拆装实训

单向阀的结构拆装如图 2-3-13 所示。

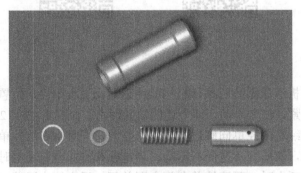

图 2-3-13　单向阀的结构拆装

方向控制阀的常见故障及排除方法

方向控制阀的常见故障及排除方法见表2-3-4和表2-3-5。

表2-3-4 单向阀常见故障及排除方法

故障现象	产生原因	排除方法
产生异常的响声	1. 油的流量超过允许值； 2. 与其他阀共振； 3. 在卸压单向阀中，用于立式大油缸等的回油，没有泄压装置	1. 更换流量大的阀； 2. 略改变阀的额定压力，或调试弹簧的强弱； 3. 补充泄压装置回路
阀与阀座有严重泄漏	1. 滑阀锥面密封不好； 2. 滑阀或阀座拉毛； 3. 阀座碎裂	1. 重新研配； 2. 重新研配； 3. 更换并研配阀座
不起单向作用	1. 滑阀在阀体内咬住： （1）阀体孔变形； （2）滑阀配合时有毛刺； （3）滑阀变形胀大。 2. 漏装弹簧	1. 相应的措施： （1）研修阀座孔； （2）修毛刺； （3）研修滑阀外径。 2. 补装适当的弹簧
结合处渗漏	螺栓或管螺纹没拧紧	拧紧螺栓或管螺纹

表2-3-5 换向阀常见故障及排除方法

故障现象	产生原因	排除方法
滑阀不能动	1. 滑阀堵塞； 2. 阀体变形； 3. 具有中间未知的对中滑阀折断； 4. 操纵压力不够	1. 拆开清洗； 2. 重新安装阀体螺栓使压紧力均匀； 3. 更换弹簧； 4. 操纵压力必须大于0.35 MPa
工作程序错乱	1. 电磁阀的电磁铁损坏，力量不足或漏磁等； 2. 弹簧过软或太硬，使滑阀通油不畅； 3. 滑阀和阀孔配合太紧或间隙过大； 4. 因压力油的作用使滑阀局部变形	1. 更换或修复电磁铁； 2. 更换弹簧； 3. 检查配合间隙； 4. 在滑阀外圆上开环形平衡槽
电磁线圈发热温度过高或烧坏	1. 线圈绝缘不良； 2. 电磁铁铁芯与滑阀轴线不同心； 3. 电压不对	1. 更换电磁铁； 2. 重新装配使其同心； 3. 按规定纠正
电磁铁控制的方向阀作用时有响声	1. 滑阀卡住或摩擦太大； 2. 电磁铁不能压到底； 3. 电磁铁铁芯接触面不平或接触不良	1. 修研或调配滑阀； 2. 校正电磁铁高度； 3. 清除污物，修正电磁铁铁芯

思考与练习

一、填空题

1. 滑阀机能为_____型的换向阀，在换向阀处于中间位置时液压泵卸荷；而_____型的换向阀处于中间位置时可使液压泵保持压力。

2. 在电液换向阀中，_____是先导阀，_____是主阀。

3. 液压元件中单向阀分为_____阀、_____阀，汽车起重机中支腿锁紧是靠两个_____阀（液压锁）串接在液压缸两侧实现的。

4. 换向阀的工作原理是利用_____的改变来改变_____；换向阀的"位"指的是_____，"通"指的是_____。

5. 三位换向阀处于_____位置时，阀中各油口的_____方式，称为中位机能。

二、选择题

1. 对于弹簧对中型的电液动换向阀，其先导阀的中位机能必须是（　　）型。

A. O　　　　　　　　B. Y　　　　　　　　C. H　　　　　　　　D. P

2. 当三位四通换向阀处于中位时，（　　）型中位机能可以实现系统卸荷。

A. H　　　　　　　　B. Y　　　　　　　　C. O　　　　　　　　D. P

3. 卸荷回路是（　　）。

A. 泵卸荷，此时泵停止转动　　　　　　　　B. 泵卸荷，此时泵输出流量一定

C. 泵卸荷，此时泵做空载运行

4. 图2-3-14所示为一换向回路，如果要求液压缸停位准确，停止后液压泵卸荷，那么换向阀中位机能应选择（　　）型。

A. O　　　　　　　　B. H　　　　　　　　C. P　　　　　　　　D. M

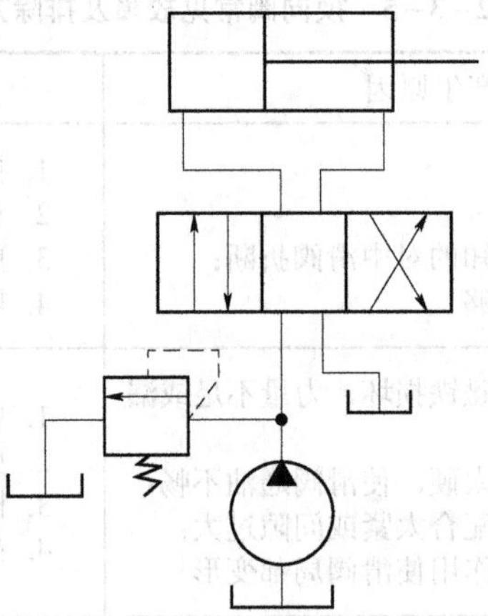

图2-3-14　题二、4图

三、设计题

设计汽车起重机支腿回路并画出原理图（要求用支腿承受重量；在行驶时又必须将支腿收起来，让轮胎着地，并且要求支腿能够停放在任意位置，在停止运动时能可靠地锁定而不受外界影响发生漂移或窜动）。

任务4　粘压机调压回路的构建

知识目标

◇ 掌握溢流阀的结构特点、工作原理及应用；

◇ 掌握调压回路的组成原理及应用。

技能目标

◇ 会正确分析并调节系统的压力大小；

◇ 能正确连接与调试各种调压回路。

任务引入

图2-4-1所示为工业粘压机的工作示意图，粘压机通过液压缸的运动将图形或字母粘贴在塑料板上。其工作要求为：粘压机需要粘贴3种不同的材料，当材料不同时，所需的压紧力也不同，系统能根据材料的不同需要调整压紧力的大小并使其稳定；同时为了保证系统安全，还必须保证系统过载时能有效地卸荷。那么在液压系统中应选用何种液压元件来实现这一功能？这些元件又是如何工作的呢？

图2-4-1　粘压机

任务分析

在上述粘压机的工作任务中，主要是要求系统能提供3种不同的稳定的工作压力。稳定的工作压力是保证系统工作平稳的先决条件，同时，液压系统一旦过载，若无有效的卸荷措施，将会使液压系统中的液压泵因过载而发生损坏，其他元件也会因超过自身的额定工作压力而损坏。因此，液压传动系统必须能根据工作需要有效地控制和调节系统的压力。

在液压系统中控制工作液体压力的元件称为压力控制阀，简称压力阀。常用的压力阀有溢流阀、减压阀和顺序阀等。它们的共同特点是利用作用于阀芯上的液压力和弹簧力相平衡的原理进行工作。其中溢流阀在系统中的主要作用就是稳压和卸荷，下面引入溢流阀及调压回路的相关知识。

相关知识

一、溢流阀

溢流阀通常接在液压泵出口处的油路上，在液压系统中的功用主要有两个：一是起溢流和稳压作用，保持液压系统的压力恒定；二是起限压保护作用，防止液压系统过载。

根据结构和工作原理不同，溢流阀可分为直动式溢流阀和先导式溢流阀两类。

1. 直动式溢流阀

如图2-4-2所示，直动式溢流阀由阀体、阀芯、调压弹簧和调节旋钮等组成。图2-4-2（b）所示为其工作原理图，当进油压力作用在阀芯上的液压力小于弹簧调定压力时，阀芯在弹簧力的作用下处于最下端位置，将P和T两油口隔开，阀芯处于关闭状态；当进油压力升高，其产生的液压力大于弹簧调定压力时，阀芯上移，P和T两油口连通，阀口打开，多余的液压油经T口排回油箱，使进口油压保持稳定，溢流阀实现稳压溢流。调节调节旋钮改变弹簧预压缩量，便可调节溢流阀调整压力。图2-4-2（c）所示为其图形符号。

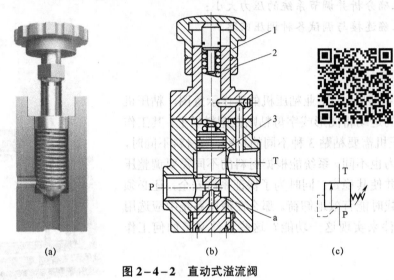

(a)   (b)   (c)

图2-4-2 直动式溢流阀

（a）实物图；（b）结构原理图；（c）图形符号

1—调节旋钮；2—阀体；3—阀芯

直动式溢流阀结构简单，动作灵敏，但由于溢流阀是利用弹簧力直接与液压力相平衡的原理来进行压力控制的，因此弹簧刚度 K 较大，阀芯移动阻力大；若系统所需压力较高，溢流量较大，阀的开口也大，使弹簧的变形量较大，这样不仅会造成手调困难，且弹簧力略有变化时，导致控制压力的变化也较大，降低了溢流阀的稳压性能。故这种阀常用于低压（最大调整压力为2.5 MPa）、小流量场合。

2. 先导式溢流阀

如图2-4-3所示，先导型溢流阀由先导阀和主阀两部分组成。先导阀是一个小流量的直动型溢流阀，阀芯是锥阀，用来调定主阀的溢流压力，其内的弹簧为调压弹簧；主阀阀芯是滑阀，用于控制主油路的溢流，其内的弹簧为平衡弹簧。

图2-4-3（b）所示为其工作原理图，在K口封闭的情况下，当压力油由P口进入，通过阻尼孔2后作用在导阀阀芯4上。当压力不高时，作用在导阀阀芯上的液压力不足以克服导阀弹簧5的作用力，导阀关闭。这时油液静止，作用在主阀阀芯1下腔的液体压力和主阀弹簧3腔的压力相等。在主阀弹簧的作用下，主阀阀芯关闭，P口与T口不能形成通路，没有溢流。

当进油口P口压力升高到作用在导阀上的液压力大于导阀弹簧力时，导阀阀芯右移，油液就可从P口通过阻尼孔经导阀流向T口。由于阻尼孔的存在，油液经过阻尼孔时会产生一定的压力损失，所以阻尼孔下部的压力高于上部的压力，即主阀阀芯下腔的压力大于上腔的压力。由于这个压差的存在，使主阀阀芯上移开启，使油液可以从 P 口向 T 口流动，实现溢流。由于阻尼孔两端压差不会太大，为保证可以实现溢流，主阀弹簧的刚度不能太大。

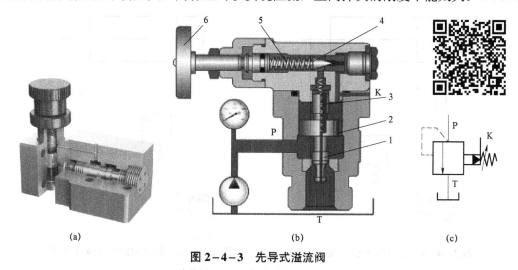

图 2-4-3 先导式溢流阀

（a）实物图；（b）工作原理图；（c）图形符号

1—主阀阀芯；2—阻尼孔；3—主阀弹簧；4—导阀阀芯；5—导阀弹簧；6—调压手轮

先导式溢流阀的 K 口是一个远程控制口，如果将 K 口用油管接到另一个远程调压阀（远程调压阀的结构和溢流阀的先导控制部分一样），调节远程调压阀的弹簧力，即可调节溢流阀主阀芯上端的液压力，从而对溢流阀的溢流压力实现远程调压。但是，远程调压阀所能调节的最高压力不得超过溢流阀本身导阀的调整压力。当远程控制口 K 通过二位二通阀接通油箱时，溢流阀 P 口处压力很低，系统的油在低压下通过溢流阀流回油箱，实现卸荷。

先导型溢流阀与直动型溢流阀相比，有以下特点：

（1）阀的进口压力由两次比较得到，压力值由先导阀调压弹簧调节；主阀芯是靠液流流经阻尼孔形成的压力差开启的，主阀弹簧只起复位作用。

（2）调压偏差只取决于主阀弹簧刚度，由于主阀弹簧刚度很小，故调压偏差很小，控制压力的稳定性很高。

（3）通过先导阀的流量很小，约为主阀额定流量的 1%，因此其尺寸很小，即使是高压阀，其弹簧刚度也不大，这对阀的调节性能有很大的改善。

因此先导式溢流阀调压方便，灵敏度较高，调压稳定，工作时振动小、噪声低，常用在压力较高或流量较大的场合，如机床液压系统中。

3. 溢流阀的应用

（1）稳压溢流，维持液压系统压力恒定。

如图 2-4-4 所示，在定量泵组成的节流调速系统中，溢流阀和节流阀配合使用，液压缸所需流量由节流阀调节，泵输出的多余流量由溢流阀流回油箱。在系统正常工作时，溢流阀阀口始终处于开启状态溢流，维持泵的输出压力恒定不变。

（2）限压保护，防止液压系统过载。

如图 2-4-5 所示，在变量泵液压系统中，系统正常工作时，其工作压力低于溢流阀的开启压力，阀口关闭不溢流。当系统工作压力超过溢流阀的开启压力时，溢流阀开启溢流，使系统工作压力不再升高（限压），以保证系统的安全。此时溢流阀的开启压力通常应比液压系统的最大工作压力高 10%～20%。

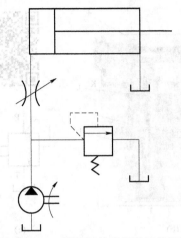

图 2-4-4　溢流阀的稳压溢流作用

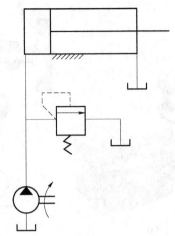

图 2-4-5　溢流阀的安全保护作用

（3）形成背压，提高执行元件运动的平稳性。

如图 2-4-6 所示，将溢流阀连接在系统的回油路上，可在回油路中形成一定的回油阻力（背压），以提高液压执行元件运动的平稳性。

（4）实现远程调压。

如图 2-4-7 所示，当电磁阀 2 通电时，先导式溢流阀 3 的远程控制口 K 与远程调压阀 1 连接，实现远程调压，系统压力由远程调压阀 1 调定。

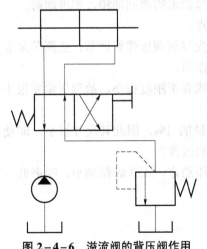

图 2-4-6　溢流阀的背压阀作用

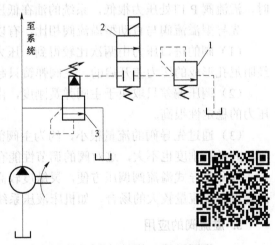

图 2-4-7　溢流阀的远程调压作用

1—远程调压阀；2—电磁阀；3—先导式溢流阀

（5）实现系统卸荷。

如图 2-4-8 所示，当电磁阀通电时，先导式溢流阀远程控制口 K 与油箱通，可使液压泵卸荷，减小功率损耗，降低油液发热。

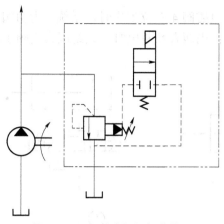

图 2-4-8 溢流阀的卸荷作用

二、调压回路

调压回路的功能是使液压系统的整体或部分的压力保持恒定或不超过某个数值。

1. 单级调压回路

图 2-4-9 所示为定量泵供油的节流调速回路,该回路由定量泵 1、溢流阀 2、节流阀 3 和液压缸 4 组成。调节节流阀的开口可调节进入执行元件的流量,而定量泵多余的油液则从溢流阀流回油箱。在此工作过程中溢流阀阀口常开,起溢流稳压作用,液压泵的工作压力取决于溢流阀的调整压力而基本保持恒定。

2. 二级调压回路

如图 2-4-7 所示,当电磁阀 2 通电时,先导式溢流阀 3 的远程控制口 K 与远程调压阀 1 连接,实现远程调压,系统压力由远程调压阀 1 调定;当电磁阀 2 断电时,阀 3 的远程控制口 K 被封上,阀 1 不起作用,系统压力由阀 3 调定。

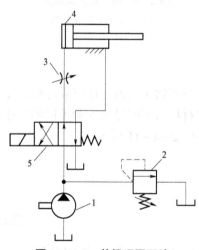

图 2-4-9 单级调压回路

1—定量泵;2—溢流阀;3—节流阀;

4—液压缸;5—两位四通换向阀

3. 双向调压回路

当执行元件的正反行程需不同的供油压力时,可采用双向调压回路,如图 2-4-10 所示,当换向阀左位工作,液压缸活塞杆伸出时,系统压力由溢流阀 1 调定为较高压力,缸右腔油液通过换向阀流回油箱,此时背压阀 2 不起作用;当换向阀右位工作,液压缸做空行程返回,系统压力由背压阀 2 调定为较低压力,此时溢流阀 1 不起作用。缸退回终点后,泵在低压下回油,功率损耗小。

4. 多级调压回路

如图 2-4-11 所示,溢流阀 1、2、3 分别控制系统的压力,其中阀 2 和阀 3 的调定压力

要小于阀 1 的调定压力。当电磁阀 4 左位工作时，系统压力由阀 2 调定；当电磁阀 4 右位工作时，系统压力由阀 3 调定；当两者都断电时，系统压力由阀 1 调定。

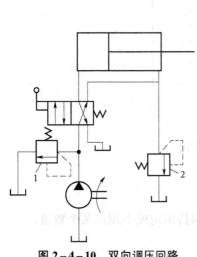

图 2-4-10 双向调压回路

1—溢流阀；2—背压阀

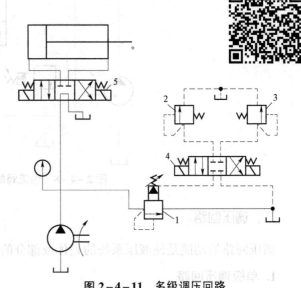

图 2-4-11 多级调压回路

1—先导式溢流阀；2，3—自动式溢流阀；4，5—三位四通电磁换向阀

分析粘压机的工作要求可知，在工作过程中，液压系统的压力必须与负载相适应，应能根据材料的不同提供 3 种不同的工作压力，这可以通过溢流阀组成调压回路来实现，具体回路如图 2-4-11 所示。

实训 1 溢流阀结构拆装

图 2-4-12 所示为先导式溢流阀结构拆装图，通过对溢流阀结构拆装实训，加深对元件结构及原理的理解，具体步骤如下：

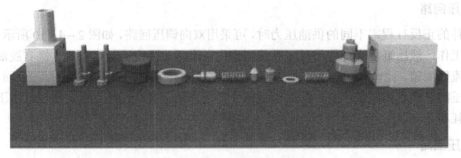

图 2-4-12 先导式溢流阀结构拆装

（1）松开先导阀体与主阀体的连接螺栓，取下先导阀体部分。

（2）从先导阀体部分松开锁紧螺母及调整手轮。

（3）从先导阀体部分取下先导弹簧及先导阀芯。

（4）从主阀体中取出主阀弹簧及主阀芯。如果阀芯发卡，可用铜棒轻轻敲击出来，禁止猛力敲打，损坏阀芯台肩。阀芯取出后，观察先导阀芯与主阀芯的结构、主阀芯阻尼孔的大小，比较主阀芯与先导阀芯弹簧的刚度。

（5）指出先导式溢流阀各主要零件的名称。

（6）按拆卸的相反顺序装配，即后拆的零件先装配，先拆的零件后装配。装配时，如有零件脏污，应该用煤油清洗干净后方可装配。装配阀芯时，可在其台肩上涂抹液压油，以防止阀芯卡住，装配时严禁遗漏零件。

实训 2　粘压机液压控制回路安装调试

在液压实训台上安装粘压机液压控制回路，实训步骤如下：

（1）正确分析粘压机液压回路原理图。

（2）选择相应元器件，在实训台上安装回路。

（3）检查各油口连接情况后，启动液压泵，按相应按钮，观察压力表上显示的系统压力值。

（4）调节溢流阀调压手柄，观察压力表显示值的变化情况。

（5）完成实训经老师评估后，关闭油泵，拆下管路，将元件放回原来位置。

 知识拓展

一、压力继电器

压力继电器是一种将油液的压力信号转换成电信号的电液控制元件，当油液压力达到压力继电器的调定压力时，即发出电信号，以控制电磁铁、电磁离合器、继电器等元件动作，使油路卸压、换向、执行元件实现顺序动作，或关闭电动机，使系统停止工作，起安全保护作用等。压力继电器正确位置是在液压缸和节流阀之间。

任何压力继电器都由压力—位移转换装置和微动开关两部分组成。按前者的结构分为柱塞式、弹簧管式、膜片式和波纹管式四类，其中柱塞式最为常用。

图 2-4-13 所示为单柱塞式压力继电器的实物图、结构原理图和图形符号。压力油从 P 口进入作用在柱塞底部，若其压力已达到弹簧的调定值，便克服弹簧阻力和柱塞摩擦力，推动柱塞上升，通过顶杆触动微动开关发出电信号。限位挡块可在压力超载时保护微动开关。

二、卸荷回路

液压泵卸荷指在驱动电动机不频繁启闭的情况下，使液压泵在功率损耗接近于零的情况下运转，以减少功率损耗，降低系统发热，延长泵和电动机的寿命。因液压泵的输出功率为其流量和压力的乘积，若两者任一近似为零，则功率损耗即近似为零，故液压泵卸荷有流量

卸荷和压力卸荷两种。

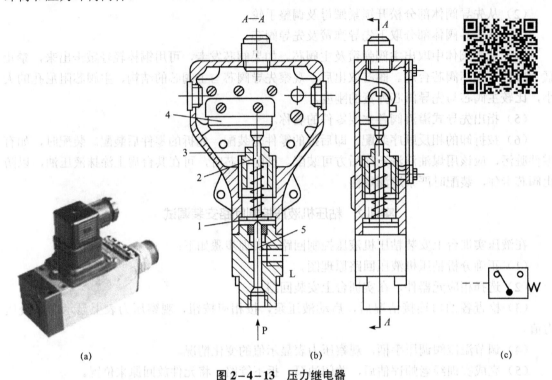

图 2-4-13 压力继电器

（a）实物图；（b）结构原理图；（c）图形符号

1—限位挡块；2—顶杆；3—调节螺丝；4—微动开关；5—柱塞

1）流量卸荷

主要是使用变量泵，使泵仅为补偿泄漏而以最小流量运转，此方法比较简单，但泵仍处在高压状态下运行，磨损比较严重。

2）压力卸荷

使泵在接近零压下运转，常见的压力卸荷方式有以下几种：

（1）采用换向阀中位机能卸荷的回路。

直接利用三位换向阀的中位机能（M、H、K 型）使泵卸荷，如图 2-4-14 所示，当换向阀处于中位时，液压泵出口通油箱，实现卸荷。

（2）采用二位二通换向阀卸荷的回路。

如图 2-4-15 所示，当二位二通电磁换向阀通电时，液压泵出口通油箱，实现卸荷。

（3）采用先导型溢流阀卸荷的回路。

如图 2-4-8 所示，当电磁阀通电时，先导式溢流阀远程控制口 K 与油箱通，可使液压泵卸荷，减小功率损耗，降低油液发热。这种卸荷回路卸荷压力小，切换时冲击也小。

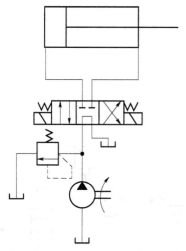

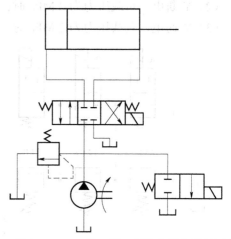

图 2-4-14　用 M 型三位换向阀的中位机能　　　　图 2-4-15　用二位二通换向阀卸荷的回路
　　　　　　　卸荷的回路

一、填空题

1. 在液压系统中，控制或利用压力的变化来实现某种动作的阀称为压力控制阀。这类阀的共同点是利用作用在阀芯上的液压力和弹簧力_____的原理来工作的。

2. 压力控制阀按用途不同，可分_____、_____和压力继电器等。

3. 先导式溢流阀由_____和_____两部分组成，前者控制_____，后者控制_____。

4. 在变量泵液压系统中，当系统正常工作时，溢流阀阀口应处于_____状态。

5. 若液压泵出口串联两个调整压力分别为 3 MPa 和 8 MPa 的溢流阀，则泵的出口压力为_____；若两个溢流阀并联在液压泵的出口，则泵的出口压力又为_____。

6. 当先导式溢流阀的控制油口 K 接另一调压阀，系统实现_____，当控制油口 K 接油箱，系统实现_____。

7. 压力继电器是一种将油液的_____信号转换成_____信号的电液控制元件。

二、分析简答题

1. 溢流阀在液压系统中有何功用？

2. 若先导式溢流阀主阀芯上阻尼孔被污物堵塞，溢流阀会出现什么样的故障？如果溢流阀先导阀锥阀座上的进油小孔堵塞，又会出现什么故障？

3. 若把先导式溢流阀的远控制口当成泄漏口接油箱，这时液压系统会产生什么问题？

4. 图 2-4-16 所示为一个压力分级调压回路，回路中有关阀的压力值已调好，试问：该回路能够实现多少压力级？每个压力级的压力值是多少？是如何实现的？

5. 如图 2-4-17 所示，溢流阀的调定压力为 4 MPa，若压力损失不计，试判断下列情况下压力表读数各为多少？

（1）Y 断电，负载为无限大时；

（2）Y 断电，负载压力为 2 MPa 时；

（3）Y 通电，负载压力为 2 MPa 时。

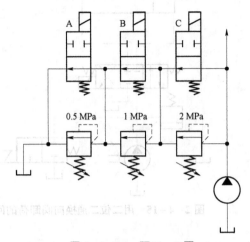

图 2-4-16　题二、4 图

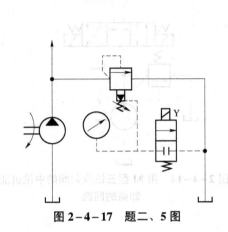

图 2-4-17　题二、5 图

6. 分析图 2-4-18 所示回路在下列情况下泵的最高出口压力。

（1）全部电磁铁断电；

（2）电磁铁 1DT 通电，2DT 断电；

（3）电磁铁 2DT 通电，1DT 断电。

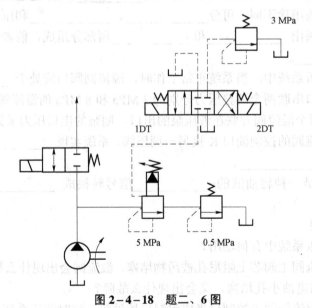

图 2-4-18　题二、6 图

任务 5　液压钻床顺序控制回路的构建

知识目标

◇ 掌握减压阀和顺序阀的结构、工作原理及应用；

◇ 掌握常用压力控制回路的控制原理及应用。

技能目标

◇ 能正确连接与安装各类压力控制回路。

如图 2-5-1 所示的液压钻床在工作过程中，钻头的进给和工件的夹紧都是由液压系统来控制的。由于加工工件不同，加工工件时所需的夹紧力也不同，所以工作时液压缸 A 的夹紧力必须能够固定在不同的压力值，液压缸 B 必须在液压缸 A 夹紧力达到规定值时才能推动钻头进给，同时，为了保证系统安全，还必须保证系统过载时能有效地卸荷。要达到这一要求，系统中应采用什么元件来控制钻头的动作？整个液压系统又是如何防止过载的呢？

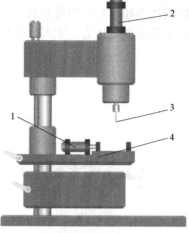

图 2-5-1　液压钻床工作示意图

分析上述任务可知，稳定的工作压力是保证系统工作平稳的先决条件，在液压系统中控制工作液体压力的控制元件称为压力控制阀，常用的压力阀除溢流阀之外，还有减压阀和顺序阀等。不同的压力阀在系统中所起的作用是不同的，下面引入压力控制阀的有关知识。

压力控制阀是用来控制液压系统中油液压力或通过压力信号实现控制的阀类，按功用不同，常用的压力控制阀有溢流阀、减压阀和顺序阀等。它们的共同特点是利用作用于阀芯上的油液压力和弹簧力相平衡的原理进行工作。

一、减压阀

减压阀的作用是降低液压系统中某一分支油路的压力，使之低于液压泵的供油压力，以满足执行机构（如夹紧、定位、制动、离合、控制油路等）的需要，并保持基本恒定。

减压阀根据所控制的压力不同分为定值（定压）减压阀、定差减压阀、定比减压阀；根据结构和工作原理不同分为直动型、先导型减压阀。

1. 减压阀的工作原理

图 2-5-2 所示为先导式定值减压阀，和先导型溢流阀相似，该阀由先导阀和主阀两部分组成，由先导阀调压，主阀减压。减压阀的工作原理是利用进口压力油流经缝隙时产生压力损失的原理使出口油液的压力低于进口压力，并能自动调节缝隙大小，从而保持出口压力恒定。

如图 2-5-2（b）所示，进口为 p_1 的压力油从进口流入，经主阀阀口（减压口）减压后压力为 p_2 并从出口流出，同时 p_2 的油液经孔 a 流入主阀芯下腔，经阻尼孔 c 进入阀芯上腔，经孔 e 作用在先导阀芯上。当进口油压作用在先导阀芯上的液压力小于调压弹簧调定压力时，先导阀关闭，主阀芯上下两腔没有油液流动，压力相等，主阀芯在主阀弹簧的作用下处于最下端位置，减压口全开，不起减压作用；当进口油压升高到能够打开先导调压阀时，锥阀就压缩调压弹簧将阀口打开，主阀上腔压力油经泄油口流回油箱。由于阻尼小孔 c 的作用，主阀芯上下两腔产生了压力降，阀芯下端的油压大于上端的油压，当阀芯两端的压力差所产生的液压力超过复位弹簧对阀芯的作用力时，阀芯上移，减压口关小，压力降增大，出口压力 p_2 下降至调定压力，实现降压稳压，图 2−5−2（c）所示为其图形符号。

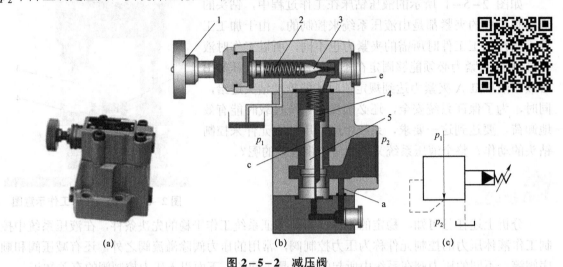

图 2−5−2　减压阀
（a）实物图；（b）结构原理图；（c）图形符号
1—调压手轮；2—先导弹簧；3—先导阀芯；4—主阀弹簧；5—主阀芯

2. 减压阀的应用

减压阀的功用是减压、稳压，常用于夹紧、定位、制动、离合、控制油路等。减压回路的功用是使系统中某一支路获得比溢流阀的调定压力低且稳定的工作压力。

二、顺序阀

顺序阀是以压力作为控制信号，自动接通或切断某一油路的压力阀，常被用来控制执行元件动作的先后顺序。

顺序阀按结构形式分为直动式和先导式；按泄漏方式分为内泄式和外泄式；按控制方式分为内控式（用阀的进油口压力控制阀芯的启闭，简称顺序阀）和外控式（用外来的控制压力油控制阀芯的启闭，又称液控顺序阀）。

1. 普通顺序阀（内控外泄式）

直动式顺序阀的结构和工作原理都和直动式溢流阀相似，图 2−5−3 所示为内控外泄式顺序阀（普通顺序阀），当进油压力作用在阀芯上的液压力小于弹簧力时，阀芯处于最下端位置，将进、出两油口隔开，阀芯处于关闭状态；当进油压力升高，其产生的液压力大于弹簧力时，阀芯上移，进、出油口连通，阀口打开，出口的压力油使其后面的执行元件动作。调整弹簧预压缩量，即可调节顺序阀的开启压力。出口油路的压力由负载决定，因此它的泄油口需单独接回油箱。

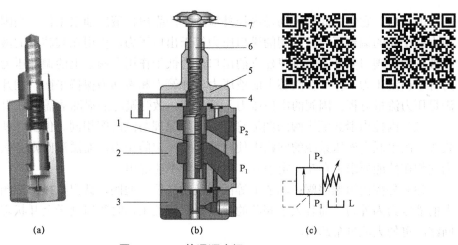

图 2-5-3　普通顺序阀

（a）实物图；（b）结构原理图；（c）图形符号

1—阀芯；2—阀体；3—端盖；4—调压弹簧；5—阀盖；6—调节螺钉；7—调压手轮

2. 液控顺序阀（外控外泄式）

若将图 2-5-3（b）中顺序阀的下盖旋转 90°或 180°安装，去掉外控口的螺塞，并从外控口引入控制压力油来控制阀口的启闭，这种阀为外控外泄式顺序阀（液控顺序阀），如图 2-5-4 所示。当外控口压力小于调定压力时，阀关闭，进、出油口切断；当外控口压力大于调定压力时，阀打开，进、出油口连通，出口油液可至执行元件工作。

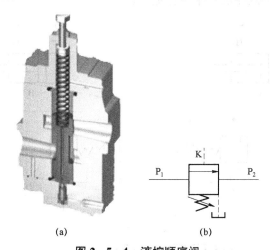

图 2-5-4　液控顺序阀

（a）结构原理图；（b）图形符号

3. 卸荷阀（外控内泄式）

若将图 2-5-3（b）中顺序阀的上盖旋转 90°或 180°安装，使泄油口与出油口相通，并将外泄口堵死，这种阀为外控内泄式顺序阀（也称卸荷阀）。图 2-5-5 所示为卸荷阀的图形符号。

顺序阀的特点如下：

（1）外泄顺序阀与溢流阀的相同点是阀口常闭，由进口压力控制

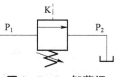

图 2-5-5　卸荷阀

阀口的开启。它们之间的区别是内控外泄顺序阀靠出口液压油来工作，当因负载建立的出口压力高于阀的调定压力时，阀的进口压力等于出口压力，作用在阀芯上的液压力大于弹簧力和液压力，阀口全开。当负载建立的出口压力低于作用在阀芯上的调定压力时，阀的进口压力等于调定压力，作用在阀芯上的液压力、弹簧力和液动力保持平衡，阀开口的大小一定，满足压力流量方程。因阀的出口压力不等于零，故弹簧腔的泄漏油需单独引回油箱。

（2）内控内泄式顺序阀的图形符号和动作原理与溢流阀相同。但实际使用时，内控内泄式顺序阀串联在液压系统的回路中使回油具有一定的压力，而溢流阀则旁接在主油路中。因为它们在性能要求上存在一定差异，所以二者不能混用。

（3）外控内泄顺序阀在功能上等同于液动二位二通阀，其出口接回油箱，因作用在阀芯上的液压力为外力，而且大于阀芯的弹簧力，因此工作时阀口处于全开状态，用于双泵供油回路时可使大流量泵卸荷。

（4）外控外泄顺序阀除可作为液动开关外，还可以用于变重力负载系统中，称为限速锁。

4. 顺序阀的应用

（1）顺序阀在回路中可以实现多执行元件按一定的顺序动作（内控外泄）。

如图2-5-6所示，阀 C 和阀 D 是由顺序阀和单向阀构成的组合阀，称为单向顺序阀。两缸 A、B 可实现①→②→③→④ 的顺序动作，当电磁换向阀左位工作时，压力油进入缸 A 左腔，回油经阀 C 的单向阀回油箱，实现动作①；当活塞右行到达终点后，系统压力升高，打开阀 D 中顺序阀，压力油进入缸 B 左腔，实现动作②。同理，当换向阀右位工作时，可以依次实现动作③、④，至此完成一个工作循环。

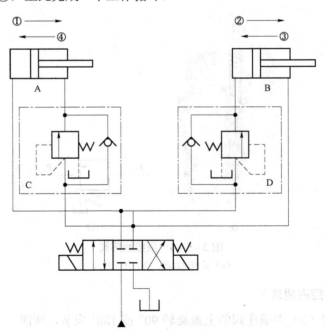

图2-5-6 压力控制的顺序动作回路

该回路动作的可靠性取决于顺序阀的性能及其压力调整值，即它的调整压力应比前一个动作的压力高出 0.8～1.0 MPa。该回路适用于液压缸数目不多、负载变化不大的场合。

（2）串接在系统的回油路上作背压阀使用（内控内泄）。

内控外泄式顺序阀相当于溢流阀，如图 2-5-6 所示，可在回油路中形成一定的回油阻力（背压），以提高液压执行元件运动的平稳性。

（3）单向顺序阀可作平衡阀用（内控外泄）。

如图 2-5-7 所示，外控顺序阀和单向阀反向并联组成平衡阀。它的使用可以起限速平衡作用，防止因重力使工作装置下落超速或突然下落，主要应用于起重机械和挖掘机械等。

（4）液控顺序阀可作卸荷阀用（外控内泄）。

如图 2-5-8 所示，外控内泄顺序阀 3 是泵 1 的卸荷阀。当系统压力达到阀 3 的调定压力时，泵 1 卸荷。

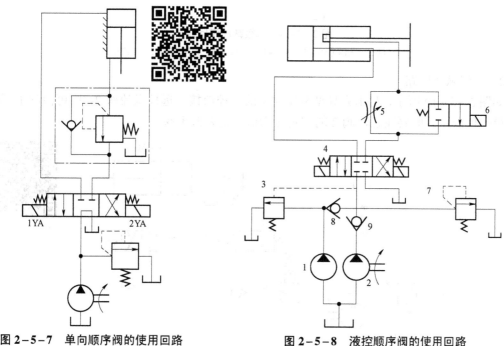

图 2-5-7　单向顺序阀的使用回路　　　　图 2-5-8　液控顺序阀的使用回路

1—定量泵；2—变量泵；3—卸荷阀；4，6—换向阀；5—节流阀；7—溢流阀

三、压力控制回路

1. 减压回路

减压回路使液压系统某一支路获得低于主油路压力（或泵的压力）的稳定压力，如控制系统、润滑系统等。常见的减压回路有以下两种。

1）单级减压回路

图 2-5-9 所示为减压阀在夹紧油路中的应用，液压泵输出的压力油由溢流阀 2 调定以满足主油路系统的要求，在换向阀 3 处于图示位置时，液压泵 1 经减压阀 4、单向阀 5 供给夹紧液压缸 6 压力油，夹紧工件所需夹紧力的大小由减压阀 4 来调节，当工件夹紧后，换向阀换位，液压泵向主油路供油。单向阀的作用是当泵向主油路系统供油时，避免夹紧缸的油倒流，从而使夹紧缸的夹紧力不受液压系统中压力波动的影响。

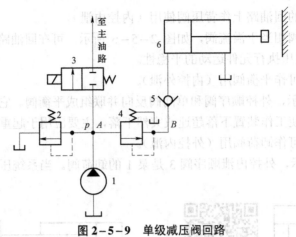

图 2-5-9 单级减压阀回路

1—液压泵；2—溢流阀；3—换向阀；4—减压阀；5—单向阀；6—液压缸

2）二级减压回路

如图 2-5-10 所示，利用先导型减压阀 1 的远控口接一远控溢流阀 2，则可由阀 1、阀 2 各调得一种低压。但要注意，阀 2 的调定压力值一定要低于阀 1。

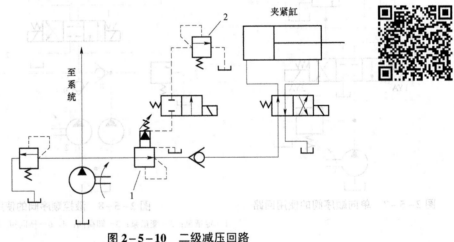

图 2-5-10 二级减压回路

1—减压阀；2—溢流阀

注意：为了使减压回路工作可靠，减压阀的最低调整压力不应小于 0.5 MPa，最高调整压力至少应比系统压力小 0.5 MPa。当减压回路中的执行元件需要调速时，调速元件应放在减压阀的后面，以避免减压阀泄漏（指由减压阀泄油口流回油箱的油液）对执行元件的速度产生影响。

2. 顺序动作回路

顺序动作回路使液压系统中的多个执行元件按一定的顺序动作。

（1）采用顺序阀控制的顺序动作回路，如图 2-5-6 所示。

（2）采用行程阀控制的顺序动作回路。

如图 2-5-11 所示，该回路工作可靠，但行程阀只能安装在执行机构（如工作台）附近，动作顺序一经确定再改变就比较困难，同时管路长，布置较麻烦。

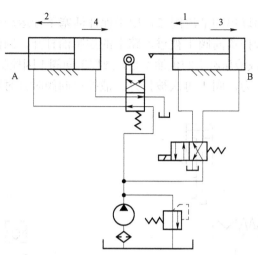

图 2-5-11　采用行程阀控制的顺序动作回路

（3）采用行程开关控制的顺序动作回路。

如图 2-5-12 所示，该回路控制灵活方便，各液压缸动作的顺序由电气线路保证，改变控制电气线路就能方便地改变动作顺序，调整行程也较方便。但电气线路比较复杂，回路的可靠性取决于电器元件的质量。

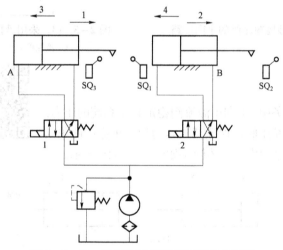

图 2-5-12　采用开关控制的顺序动作回路

3. 平衡回路

平衡回路的作用是防止垂直或倾斜放置的液压缸和与之相连的工作部件因自重而下落。

（1）采用单向顺序阀的平衡回路，如图 2-5-7 所示。

（2）采用液控顺序阀的平衡回路。

如图 2-5-13 所示，这种平衡回路的优点是只有上腔进油时活塞才下行，比较安全可靠；缺点是活塞下行时平稳性较差。因此这种回路适用于运动部件重量不是很大、停留时间较短的液压系统中。

（3）采用液控单向阀的平衡回路。

如图 2-5-14 所示，由于液控单向阀是锥面密封，泄漏量小，故其闭锁性能好，活塞能够较长时间停止不动。串联单向节流阀 2，用于保证活塞下行运动的平稳性。若回油路上没有节流阀，活塞下行时液控单向阀 1 被进油路上的控制油打开，回油腔没有背压，运动部件由于自重而加速下降，造成液压缸上腔供油不足，液控单向阀 1 因控制油路失压而关闭。阀 1 关闭后控制油路又建立起压力，阀 1 再次被打开。液控单向阀时开时闭，使活塞在向下运动过程中产生振动和冲击。

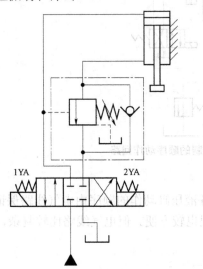

图 2-5-13　采用液控顺序阀的平衡回路

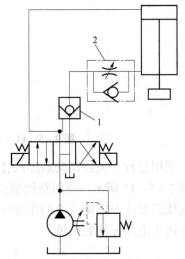

图 2-5-14　采用液控单向阀的平衡回路
1—液控单向阀；2—单向节流阀

任务实施

在液压钻床工作任务中，可利用溢流阀稳定整个系统的压力；在夹紧缸进油路上接一减压阀，保证其夹紧力稳定可靠；两单向顺序阀可保证两缸按顺序动作。具体回路如图 2-5-15 所示。

大国重器——三臂凿岩台车
助力中国高铁

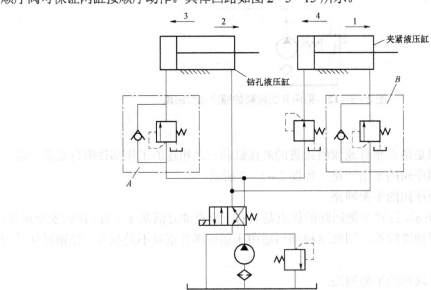

图 2-5-15　液压钻床顺序控制回路

实训1　减压阀结构拆装实训

图2-5-16所示为先导式减压阀结构拆装图，通过对减压阀结构拆装实训，加深对元件结构及原理的理解，具体步骤如下：

（1）松开先导阀体与主阀体的连接螺栓，取下先导阀体部分。

（2）从先导阀体部分松开锁紧螺母及调整手轮。

（3）从先导阀体部分取下先导弹簧及先导阀芯。

（4）从主阀体中取出主阀弹簧及主阀芯。如果阀芯发卡，可用铜棒轻轻敲击出来，禁止猛力敲打，以免损坏阀芯台肩。阀芯取出后，观察先导阀芯与主阀芯的结构、主阀芯阻尼孔的大小，比较主阀芯与先导阀芯弹簧的刚度。

（5）指出先导式减压阀各主要零件的名称。

（6）按拆卸的相反顺序装配，即后拆的零件先装配，先拆的零件后装配。装配时，如有零件脏污，应该用煤油清洗干净后方可装配。装配阀芯时，可在其台肩上涂抹液压油，以防止阀芯卡住，装配时严禁遗漏零件。

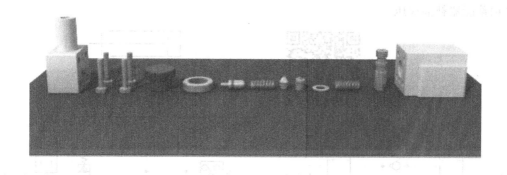

图2-5-16　先导式减压阀结构拆装

实训2　液压钻床顺序动作控制回路安装调试

在液压实训台上正确连接与安装钻床顺序动作控制回路，要求如下：

（1）能看懂顺序动作回路图，并能正确选用元器件。

（2）用油管正确连接元器件的各油口。

（3）检查各油口连接情况后，启动液压泵，观察两液压缸是否按预定动作运动。若不能动作，应适当调节顺序阀调压手柄，直到满足要求。

（4）完成实训经老师评估后，关闭油泵，拆下管路，将元件放回原来位置。

保 压 回 路

在液压系统中，液压缸在工作循环的某一阶段，若需要保持一定的工作压力，就应采用保压回路。在保压阶段，液压缸没有运动，最简单的办法是用一个密封性能好的单向阀来保压。但是，这种方法保压时间较短，压力稳定性不高。由于此时液压泵处于卸荷状态或给其他液压缸提供一定的压力油，为补偿保压缸的泄漏和保持工作压力，下面介绍几种保压回路。

1. 利用液压泵的保压回路

如图 2-5-17 所示的回路，系统压力较低，低压大流量泵供油，系统压力升高到卸荷阀的调定压力时，低压大流量泵卸荷，高压小流量泵供油保压，溢流阀调节压力。

2. 利用蓄能器的保压回路

如图 2-5-18 所示，当主换向阀在左位工作时，液压泵同时向液压缸左腔和蓄能器供油，液压缸前进夹紧工件。在夹紧工件时进油路压力升高，当压力达到压力继电器的调定值时，表示工件已经夹牢，蓄能器已储备了足够的压力油，这时压力继电器发出电信号，同时使二位二通换向阀的电磁铁通电，控制溢流阀使液压泵卸荷。此时单向阀关闭，液压缸若有泄漏，则可由蓄能器补油保压。

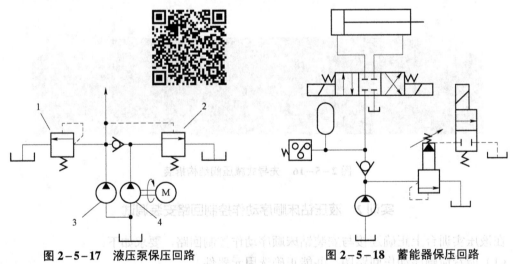

图 2-5-17 液压泵保压回路   图 2-5-18 蓄能器保压回路

1—溢流阀；2—卸荷阀；3—高压小排量泵；4—低压小排量泵

图 2-5-19 所示为多缸系统保压回路。进给缸快进时，液压泵 1 的压力下降，单向阀 3 关闭，把夹紧油路和进油路隔开。储能器 4 用来给夹紧缸保压并补偿泄漏。压力继电器 5 的作用是当夹紧缸压力达到预定值时发出电信号，使进给缸动作。

3. 自动补油保压回路

液压泵自动补油的保压回路通过液控单向阀、电接触式压力表发信号使泵自动补油，如图 2-5-20 所示。

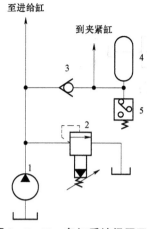

图 2-5-19　多缸系统保压回路　　　图 2-5-20　自动补油保压回路

1—液压泵；2—溢流阀；3—单向阀；4—储能器；5—压力继电器

思考与练习

一、填空题

1. 减压阀控制_____系统压力，溢流阀控制_____系统压力，顺序阀决定系统各执行元件的_____顺序。正常工作时减压阀阀口是常_____的。

2. 锁紧回路中顺序阀的调定压力比系统压力_____。

3. 如果顺序阀用阀进口压力作为控制压力，则该阀称为_____式。

二、选择题

1. 当三位四通换向阀处于中位时，（　　）型中位机能可以实现系统卸荷。

A. H　　　　　　B. Y　　　　　　C. O　　　　　　D. P

2. 以下控制阀中可以作为背压阀使用的是（　　）。

A. 换向阀　　　　B. 减压阀　　　　C. 单向阀

3. 减压阀工作时保持（　　）。

A. 进口压力不变　　B. 出口压力不变　　C. 进、出口压力都不变

三、分析回答题

1. 当压力阀的铭牌没有或不清楚时，不用拆卸，如何判别哪个是溢流阀、顺序阀及减压阀？

2. 比较三种直动式压力控制阀溢流阀、减压阀、顺序阀（内控外泄式）的异同点。

3. 两个不同调整压力的减压阀串联后的出口压力决定于哪一个减压阀的调整压力？为什么？如两个不同调整压力的减压阀并联，出口压力又决定于哪一个减压阀？为什么？

4. 顺序阀和溢流阀是否可以互换使用？

5. 一夹紧回路如图 2-5-21 所示，若溢流阀的调定压力为 5 MPa，减压阀的调定压力为 3 MPa。

试分析：（1）活塞空载运动时 A、B 两点压力各为多少？

（2）工件夹紧活塞停止后，A、B 两点压力又各为多少？

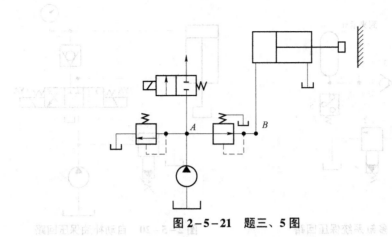

图 2-5-21　题三、5 图

6. 如图 2-5-22 所示的液压系统，两液压缸尺寸相同，无杆腔面积 $A_1 = 100 \text{ cm}^2$，缸 1 工作负载 $F_1 = 35\,000\,\text{N}$，缸 2 工作负载 $F_2 = 25\,000\,\text{N}$，溢流阀、顺序阀和减压阀的调整压力分别为 5 MPa、4 MPa 和 3 MPa，不计摩擦负载、惯性力、管路及换向阀的压力损失，求下列三种工况 A、B、C 三点的压力 p_A、p_B、p_C。

（1）液压泵启动后，两换向阀处于中位；

（2）2YA "＋"，缸 2 工进及前进碰到死挡铁停止时；

（3）2YA "－"，1YA "＋"，缸 1 运动及到达终点后突然失去负载时。

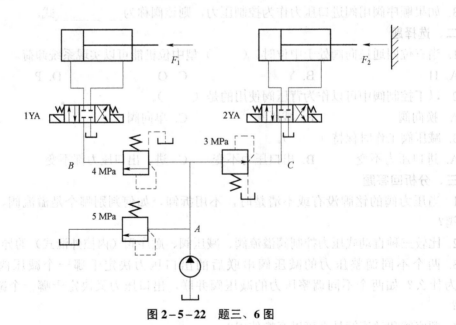

图 2-5-22　题三、6 图

7. 如图 2-5-23 所示回路为实现"快进→一工进→二工进→快退→停止"动作的回路，"一工进"速度比"二工进"快，列出电磁铁动作的顺序，见表 2-5-1（通电"＋"，断电"－"）。

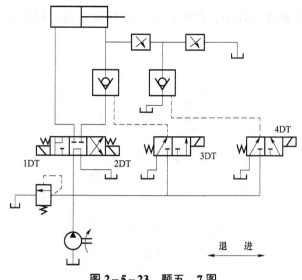

图 2 – 5 – 23   题五、7 图

表 2 – 5 – 1   电磁铁动作的顺序

	1DT	2DT	3DT	4DT
快进				
一工进				
二工进				
快退				
停止				

任务 6   车床进给系统速度控制回路的构建

知识目标

◇ 掌握各种流量控制阀的工作原理、图形符号及应用；

◇ 理解各种流量阀速度控制回路的控制原理及应用。

技能目标

◇ 能正确分析及构建各种速度控制回路；

◇ 会进行各种速度控制回路的安装与调试。

任务引入

在半自动车床液压进给系统（图 2 – 6 – 1）中，液压缸带动进给机构完成进给运动。车床工作时要求液压传动系统所控制的进给机构能按加工时机床的进给要求调节并控制速度，并且为了保证机床加工工件的加工精度，在进行调速时不受切削量变化产生的进给负载变化

的影响。这时该如何选择速度控制元件呢？这些元件又是通过什么方式来控制液压缸的速度的呢？

图 2-6-1　半自动车床液压进给系统

要使机床加工工件时按进给要求调节并控制速度，只要设法使节流阀进、出油口压力差保持不变，执行机构的运动速度就可以相应得到稳定。在液压传动系统中，执行元件的速度控制是靠改变进入执行元件液压油的流量来实现的，控制液压油流量的阀称为流量控制阀，简称流量阀。不同工况下流量阀的选择是不同的，下面引入流量控制阀的相关知识。

流量控制阀是通过改变阀口通流面积的大小来调节通过阀口的液压油流量，从而改变执行元件的运动速度的。常用的流量控制阀有节流阀、调速阀和温度补偿调速阀等。

一、流量控制阀

1. 节流阀

1）工作原理

图 2-6-2 所示为一种普通的节流阀。打开节流阀时，压力油从进油口 P_1 进入，经孔 a、阀芯 1 左端的轴向三角槽、孔 b 和出油口 P_2 流出。阀芯 1 在弹簧力的作用下始终紧贴在推杆 2 的端部。旋转手轮 3 可使推杆沿轴向移动，改变节流口的通流面积，从而调节通过阀的流量。图 2-6-2（c）所示为普通节流阀的图形符号。

将节流阀与单向阀并联即构成了单向节流阀。如图 2-6-3 所示的单向节流阀，当油液从 A 口流向 B 口时，起节流作用；当油液由 B 口流向 A 口时，单向阀打开，无节流作用。液压系统中的单向节流阀可以单独调节执行部件某一个方向上的速度。

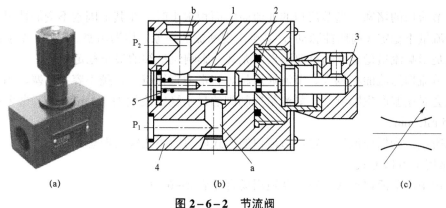

(a)   (b)   (c)

图 2-6-2 节流阀

（a）实物图；（b）结构原理图；（c）图形符号

1—阀芯；2—推杆；3—手轮

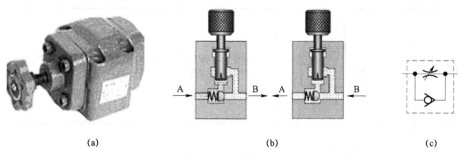

(a)   (b)   (c)

图 2-6-3 单向节流阀

（a）实物图；（b）结构原理图；（c）图形符号

2）影响节流阀流量的因素

起节流作用的阀口称为节流口，其大小以通流面积来衡量。节流口有薄壁小孔、短孔及介于两者之间的细长小孔三种基本形式。节流阀的输出流量与节流口的结构形式有关，无论采用哪种形式，通过节流口的流量可用下式表示：

$$q = KA\Delta p^{m} \tag{2-6-1}$$

式中，A——节流口通流截面积；

$\quad\Delta p$——节流口前后的压差；

$\quad K$——由节流口的形式、尺寸和流体性质决定的系数；

$\quad m$——由节流口的长径比决定的指数（薄壁小孔 $m=0.5$，细长小孔 $m=1$）。

当节流阀阀口面积 A 确定后，通过的流量 q 仍会发生变化，由公式可知，影响节流阀流量变化的因素如下：

（1）节流口前后的压力差：其中薄壁小孔的 m 最小，通过的流量受压差的影响最小，目前节流阀常采用此形式。

（2）节流口的通流截面积。

（3）油液的温度：压力损失的能量通常转换为热能，油液的发热会使油液黏度发生变化，导致流量系数 K 变化，而使流量变化，但黏度变化对流过薄壁小孔的流量变化影响较小，精密节流阀大多采用此形式。

（4）节流口的堵塞：当节流口的通流断面面积很小时，在其他因素不变的情况下，通过节流口的流量不稳定（周期性脉动），甚至出现断流的现象，称为堵塞。因此，节流口的抗堵塞性能也是影响流量稳定性的重要因素，尤其会影响流量阀的最小稳定流量。

一般节流口通流面积越大、节流通道越短和水力直径越大，越不容易堵塞，当然油液的清洁度也会对堵塞产生影响。一般流量控制阀的最小稳定流量为 50 mL/min，薄壁小孔则可达 10～15 mL/min。

综上所述，为保证流量稳定，节流口的形式以薄壁小孔较为理想。

3）常用节流口形式

几种常用的节流口形式、特点及适用场合见表 2-6-1。

表 2-6-1　几种常用的节流口形式、特点及适用场合

节流口形式	结构	特点及适用场合
针阀式		通道长，湿度大，易堵塞，流量受油温影响较大，一般用于对性能要求不高的场合
偏心槽式		性能与针阀式节流口相同，容易制造，但阀芯上的径向力不平衡，旋转阀芯时较费力，一般用于压力较低、流量较大和流量稳定性要求不高的场合
轴向三角槽式		结构简单，水力直径中等，可得到较小的稳定流量，且调节范围较大，但节流通道有一定的长度，油温变化对流量有一定的影响，目前被广泛应用
周向缝隙式		沿阀芯周向开有一条宽度不等的狭槽，转动阀芯可改变开口大小。阀口做成薄刃形，通道短，水力直径大，不易堵塞，油温变化对流量影响小，因此其性能接近于薄壁小孔，适用于精度要求高、低压小流量、速度稳定性要求较高的场合
轴向缝隙式		在阀孔衬套上加工出图示薄壁阀口，阀芯做轴向移动即可改变开口大小，其性能与周向缝隙式节流口相似

4）节流阀的应用及特点

（1）起节流调速作用：在定量泵系统中，与溢流阀一起组成节流调速回路。

（2）起负载阻尼作用：当流量一定时，改变节流阀开口面积将改变液体流动的阻力（即液阻），节流口面积越小，液阻越大。

（3）起压力缓冲作用：在液流压力容易发生突变的地方安装节流元件，可延缓压力突变的影响，起保护作用。

节流阀结构简单，制造容易，体积小，但负载和温度的变化对流量的稳定性影响较大，造成执行元件的运动速度不稳定，因此其调速稳定性差，只适用于负载和温度变化不大或执行机构速度稳定性要求较低的液压系统。

2. 调速阀

为解决负载变化大的执行元件的速度稳定性问题，通常是对节流阀进行压力补偿，即采取措施保证负载变化时，节流阀前后压力差不变，调速阀很好地满足了这一要求。调速阀也称为压力补偿节流阀，节流阀的压力补偿方式：由定差减压阀串联节流阀组成调速阀；由压差式溢流阀与节流阀并联组成溢流节流阀。其中常用的为调速阀，下面以调速阀为例分析其工作原理及应用。

如图 2-6-4 所示的调速阀，其定差减压阀能自动保持节流阀两端压差不变，从而使通过节流阀的流量不受负载变化的影响；执行元件的运动速度则由节流阀开口大小来调定。

1）工作原理

减压阀的自动调节过程如图 2-6-4（b）所示，液压泵的出口（即调速阀的进口）压力 p_1 由溢流阀调定，基本上保持恒定。调速阀出口处的压力 p_3 由液压缸负载 F 决定。油液先经减压阀产生一次压力降，将压力降到 p_2，此压力油经通道 f 和 e 进入减压阀的 c 腔和 d 腔。节流阀的出口压力 p_3 又经反馈通道 a 作用到减压阀的上腔 b，当减压阀的阀芯在弹簧力 F_s、油液压力 p_2 和 p_3 的作用下处于某平衡位置时，有：

$$p_2A_1 + p_2A_2 = p_3A + F_s \qquad (2-6-2)$$

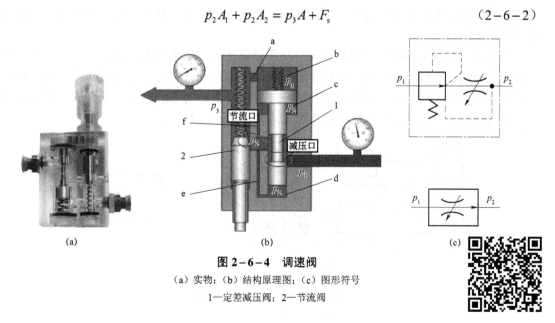

图 2-6-4　调速阀

（a）实物；（b）结构原理图；（c）图形符号

1—定差减压阀；2—节流阀

式中，A_1，A_2 和 A——c 腔、d 腔和 h 腔内的压力油作用在阀芯的有效面积，且 $A = A_1 + A_2$，故：

$$p_2 - p_3 = \Delta p = \frac{F_s}{A} \qquad (2-6-3)$$

因为弹簧刚度较低，且工作过程中减压阀阀芯位移很小，可以认为 F_s 基本保持不变。故节流阀两端压力差 $p_2 - p_3$ 也基本保持不变，这就保证了通过节流阀的流量稳定。

总之，无论调速阀的进、出口压力发生怎样变化，由于定差减压阀的自动调节作用，使节流阀前、后压差总能保持不变，从而保持流量稳定，其最小稳定流量为 0.05 L/min。图 2-6-4（c）所示为其详细图形符号和简化图形符号。

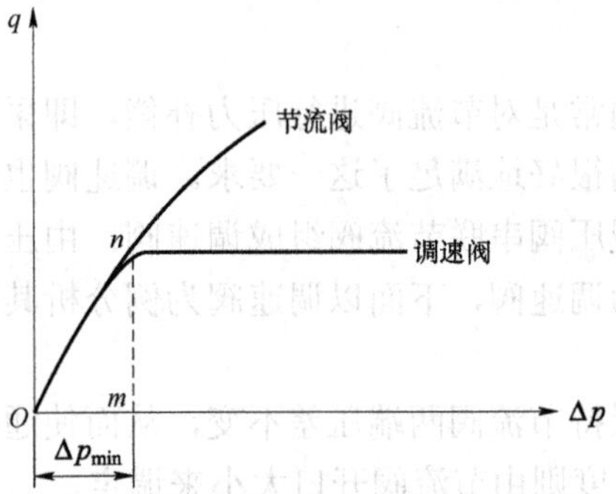

2）特点

节流阀和调速阀的流量与进、出口压差的关系如图 2-6-5 所示。

（1）节流阀的流量随压差变化较大，调速阀则在其两端压差大于一定数值（$\Delta p_{\min}$）后，流量就不再随压差的变化而变化。

（2）当压差过小时，减压阀的阀口全开，无法起到恒定压差的作用。要使调速阀正常工作，必须有一最小压力差，即中、低压调速阀压差值：≥0.5 MPa；高压调速阀：≥1 MPa。在选择调速阀时，还应注意调速阀的最小稳定流量应满足执行元件需要的最低速度要求，即调速阀的最小稳定流量应小于执行元件所需的最小流量。

图 2-6-5 流量阀的 $q-\Delta p$ 关系曲线图

综上所述，调速阀适用于对速度稳定性要求较高而功率又不太大的节流调速系统。

3. 温度补偿调速阀

普通调速阀基本上解决了负载变化对流量的影响，但油温变化对其流量的影响依然存在，当油温变化时，油的黏度随之变化，引起流量变化。为了减小温度对流量的影响，可采用温度补偿调速阀。

图 2-6-6 所示为温度补偿调速阀，与普通调速阀的结构基本相似，主要不同是：在节流阀阀芯和调节螺钉之间安放一个热膨胀系数较大的聚氯乙烯推杆，当温度升高时，油液黏度降低，通过的流量增加，这时温度补偿杆伸长使节流口变小，通过的流量基本保持不变，从而补偿了温度对流量的影响，其最小稳定流量可达 0.02 L/min。

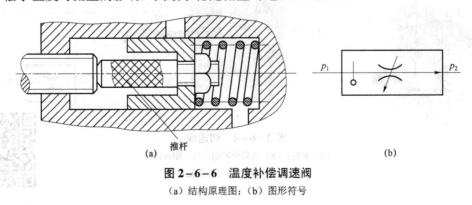

（a）推杆   （b）

图 2-6-6 温度补偿调速阀

（a）结构原理图；（b）图形符号

二、速度控制回路

液压传动系统中的速度控制回路包括调节液压执行元件运动速度的调速回路、使液压缸获得快速运动的快速运动回路及速度换接回路。

调速是为了满足液压执行元件对工作速度的要求，改变执行元件的运动速度。因在不考虑液压油压缩性和泄漏的情况下，液压缸的运动速度 v 由输入流量和液压缸的有效作用面积 A 决定，即：

液压缸的运动速度：

$$v = \frac{q}{A} \tag{2-6-4}$$

液压马达的转速：

$$n = \frac{q}{V_M} \tag{2-6-5}$$

由以上两式可知，改变输入液压执行元件的流量（或改变液压马达的排量）可以达到改变速度的目的。

1. 调速回路

常见的调速方法有节流调速（由定量泵供油，用流量阀调节进入或流出执行元件的流量来实现调速）、容积调速（用调节变量泵或变量马达的排量来调速）和容积节流调速（采用变量泵和流量阀相配合的调速方法）三种调速方式。

1）节流调速回路

采用定量泵供油，利用流量控制阀调节进入或流出执行元件的流量来实现调速。其主要优点是速度稳定性好；主要缺点是节流损失和溢流损失较大、发热大、效率较低。根根流量阀在回路中的位置不同，分为进油路、回油路和旁路节流调速三种回路。

（1）进油节流调速回路。

如图 2-6-7 所示，将节流阀串联在液压泵和液压缸之间，调节节流阀阀口的大小便能控制进入液压缸的流量，从而达到调速的目的。定量泵多余的液压油经溢流阀流回油箱，溢流阀阀口常开，起稳压溢流作用。

回路特点及应用：油液经节流阀后才进入液压缸，故油温高、泄漏大，但可减少启动的冲击；活塞运动速度 v 和节流阀的通流面积 A 成正比；回油直接回油箱，没有背压力，故运动平稳性差；液压泵在恒压、恒流量下工作，输出功率不随执行元件的负载和速度的变化而变化，多余的油液经溢流阀流回油箱，造成功率浪费，故效率低。该回路适用于轻载、低速和速度稳定性要求不高的小功率液压系统。

（2）回油节流调速回路。

如图 2-6-8 所示，将节流阀串联在液压的回油路上，调节节流阀阀口的大小便能控制液压缸的排油量，也就控制了液压缸的进油量，从而达到调速的目的。定量泵多余的液压油经溢流阀流回油箱，溢流阀阀口常开，起稳压溢流作用。其速度—负载特性与进油节流调速回路大致相同。

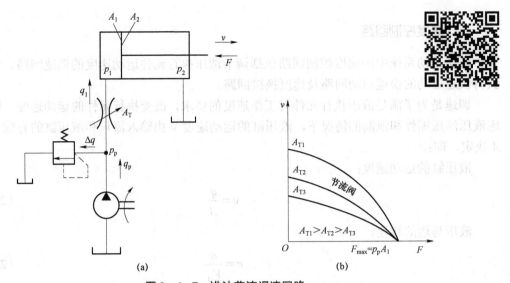

图2-6-7 进油节流调速回路

（a）进油节流调速回路；（b）速度—负载特性曲线

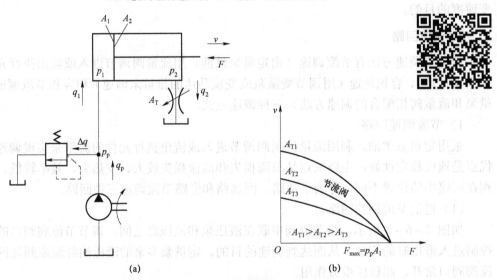

图2-6-8 回油节流调速

（a）回油节流调速回路；（b）速度—负载特性曲线

回路特点及应用：节流阀串连在回油路上，油液流经节流阀后直接回油箱，可减少系统发热和泄漏；节流阀又起背压阀作用，故运动平稳性好，并能承受负值负载；因泵启动后油液直接进入液压缸，故启动冲击较大；和进油节流回路一样，泵输出功率不随执行元件的负载和速度的变化而变化，多余的油液经溢流阀流回油箱，造成功率浪费，故效率低。该回路多用在功率不大，但载荷变化较大、运动平稳性要求较高的系统，如磨削和精镗组合机床。

（3）旁油节流调速回路

如图2-6-9所示，将节流阀装在和液压泵并联的支路上，用节流阀调节液压泵流回油箱的流量，从而控制了进入液压缸的流量，达到调速的目的。此回路中的溢流阀在系统正常工作时阀口常闭，只有过载时打开，起安全阀作用。

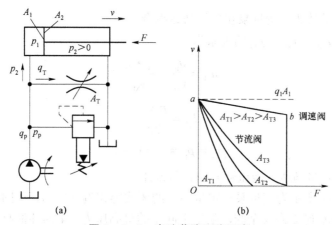

图 2-6-9 旁油节流调速回路

（a）旁油节流调速；（b）速度-负载特性曲线

回路特点及应用：液压泵压力随负载而变化，压力越大泄漏也越多，导致泵实际输出量的变化，从而造成执行元件运动不平稳；回油路没有背压，造成执行元件速度不稳定。

随节流阀开口增大，系统承受的最大负载减小，即低速时承载能力小，故调速范围小；因溢流阀作安全阀使用，系统正常工作时关闭，无溢流损失，故功率利用比较经济，效率比较高。

该回路适用于高速、重载、负载变化小且对速度平稳性要求不高的较大功率系统中，如牛头刨床主运动系统、输送机械液压系统等。

2）容积调速回路

容积调速回路是依靠改变变量泵或变量马达的排量来实现调速的，主要优点是没有节流损失和溢流损失，因而效率高、油液温升小，适用于高速、大功率的大型机床、液压压力机、工程机械和矿山机械等大功率设备的液压调速系统。但这种调速回路需要采用结构较复杂的变量泵或变量电动机，故造价较高，维修也较困难。

容积调速回路根据油路的循环方式不同分为开式回路（图2-6-10）和闭式回路（图2-6-11）。

开式回路中，液压泵从油箱中吸油并供给执行元件，执行元件排出的油液直接回油箱，油液在油箱中能得到较好的冷却，且便于油中杂质的沉淀和气体的逸出。但油箱尺寸较大，污物容易侵入。

闭式回路液压泵将油液输入执行元件的进油腔中，又从执行元件的回油腔处吸油，油液不一定都经过油箱，而直接在封闭的油路系统内循环。其结构紧凑，运行平稳，空气和污物不易侵入，噪声小，但其散热条件较差。为了补偿泄漏，以及补偿由于执行元件进、回油腔面积不等所引起的流量之差，闭式回路中需设置补油装置（例如顶置充液箱、辅助泵及与之配套的溢流阀和油箱等）。

根据泵和马达组合方式不同分为变量泵和定量液压执行

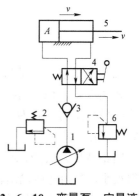

图 2-6-10 变量泵—定量液压缸的开式容积调速

1—变量泵；2—变量马达；3—安全阀；
4—补油泵；5—溢流阀；
6，7，8，9—单向阀

元件、定量泵和变量马达、变量泵和变量马达组合。

若不计损失，n_M、T_M、p_M 的关系为

$$n_M = \frac{q_p}{v_M} = \frac{v_p \cdot n_p}{v_M} \qquad (2-6-6)$$

$$T_M = \frac{p_p v_M}{2\pi} \qquad (2-6-7)$$

$$p_M = p_p = p_p \cdot v_p \cdot n_p \qquad (2-6-8)$$

（1）变量泵—定量马达（液压缸）的容积调速

图 2-6-11（a）所示为变量泵—定量马达的闭式容积调速回路，该回路由定量泵 1 和变量马达 3 组成。溢流阀 2 为安全阀，限定主回路的最高压力；4 为补油泵，其流量为变量泵最大输出流量的 10%～15%；补油压力由溢流阀 6 调定。

回路特性：v_p 为变量，v_M 为定值，p_p 由安全阀调定。调节 v_p 即可改变 n_M，因 v_p 可调得很小，因而能获得较低的工作速度，调速范围较大；输出转矩 T_M 为定值，故为恒转矩容积调速回路；输出功率 p_M 随 n_M（v_p）变化呈线性变化，如图 2-6-11（b）所示。

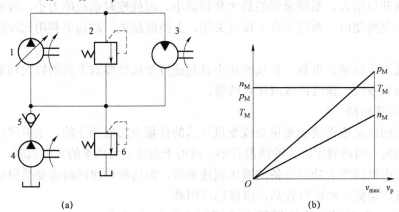

图 2-6-11　变量泵—定量马达组合

（a）变量泵—定量马达的闭式容积调速；（b）速度—负载特性

1—定量泵；2，6—溢流阀；3—变量马达；4—补油泵；5—单向阀

（2）定量泵—变量马达的容积调速。

如图 2-6-12 所示，该回路由定量泵 1 和变量马达 3 组成，溢流阀 2 为安全阀，限定主回路的最高压力。4 为补油泵，其流量为变量泵最大输出流量的 10%～15%，补油压力由溢流阀 5 调定。

回路特性：v_M 为变量，v_p 为定值，p_p 由安全阀调定。调节 v_M 即可改变 n_M，因 v_M 不能调得很小，否则马达输出转矩将减小，甚至带不动负载，故调速范围小；输出功率 P_M 为定值，故为恒功率容积调速回路；输出转矩 T_M 和 v_M 呈线性关系，但和 n_M 成反比。

（3）变量泵—变量马达的容积调速

如图 2-6-13 所示，该回路由变量泵 1 和变量马达 2 组成。溢流阀 3 为安全阀，限定主回路的最高压力；4 为补油泵，其流量为变量泵最大输出流量的 10%～15%；补油压力由溢流阀 6 调定。单向阀 6、9 用于使辅助泵 4 双向补油，单向阀 7、8 使安全阀 3 能起过载保护作用。

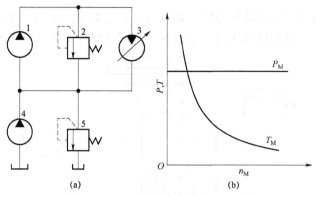

图2-6-12 定量泵—变量马达组合

（a）定量泵—变量马达的闭式容积调速；（b）速度—负载特性

1—变量泵；2,5—溢流阀；3—变量马达；4—补油泵

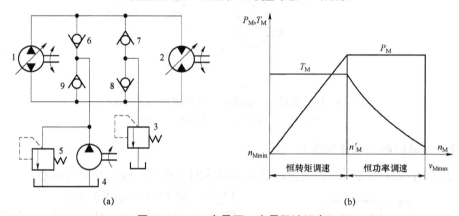

图2-6-13 变量泵—变量马达组合

（a）变量泵—变量马达的容积调速；（b）速度—负载特性

1—变量泵；2—变量马达；3—安全阀；4—补油泵；5—溢流阀；6, 7, 8, 9—单向阀

回路特性：马达转速 n_M 可通过改变 v_p 和 v_M 来进行调节，这种回路是上述两种调速回路的组合。

① 低速段：将 v_M 调为最大并固定（相当于定量马达），然后由小到大调节 v_p，马达转速升至 n'_M，该段调速属于恒转矩调速。

② 高速段：将 v_p 固定在最大值（相当于定量泵），然后由大到小调节 v_M，进一步提高马达转速至 n_{Mmax}，该段调速属恒功率调速。

该回路适用于调速范围大，要求低速大转矩、高速恒功率，且工作效率要求高的设备，如各种行走机械、牵引机等大功率机械。

3）容积节流调速回路

容积节流调速回路是以上两种方法的组合，即用变量泵供油，配合流量控制阀进行节流来实现调速，又称联合调速。其主要优点是有节流损失、无溢流损失、发热较低、效率较高且速度稳定性也比单纯的容积调速回路好，常用在速度范围大、中小功率的场合，如组合机床的进给系统等。

如图2-6-14所示。该系统由限压式变量泵1供油，压力油经调速阀3进入液压缸工作腔，回油经背压阀4返回油箱，液压缸运动速度由调速阀中节流阀的通流面积 A_T 来控制。调

速阀不仅能保证进入液压缸的流量稳定，而且可以使泵的供油流量自动地和液压缸所需的流量相适应，因而也可使泵的供油压力基本恒定（该回路也称定压式容积节流调速回路）。

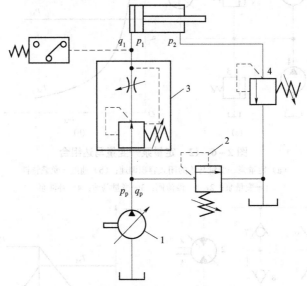

图 2-6-14　变量泵—调速阀组成的容积节流调速回路
1—变量泵；2—溢流阀；3—调速阀；4—背压阀

2. 快速运动回路（增速回路）

使液压执行元件获得所需的高速，以提高系统的工作效率或充分利用功率。

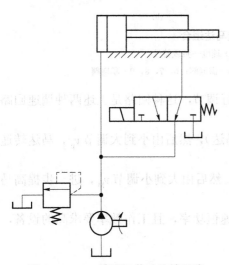

图 2-6-15　液压缸差动连接回路

1）液压缸差动连接快速回路

图 2-6-15 所示为单杆活塞缸差动连接实现快速运动的回路。当图 2-6-15 中二位三通电磁换向阀在图示位置时，单杆活塞液压缸差动连接，活塞将快速向右运动。当二位三通电磁换向阀通电时，单杆活塞液压缸为非差动连接，这种连接方式可在不增加液压泵流量的情况下提高液压执行元件的运动速度。

这种快速回路的特点是简单、经济，应用普遍，但只能实现一个方向的增速且增速受液压缸两腔有效工作面积的限制，增速的同时液压缸的推力会减小。采用此回路时，要注意此回路的阀和管道应按差动连接的最大流量选用，否则压力损失过大，使溢流阀在快进时也开启，则无法实现差动连接。

2）双泵供油回路

如图 2-6-16 所示，1 为大流量泵，2 为小流量泵，在快速运动时，泵 1 输出的油液经单向阀 4 与泵 2 输出的油液共同向系统供油；工作行程时，系统压力升高，打开液控顺序阀 3 使泵 1 卸荷，由泵 2 单独向系统供油。系统工作压力由溢流阀 5 调定，单向阀 4 在系统工进时关闭。

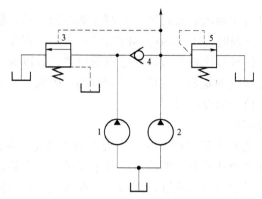

图 2-6-16 双泵供油回路

1，2—泵；3—顺序阀；4—单向阀；5—溢流阀

这种回路的优点是功率损耗少，系统效率高，缺点是回路比较复杂，常用在执行元件快进和工进速度相差较大的场合。

3）采用蓄能器的快速运动回路

如图 2-6-17 所示，当系统停止工作时，换向阀 5 处在中间位置，泵经单向阀 3 向蓄能器充油，蓄能器压力升高，达到液控顺序阀（卸荷阀）调定压力后，阀口打开，使泵卸荷。当系统中、短期需要大流量时，换向阀处于左位或右位，由泵 1 和蓄能器 4 共同向液压缸 6 供油，使液压缸实现快速运动。利用小流量泵使执行元件获得快速运动，系统在整个工作循环中要有足够的向蓄能器充液的时间。

3. 速度换接回路

速度换接回路包括液压执行元件快速到慢速的换接及两个慢速之间的换接。该回路应具有较高的速度换接平稳性。

1）快速与慢速的换接回路

在机床液压系统中通常采用行程阀来实现快速与慢速的换接。采用行程阀的快速与慢速换接回路如图 2-6-18 所示。在图示状态下，液压缸快进，当活塞所连接的挡块压下行程阀

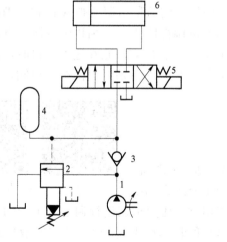

图 2-6-17 蓄能器的快速运动回路

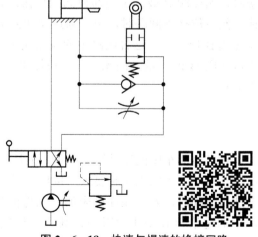

图 2-6-18 快速与慢速的换接回路

1—定量泵；2—溢流阀；3—单向阀；4—蓄能器；5—换向阀；6—液压缸

时，行程阀关闭，液压缸右腔油液必须通过节流阀才能流回油箱，活塞运动速度转变为慢速工进；当换向阀左位接入回路时，压力油经单向阀进入液压缸右腔，活塞快速向右返回。

这种回路的快慢速换接过程比较平稳，换接点的位置比较准确；缺点是行程阀的安装位置不能任意布置，管路连接较为复杂。若将行程阀改为电磁阀，安装连接比较方便，但速度换接的平稳性、可靠性及换向精度都较差。

2）两种慢速的换接回路

图 2-6-19（a）所示为两个调速阀并联来实现不同工进速度的换接回路，由换向阀实现换接。两个调速阀可以独立地调节各自的流量，互不影响，一个调速阀工作时，另一个调速阀内无油通过，减压阀处于最大开口位置，因而速度换接使大量油液通过该处，会使机床工作部件产生突然前冲现象。该回路不适用于在工作过程中的速度换接，只可用在速度预选的场合。

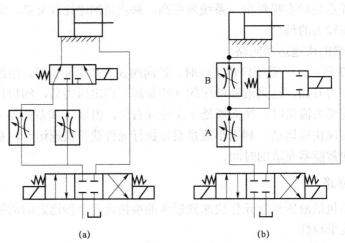

图 2-6-19　两调速阀并、串联的慢速换接回路

(a) 并联；(b) 串联

图 2-6-19（b）所示为两调速阀串联的速度换接回路，当三位四通换向阀左位接入系统时，调速阀 B 被两位四通换向阀短接；输入液压缸的流量由调速阀 A 控制。当两位四通换向阀右位接入回路时，由于通过调速阀 B 的流量调得比 A 小，所以输入液压缸的流量由调速阀 B 控制。在这种回路中的调速阀 A 一直处于工作状态，它在速度换接时，限制着进入调速阀 B 的流量，因此其速度换接平稳性较好。但由于油液经过两个调速阀，所以能量损失较大。

在半自动车床液压进给系统中，液压缸带动进给机构完成进给运动。车床工作时要求能按加工时机床的进给要求调

劳模精神——大国工匠托起航天梦想

节速度，同时，为了保证机床加工工件的加工精度，还要求在进行调速时不受切削量变化产生的进给负载变化的影响，其速度控制可以通过调速阀来实现，具体的液压回路参考图 2-6-20。

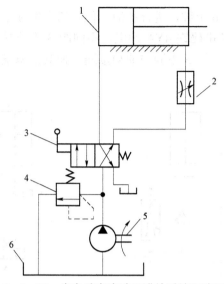

图 2-6-20　半自动车床液压进给系统调速回路
1—液压缸；2—调速阀；3—换向阀；4—溢流阀；5—液压泵；6—油箱

在液压实训台上正确连接与安装半自动车床进给系统调速回路，要求如下：

（1）按液压系统原理图选择相应元器件，在实验台上组建回路并检查回路功能是否正确。

（2）根据电路图连接电路。

（3）检查各油口连接情况及压力调整是否正确。经检查正确无误后，启动液压泵。

（4）保持泵供油压力不变，调节节流阀调速手柄，启动 SB_2 按钮，活塞杆伸出，记录活塞杆伸出时间 t_1；启动 SB_1 按钮，活塞杆缩回，记录活塞杆缩回时间 t_2。逐次调大节流阀阀口，记录三组不同实验数据。

同 步 回 路

同步回路是使系统中多个执行元件在运动中的位移相同或以相同的速度运动的回路。

1. 用流量阀的同步回路

如图 2-6-21 所示，两个调速阀分别调节两个并联缸活塞的运动速度。调速阀具有当负载变化时能保持流量稳定的特点，所以只要仔细调整两个调速阀开口的大小，就能使两个液压缸保持同步。其回路结构简单，但调整比较麻烦，同步精度不高，不宜用于偏载或负载变化频繁的场合。

2. 带补偿装置的串联缸同步回路

图 2-6-22 所示为两个串联活塞缸的同步回路。当两缸活塞同时下行时，若缸 5 活塞先到达端点，挡块压下行程开关 S_1，电磁铁 3YA 通电，换向阀 3 左位接入回路，压力油经换向

阀 3 和液控单向阀 4 进入缸 6 上腔，进行补油，使其活塞继续下行到达端点。如果缸 6 活塞先到达端点，行程开关 S_2 使电磁铁 4YA 通电，换向阀 3 右位接入回路，压力油进入液控单向阀 4 的控制口，打开阀 4。缸 5 下腔与油箱接通，使其活塞继续下行到达端点，从而消除积累误差。

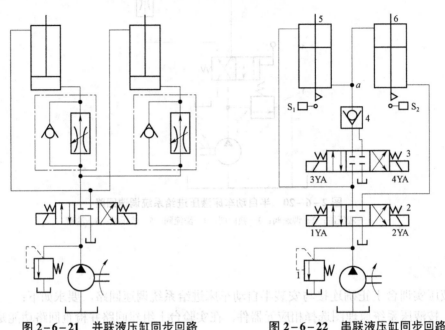

图 2-6-21　并联液压缸同步回路　　　　图 2-6-22　串联液压缸同步回路

1—溢流阀；2，3—换向阀；4—液控单向阀；5，6—液压缸

思考与练习

一、填空题

1. 采用出口节流的调速系统，若负载减小，则节流阀前的压力就会_____。

2. 流阀流量公式 $q = C \cdot a \cdot (\Delta p)^m$，节流口形状近似细长孔时，指数 m 接近于_____；近似薄壁孔时，m 接近于_____。

3. 进油和回油节流调速系统效率低，主要损失是_____。

4. 旁油节流调速回路中的溢流阀在系统正常工作时阀口_____，只有过载时打开，起_____阀的作用。

5. 影响节流阀流量的因素有节流口前后_____、_____、_____和_____。

6. 常用的流量控制阀有_____阀、_____阀和_____阀。

7. 节流阀与单向阀并联即构成了_____阀。

二、判断题

（　）1. 要使调速阀正常工作，必须有一最小压力。

（　）2. 为保证流量稳定，节流口的形式以近似细长孔为宜。

（　）3. 调速阀是由压差式溢流阀和节流阀并联构成的。

（　）4. 在定量液压泵—变量液压马达容积调速回路中，当系统工作压力不变时，液压马达输出的功率是恒定的。

（　　）5. 溢流节流阀只能用在进油节流调速回路中。

三、简答题

1. 流量阀的节流口为什么通常要采用薄壁孔而不采用细长小孔？
2. 为什么调速阀比节流阀的调速性能好？
3. 常用的调速方法有哪些？并说明特点及场合。
4. 说出节流调速回路的种类及优缺点。
5. 简述开式和闭式容积调速回路的优缺点。

四、设计题

设计一个工作循环为"快进→工进→快退"的液压回路。

任务7　液压站的组成及使用

知识目标

✧ 掌握液压站的组成、工作原理及应用；

✧ 掌握辅助元件的功能及应用。

技能目标

✧ 会正确地分析液压站的组成及各部分作用；

✧ 能正确使用和维护液压站。

液压站又称液压泵站，一般是为大中型工业生产的机械运行提供润滑、动力的机电装置。图 2-7-1 所示为液压系统中常用的液压站，那么液压站有哪些组成部分？各组成部分又是如何工作的呢？

图 2-7-1　液压站

任务分析

液压站是独立的液压装置，它按驱动装置（主机）要求供油，并控制油流的方向、压力和流量，它适用于主机与液压装置可分离的各种液压机械，由电动机带动油泵旋转，泵从油箱中吸油后往系统供油，将机械能转化为液压油的压力能，推动各种液压机械做功。

相关知识

液压站由泵装置、集成块或阀组合、油箱、电器盒组合而成，用户购买后只要将液压站与主机上的执行机构（油缸和油马达）用油管相连，液压机械即可实现各种规定的动作和工作循环。

一、液压站的组成

泵装置：装有电动机和油泵，它是液压站的动力源，将机械能转化为液压油的动力能。
集成块：由液压阀及通道体组合而成，它对液压油实行方向、压力和流量调节。
阀组合：板式阀装在立板上，板后用管连接，与集成块功能相同。
油箱：钢板焊的半封闭容器，上面还装有滤油网、空气滤清器等，用来储油及进行油的冷却和过滤。
电器盒：分两种形式，一种设置了外接引线的端子板，一种配置了全套控制电器。

二、液压站的分类

液压站的结构形式，主要以泵装置的结构形式、安装位置及冷却方式来区分。

1. 按泵装置的机构形式、安装位置分

图 2-7-2 所示为液压站的不同安装形式，主要有以下几种：

（a）　　　　　　　　（b）　　　　　　　　（c）

图 2-7-2　液压站的不同安装形式
（a）上置立式；（b）上置卧式；（c）旁置式

（1）上置立式：泵装置立式安装在油箱盖板上，主要用于定量泵系统。
（2）上置卧式：泵装置卧式安装在油箱盖板上，主要用于变量泵系统，以便于流量调节。

（3）旁置式：泵装置卧式安装在油箱旁单独的基础上，旁置式可装备备用泵，主要用于油箱容量大于 250 L、电动机功率 7.5 kW 以上的系统。

2. 按冷却方式分

（1）自然冷却：靠油箱本身与空气热交换冷却，一般用于油箱容量小于 250 L 的系统。

（2）强迫冷却：采取冷却器进行强制冷却，一般用于油箱容量大于 250 L 的系统。

液压站以油箱的有效储油量度及电动机功率为主要技术参数。油箱容量共有 18 种规格（单位：升（L））：25、40、63、100、160、250、400、630、800、1 000、1 250、1 600、2 000、2 500、3 200、4 000、5 000、6 000。

本系列液压站根据用户要求及依据工况使用条件，可以做到：按系统配置集成块，也可不带集成块；可设置冷却器、加热器、蓄能器；可设置电气控制装置，也可不带电气控制装置。

3. 按油箱形式分

（1）普通钢板：箱体采用 5~6 mm 钢板焊接，面板采用 10~12 mm 钢板，若开孔过多可适当加厚或增加加强筋。

（2）不锈钢板：箱体选用 304 不锈钢板，厚度 2~3 mm，面板采用 304 不锈钢板，厚度 3~5 mm，承重部位增加加强筋。

普通钢板油箱内部防锈处理较难实现，铁锈进入油循环系统会造成很多故障，采用全不锈钢设计的油箱则解决了这一业界难题。

三、液压站的组成元件

液压站由动力元件、控制元件及各种辅助元件等组成，前面任务中已学习动力元件和控制元件的原理及应用，故本任务只详细介绍常用辅助元件。

1. 油箱

油箱的功用主要是储存油液，此外还起着散发油液中的热量、逸出油液中的气体、沉淀油液中的污物等作用。图 2-7-3 所示为其图形符号。

图 2-7-3　油箱的图形符号

（a）管口在液面以下的油箱；（b）管口在液面以上的油箱

1）分类

（1）按油箱形状分为矩形油箱、圆形油箱及异形油箱。

（2）按油箱液面是否与大气相通分为开式油箱和闭式油箱。

开式油箱液面直接或通过空气过滤器间接与大气相通，油箱液面压力为大气压。闭式油箱完全封闭，由空压机将充气经滤清、干燥、减压（表压力为 0.05~0.15 MPa）后通往油箱液面之上，使液面压力大于大气压力，从而改善液压泵的吸油性能，减少气蚀和噪声。

（3）按油箱在系统中的布置方式可分为总体式和分离式。

总体式油箱是利用机器设备机身内腔作为油箱（如压铸机、注塑机等），其结构紧凑，回

收漏油比较方便，但维修不便，散热条件不好；分离式油箱设置了一个单独油箱，与主机分开，减少了油箱发热及液压源振动对工作精度的影响，因此得到了普遍的应用，特别是在组合机床、自动线和精密机械设备上大多采用分离式油箱。

2）结构特点

分离式油箱结构如图 2-7-4 所示，图中 1 为吸油管，4 为回油管，中间有两个隔板 7 和 9，下隔板 7 阻挡沉淀物进入吸油管，上隔板 9 阻挡泡沫进入吸油管，脏物可从放油阀 8 放出。空气过滤器 3 设在回油管一侧的上部，兼有加油和通气的作用。6 是油位指示器。当需要彻底清洗时，可将上盖 5 卸开。

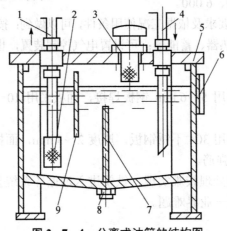

图 2-7-4 分离式油箱的结构图

1—吸油管；2—过滤器；3—空气过滤器；4—回油管；5—上盖；6—油位指示器；7，9—隔板；8—放油阀

为了保证油箱的功能，油箱在结构上应注意以下几个方面。

（1）油箱底部应有适当斜度，并在最低处设置放油塞，换油时可使油液和污物顺利排出，以便于清洗。

（2）在易见的油箱侧壁上设置液位计（俗称油标），以指示油位高度。在开式油箱的上部通气孔上必须配置兼作注油口的空气滤清器，还应装温度计，以便随时观察系统油温的情况。

（3）吸油管和回油管之间需用隔板隔开，以增加循环距离和改善散热效果。隔板高度一般不低于液面高度的 3/4。

（4）泵的进油管和系统的回油管应插入最低液面以下，以防吸入空气和回油冲溅产生气泡。吸油管口离油箱底面距离应大于 2 倍油管外径，离油箱箱边距离应大于 3 倍油管外径。吸油管和回油管的管端应切成 45° 的斜口，回油管的斜口应朝向箱壁。

（5）阀的泄油管口应在液面之上，以免产生背压，液压马达和泵的泄油管则应引入液面之下，以免吸入空气。

（6）油箱的有效容积（油面高度为油箱高度 80%时的容积）一般按液压泵的额定流量估算。在低压系统中取额定流量的 2~4 倍，中压系统为 5~7 倍，高压系统为 6~12 倍。

（7）油箱正常工作温度应在 15 ℃~65 ℃，在环境温度变化较大的场合要安装热交换器。

（8）箱壁应涂耐油防锈涂料。

2. 过滤器

过滤器用来清除油液中的各种杂质，以免其划伤、磨损，甚至卡死有相对运动的零件，或堵塞零件上的小孔及缝隙，影响系统的正常工作，降低液压元件的寿命。

1）过滤器的工作原理

如图 2-7-5 所示，油液从进油口进入过滤器，沿滤芯的径向由外向内通过滤芯，油液中颗粒被滤芯中的过滤层滤除，进入滤芯内部的油液即为洁净的油液。过滤后的油液从过滤器的出油口排出。

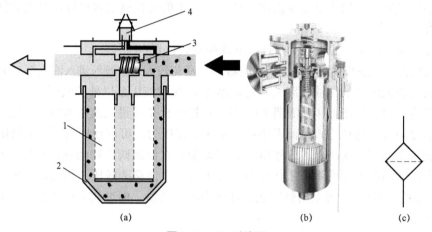

图 2-7-5　过滤器

（a）工作原理图；（b）结构剖面图；（c）图形符号
1—滤芯；2—滤筒；3—旁通阀；4—压差指示器

2）对过滤器的要求

（1）足够的过滤精度。

过滤精度是指过滤器能够有效滤除的最小颗粒污染物的尺寸，它是过滤器的重要性能参数之一。过滤精度可分为粗（$d \geqslant 100\ \mu m$）、普通（$d \geqslant 10 \sim 100\ \mu m$）、精（$d \geqslant 5 \sim 10\ \mu m$）和特精（$d \geqslant 1 \sim 5\ \mu m$）四个等级。

（2）足够的过滤能力。

过滤能力指一定压力降下允许通过过滤器的最大流量，一般用过滤器的有效过滤面积（滤芯上能通过油液的总面积）来表示。过滤器的过滤能力还应根据过滤器在液压系统中的安装位置来考虑，如过滤器安装在吸油管路上时，其过滤能力应为泵流量的两倍以上。

（3）滤芯要利于清洗和更换，便于拆装和维护。

过滤器滤芯一般应按规程定期更换、清洗，因此过滤器应尽量设置于便于操作的地方，避免在维护人员难以接近的地方设置过滤器。

（4）过滤器应有一定的机械强度，不能因液压力的作用而破坏。

（5）过滤器滤芯应有良好的抗腐蚀性能，并能在规定的温度持久地工作。

3）过滤器的类型

过滤器按过滤精度来分可分为粗过滤器和精过滤器两大类，按滤芯的结构可分为网式、线隙式、烧结式、纸芯式和磁性过滤器等。

（1）网式过滤器：结构简单，通油能力大，但过滤效果差，常用在液压泵的吸油口。

（2）线隙式过滤器：结构简单，通油能力强，过滤效果好，但不易清洗，一般用于低压系统液压泵的吸油口。

（3）烧结式过滤器：强度高，耐高温，抗腐蚀性强，过滤效果好，可在压力较大的条件下工作，是一种使用广泛的精过滤器。其缺点是通油能力低，压力损失较大，堵塞后清洗比较困难，烧结颗粒容易脱落等。

（4）纸芯式过滤器：利用微孔过滤纸滤除油液中杂质，过滤精度高，但通油能力低，易堵塞，不能清洗，纸芯需要经常更换，主要用于低压小流量的精过滤。

（5）磁性过滤器：用于过滤油液中的铁屑。简单的磁性过滤器可以用几块磁铁组成。

4）过滤器的类型

如图2-7-6所示，过滤器主要有以下几种安装位置：

（1）安装在液压泵的吸油管路上（过滤器1），避免较大杂质颗粒进入液压泵，保护液压泵。

（2）安装在液压泵的压油管路上（过滤器2），保护液压泵以外的液压元件。

（3）安装在回油管路上（过滤器3），不能直接防止杂质进入液压系统，但能循环地滤除油液中的部分杂质。这种方式过滤器不承受系统工作压力，可以使用耐压性能低的过滤器。

（4）安装在系统旁油路上（过滤器4），过滤器装在溢流阀的回油路，并与一安全阀相并联。这种方式滤油器不承受系统工作压力，又不会给主油路造成压力损失，一般只通过泵的部分流量（20%～30%），可采用强度低、规格小的过滤器。但过滤效果较差，不宜用在要求较高的液压系统中。

（5）安装在单独过滤系统中（过滤器5），它是用一个专用液压泵和过滤器单独组成一个独立于主液压系统之外的过滤回路。这种方式可以经常清除系统中的杂质，但需要增加设备，适用于大型机械的液压系统。

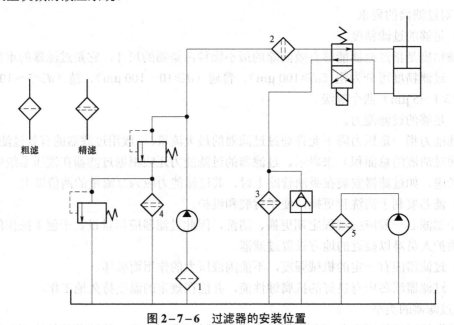

图2-7-6　过滤器的安装位置

1，2，3，4，5—过滤器

3. 蓄能器

蓄能器是液压系统中的储能元件，它是一种能把液压能储存在耐压容器里，待需要时再将其释放出来的装置。

1）蓄能器的功用

（1）作辅助动力源，用于储存能量和短期大量供油。如在间歇动作的压力系统中，当系统不需要大量油液时，蓄能器将液压泵输出的压力油储存起来，在需要时再快速释放出来，以实现系统的动作循环。这样，系统可采用小流量规格的液压泵，既能减少功率损耗，又能降低系统的温升。

（2）维持系统压力和补充泄漏。

当执行元件停止运动的时间较长，并且需要保压时，为降低能耗，使泵卸荷，可以利用蓄能器储存的液压油来补偿油路的泄漏损失，维持系统压力。

（3）作应急油源。

液压泵发生故障中断供油时，蓄能器能提供一定的油量作为应急动力源，使执行元件能继续完成必要的动作。

（4）缓和液压冲击，吸收压力脉动，降低系统噪声。

当阀门突然关闭或换向时，系统中产生的冲击压力可由安装在冲击源和脉动源附近的蓄能器来吸收，使液压冲击的峰值降低。

2）蓄能器的类型

蓄能器有重力式、弹簧式和充气式三类，其中常用的是充气式，它又可分为活塞式、气囊式和隔膜式。

图 2-7-7（a）所示为活塞式蓄能器，利用缸筒 2 中的浮动活塞 1 把缸中的气体与油液隔开。活塞上装有密封圈，活塞的凹部面向气体，以增加气室的容积。其特点是：结构简单，工作可靠，安装容易，维修方便，寿命长；但反应不灵敏，容量较小。

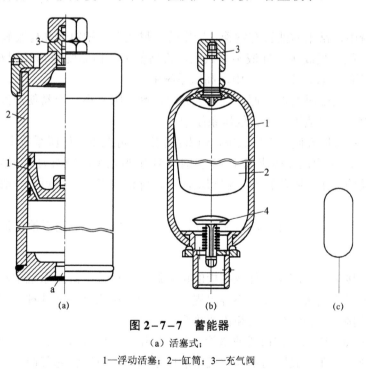

图 2-7-7 蓄能器

（a）活塞式；

1—浮动活塞；2—缸筒；3—充气阀

（b）气囊式；

1—壳体；2—皮囊；3—充气阀；4—限位阀

（c）图形符号

图 2-7-7（b）所示为气囊式蓄能器，由壳体 1、皮囊 2、充气阀 3 和限位阀 4 等组成。工作前，从充气阀向皮囊内充进一定压力的气体，然后将充气阀关闭，使气体封闭在皮囊内。要储存的油液从壳体底部限位阀处引到皮囊外腔，使皮囊受压缩而储存液压能。充气气体一般为惰性气体或氮气。其特点是：惯性小，反应灵敏，结构紧凑，重量轻，充气方便。

蓄能器的图形符号如图 2-7-7（c）所示。

3）蓄能器的安装使用

（1）气囊式蓄能器应垂直安装，油口向下。

（2）用于吸收液压冲击和压力脉动的蓄能器应尽可能安装在振源附近；

（3）安装在管路上的蓄能器须用支板和支架固定；

（4）蓄能器和液压泵之间应安装单向阀，防止液压泵停止时蓄能器储存的压力油倒流而使泵反转。

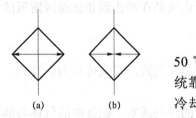

图 2-7-8　热交换器图形符号
（a）冷却器；（b）加热器

4. 热交换器

在液压系统中，油液的工作温度一般应控制在 30 ℃～50 ℃，最高不超过 65 ℃，最低不低于 15 ℃。如果液压系统靠自然冷却仍不能使油温低于允许的最高温度，则需安装冷却器；反之，如环境温度太低，无法使液压泵启动或正常运转，则需安装加热器。热交换器的图形符号如图 2-7-8 所示。

5. 管路

在液压系统中，常用的油管有钢管、紫铜管、尼龙管、塑料管和橡胶软管等。

（1）钢管：能承受高压，油液不易氧化，价格低廉，但装配弯形较困难。常用的有 10号、16 号冷拔无缝钢管，主要用于中、高压系统中。

（2）紫铜管：装配时弯形方便，且内壁光滑，摩擦阻力小，但易使油液氧化，耐压力较低，抗振能力差。一般适用于中、低压系统中。

（3）尼龙管：弯形方便，价格低廉，但寿命较短，可在中、低压系统中部分替代紫铜管。

（4）橡胶软管：由耐油橡胶夹以 1～3 层钢丝编织网或钢丝绕层做成。其特点是装配方便，能减轻液压系统的冲击、吸收振动，但制造困难，价格较贵，寿命短。一般用于有相对运动部件间的连接。

（5）耐油塑料管：价格便宜，装配方便，但耐压力低。一般用于泄漏油管。

6. 管接头

管接头是连接油管与液压元件或阀板的可拆卸的连接件。液压系统中油液的泄漏多发生在管接头处，所以管接头的重要性不容忽视。常用的管接头有以下几种：焊接管接头、卡套管接头、扩口管接头、胶管管接头和快速接头。

图 2-7-9（a）所示为扩口式薄壁管接头，适用于铜管或薄壁钢管的连接，也可用来连接尼龙管和塑料管，在一般压力不高的机床液压系统中，应用较为普遍。

图 2-7-9（b）所示为焊接式钢管接头，用来连接管壁较厚的钢管，用在压力较高的液压系统中。

图 2-7-9（c）所示为夹套式管接头，当旋紧管接头的螺母时，利用夹套两端的锥面使夹套产生弹性变形来夹紧油管。这种管接头装拆方便，适用于高压系统的钢管连接，但制造工艺要求高，对油管要求严格。

图 2-7-9（d）所示为高压软管接头，多用于中、低压系统的橡胶软管的连接。

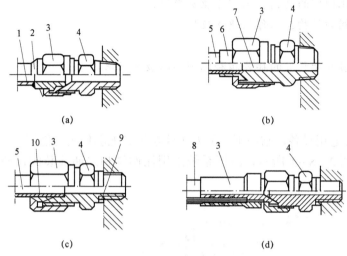

图 2-7-9 管接头

（a）扩口式薄壁管接头；（b）焊接式钢管接头；（c）夹套式管接头；（d）高压软管接头

1—扩口薄管；2—管套；3—螺母；4—接头体；5—钢管；6—接管；7—密封垫；8—橡胶较管；9—组合密封垫；10—夹套

任务实施

对于实践中的液压站应能指出各部分的组成及作用，在使用中应注意合理的维护与保养。

（1）在工作过程中如发现管路漏油，以及其他异常现象，应立即停机维修。

（2）为延长液压油使用寿命，油温应小于 65 ℃；每三个月检查一下液压油的质量，视液压油质量半年至一年更换一次。

（3）要及时观察油箱油位计液位，应及时补充符合要求的液压油，以免油泵吸空。

（4）要定期清洗或更换油过滤器。

（5）要保持液压站工作环境干净整洁。

思考与练习

（1）液压站的组成及分类有哪些？

（2）油箱的作用有哪些？主要可分为哪几类？

（3）油箱在设计时应注意哪些问题？

（4）过滤器有哪些性能要求？它的安装位置主要有哪几种？

（5）液压系统中放置冷却器和加热器的目的是什么？

（6）蓄能器的主要作用是什么？根据结构的不同它可分为哪几类？

项目二 液压系统的分析与构建

任务 8　注塑机液压系统的构建

知识目标

◇ 掌握常用比例阀的结构、工作原理及应用；

◇ 掌握插装阀的结构、工作原理及应用。

技能目标

◇ 能分析一般复杂程度的插装阀和比例阀的液压回路。

注塑机是一种通用设备，它与不同的专用注塑模具配套使用，能够生产出多种类型的注塑制品，外形如图 2-8-1 所示，液压系统采用比例阀和二通插装阀，使得液压回路变得简单。

图 2-8-1　注塑机

注塑机动作过程要求：合模—注塑座前移—注射—注塑座后退—开模—顶针。液压系统中采用了比例溢流调速阀进行压力和速度的调节，较普通注塑机回路要简单。

一、比例阀

普通液压阀只能通过手动调节以预调的方式对液流的压力、流量进行定值控制，并对液流的方向进行开关控制。而当工作机构的动作要求对其液压系统的压力、流量参数进行连续控制或控制精度要求较高时，则不能满足要求。这就需要用电液比例控制阀（简称比例阀）进行控制，如图 2-8-2 所示。

电液比例控制阀与普通液压阀的主要区别在于阀芯的运动采用比例电磁铁控制，使输出的压力或流量与输入的电流成正比。所以，可以用改变输入电信

图 2-8-2　比例阀

号的方法对压力、流量进行连续控制。有的阀还兼有控制流量大小和方向的功能。这种阀在加工制造方面的要求接近于普通阀，但其性能却大为提高。

图2-8-3所示为比例阀系统信号流程图，由图可知比例阀系统的组成如下：

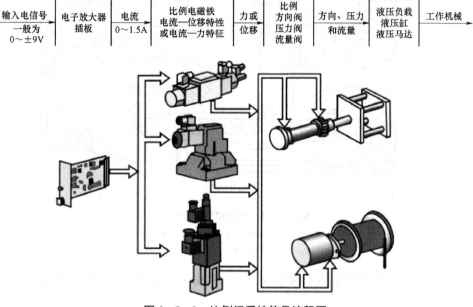

图2-8-3　比例阀系统信号流程图

（1）输入电信号为电压（多数为0～±9 V），由信号放大器成比例地转化为电流，即输出变量，如1 mV相当于1 mA。

（2）比例电磁铁产生一个与输入变量成比例的力或位移输出。

（3）液压阀以这些输出变量（力或位移）作为输入信号可成比例地输出流量或压力。

（4）这些成比例输出的流量或压力，对于液压执行机构或机器动作单元而言，意味着不仅可进行方向控制，而且可进行速度和压力的无极调控。

（5）同时，执行机构运行的加速或减速也实现了无极可调，如流量在某段时间内的连续性变化等。

比例阀的采用能使液压系统简化，所用液压件数减少，并可用计算机控制，自动化程度得到明显提高。

1. 比例电磁铁

比例电磁铁的结构如图2-8-4所示。

比例电磁铁是直流电磁铁，但它与普通直流电磁铁不同。普通直流电磁铁的衔铁只有吸合和断开两个工作位置，并且在吸合时磁路中几乎没有气隙，而比例电磁铁要求吸力或位移与给定电流成正比，并在衔铁的全部工作行程上，磁路中保持一定的气隙。其结构主要由极靴12、线圈11、壳体8和衔铁3等组成。线圈11中通电后产生磁场，因磁隔环9的存在，使磁力线主要部分通过衔铁3、气隙和极靴12形成回路。极靴对衔铁产生吸力，在线圈中电流一定时，吸力的大小因极靴与衔铁间的距离不同而变化，但衔铁在气隙适中的一段行程中，吸力随位置的改变发生的变化很小，比例电磁铁的衔铁就在这段行程中工作。因此，改变线圈中的电流即可在衔铁上得到与其成正比的吸力。

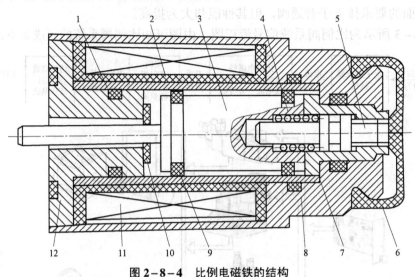

图2-8-4 比例电磁铁的结构

1—导向管；2—支撑环；3—衔铁；4—弹簧；5—调节螺钉；6—盖；7—内盖；8—壳体；
9—隔磁环；10—限位环；11—线圈；12—极靴

用比例电磁铁代替螺旋手柄来调整液压阀，就能使输出的压力或流量与输入电流成比例地发生变化。

2. 电液比例控制阀

电液比例控制阀按照控制功率可分为直动式和先导式。直动式用于小流量系统的溢流阀或安全阀，控制功率较小，通常控制流量为 1～3 L/min。

根据用途和工作特点的不同，电液比例控制阀也可分为比例压力阀、比例调速阀和比例方向阀三大类，近年又出现功能复合的趋势。

1）比例压力阀

用比例阀电磁铁代替溢流阀的调压螺旋手柄，构成比例压力阀，如图2-8-5所示。图2-8-5（c）所示为比例压力阀的组成，其下部为溢流阀，上部为比例先导阀。比例电磁铁的衔铁4通过顶杆6控制先导锥阀2，从而控制溢流阀阀芯上腔的压力，使控制压力与比例电磁铁输入电流成正比。其中手动调整的先导阀9用来限制比例压力阀的最高压力（安全阀）。远控口 K 可以用来进行远程控制。通过用同样的方式，也可以组成比例顺序阀和比例减压阀。

2）比例调速阀

用比例阀电磁铁来改变节流阀的开口，就成为比例节流阀。将此阀和定差减压阀组合在一起就成为比例调速阀，以实现用电信号控制阀口开度，从而控制油液流量的目的，如图2-8-6所示。图2-8-6（b）所示为比例调速阀的结构组成，当有电流输入时，节流阀阀芯2在比例电磁铁3的磁力作用下，通过推杆4与阀芯2左端的弹簧力保持平衡，这时对应的节流口开度 h 为一定值，当不同的信号电流输入时，便有不同的节流口开度。由于减压阀阀芯 1 能保证节流阀前后的压力差不变，所以相应的节流口开度的流量也就连续地按比例或按一定程序改变，以实现执行元件速度的连续调节。

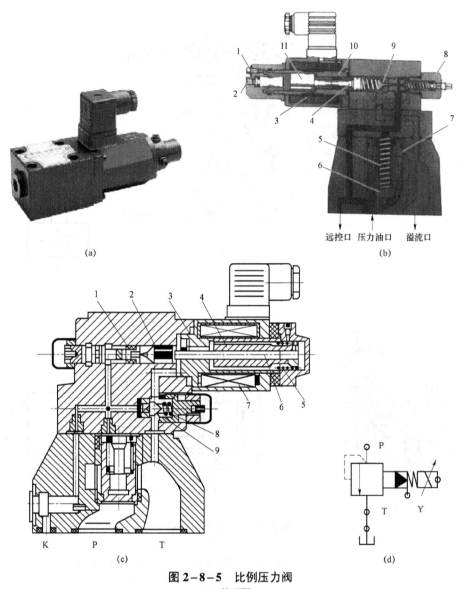

图 2-8-5　比例压力阀

（a）外形图；

（b）结构图；

1—排气口；2—手动压力调节螺钉；3—线圈；4—顶杆；5—主阀弹簧；6—锥阀；

7—主阀座；8—安全阀；9—先导阀；10—铁芯；11—衔铁

（c）剖面图；

1—先导阀座；2—先导锥阀；3—极靴；4—衔铁；5，8—弹簧；6—顶杆；7—线圈；9—手调先导阀

（b）图形符号

3）比例方向阀

将普通二位四通电磁换向阀中的电磁铁换成比例电磁铁，并在制造时严格控制阀芯和阀体上轴肩与凸肩的轴向尺寸，便成为比例方向阀。如图 2-8-7 所示，其阀芯的行程可以与输入电流对应，连续或按比例地改变。阀芯上的轴肩可以制作出三角形阀口，因而利用比例换向阀，不仅能改变执行元件的运动方向，还能通过控制换向阀的阀芯位置来调节阀口的开度，从而控制流量。因此，它同时兼有方向控制和流量控制两种功能。

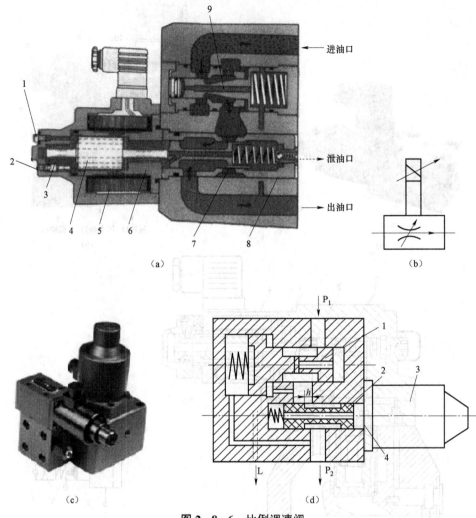

进油口

泄油口

出油口

（a）　　　　　　　　　　　　　　　　（b）

P_1

h

L　　P_2

（c）　　　　　　　　　　　　　　　　（d）

图 2-8-6　比例调速阀

（a）结构图；

1—排气口；2—手动压力调节螺钉；3—滑动轴承；4—衔铁；5—线圈；6—铁芯；

7—节流阀阀芯；8—节流套筒；9—定差减压阀阀芯

（b）图形符号；（c）外形图；

（d）剖面图

1—减压阀阀芯；2—节流阀阀芯；3—比例电磁铁；4—推杆

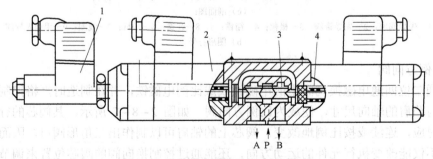

A P B

图 2-8-7　电反馈直动式比例方向阀

1—位移传感器；2—比例电磁铁；3—阀芯；4—弹簧

3. 比例阀的应用

与普通液压阀一样，比例阀在工程实际中得到了广泛的应用，在此仅举例说明上述介绍过的几种阀。

1）比例溢流回路

图 2-8-8 所示为利用比例溢流阀的多级调压回路，改变输入电流 I，即可控制系统的工作压力。与利用普通溢流阀多级回路相比，其所用液压元件数量少，回路简单，且能对系统压力进行连续控制。

2）比例调速回路

图 2-8-9 所示为采取比例调速阀的调速回路，改变比例调速阀的输入电流即可使液压缸获得所需要的运动速度。

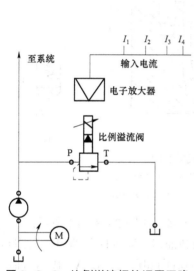

图 2-8-8　比例溢流阀的调压回路

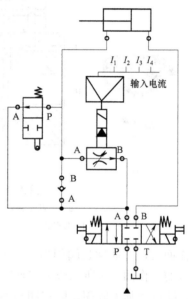

图 2-8-9　比例溢流阀的调速回路

二、插装阀

普通液压阀在流量小于 300 L/min 的系统中性能良好，但不适用于大流量的系统。插装阀也称逻辑阀，它是一种结构简单，标准化、通用化程度高，通油能力大，液阻小，密封性能和动态性能好的新型液压控制阀。目前，在液压压力机、塑料成型机、压铸机等高压大流量系统中广泛应用。

插装阀有二通和三通两种，但三通的结构通用化及模块化程度不及二通式，所以一般说的插装阀都指二通插装阀。插装阀有螺纹式和盖板式两类，如图 2-8-10 所示。

1. 二通插装阀的结构工作原理

图 2-8-11 所示为二通插装阀的结构原理图，它由控制盖板 1（图中为圆形盖板）、主阀（由阀套 2、弹簧 3、阀芯 4 及密封件组成）、插装阀体 5 和先导控制元件（置于控制盖板 1 上，图中未显示）组成。

图 2-8-10 螺纹式插装阀

（a）螺纹式插装阀；（b）盖板式插装阀

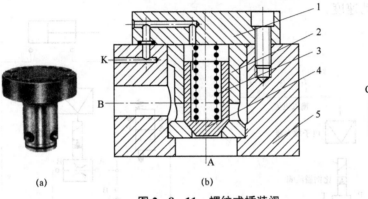

图 2-8-11 螺纹式插装阀

（a）主阀与盖板；（b）结构原理图；（c）图形符号

1—控制盖板；2—阀套；3—弹簧；4—阀芯；5—阀体

就工作而言，二通插装阀相当于一个液控式单向阀。如图 2-8-12 所示，A、B 为主油路两个仅有的工作油口（所以成为二通阀），C 为控制油口，通过控制油口的启闭和对压力大小的控制，即可控制主阀阀芯的启闭与油口 A、B 的流向和压力。设 A、B、C 油口所通油腔的油液压力及有效工作面积分别为 p_a、p_b、p_c 和 A_a、A_b、A_c，弹簧力为 F_s。若不考虑锥阀的质量、液动力和摩擦力等的影响，则 $A_c = A_a + A_b$；阀芯上部所受的合力为 $F_c = F_s + p_c A_c$；阀芯下部所受的合力为 $F_s = p_a A_a + p_b A_b$。

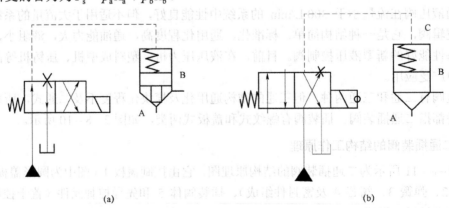

图 2-8-12 插装阀动作分析

（a）闭动作；（b）开动作

1）闭动作

如图 2-8-12（a）所示，当电磁阀不得电，C 口有控制压时，若 $F_c > F_w$，则锥形阀关闭，A 口和 B 口通路被切断，阀闭合。

2）开动作

如图 2-8-12（b）所示，电磁阀得电工作于右位，C 口没有控制压（$p_c = 0$），此时 $F_c = F_s < F_w$，故锥形阀上升打开，A 口和 B 口通路连通。A 口和 B 口的压力都可能单独使锥形阀打开。

若 $p_c = 0$，则在 p_a 或 p_b 压力作用下使锥形阀打开的压力为锥形阀的开启压力。此时开启压力与 A_a 大小及弹簧力 F_s 有关，通常开启压力为 0.03～0.04 MPa。

锥形阀上升，液压油可由 A 流向 B，也可由 B 流向 A。如果 $A_c / A_a = 1$，则锥形阀为直筒型，此时液压油只能由 A 流向 B。

2. 插装阀的结构

插装阀通常由下列基本元件组成。

1）阀体（油路板）

阀体又称为集成块，它是在方形钢体上加工出阀孔，用以支撑装插件体。插装阀阀体的结构如图 2-8-13 所示。在阀体上有多种控制通道，X、Y 为控制油路孔，F 为承装插件体的主阀孔，A 口和 B 口为工作油路孔。

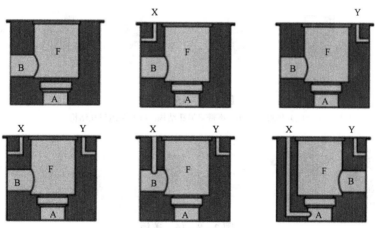

图 2-8-13　插装阀阀体（油路板结构）

2）插件体

如图 2-8-14 所示，插件体主要由阀套、锥形阀、弹簧、挡板及若干个密封垫圈构成。阀套上有两个主通道用于配合油路板上的 A、B 通路。

阀芯为锥形，根据不同的需要，阀芯的锥端可开阻尼孔或节流三角槽，也可以是圆柱形阀芯，如图 2-8-15 所示。其在弹簧力的作用下与阀体的锥孔密封配合。

3）控制盖板

控制盖板将插装主阀封装在阀体内，并通过控制油口沟通先导阀来控制主阀的启闭。如图 2-8-16 所示，控制盖板内部有控制油路与阀体上的 X、Y 控制油路相通，通过控制油路实现加压或卸压功能，使锥芯完成闭动作或开动作。控制油路通常还有阻尼孔，用以改善阀的动态特性。

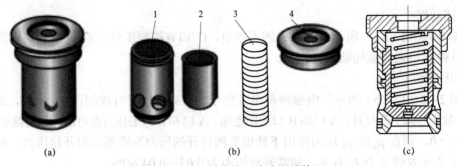

图 2-8-14 插件体（油路板结构）

（a）实物；（b）内部组成；（c）剖面图

1—阀套；2—阀芯；3—弹簧；4—挡板

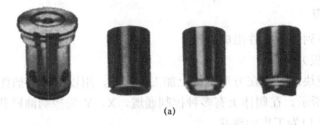

（a）

图 2-8-15 阀芯

（a）外形图；（b）不带阻尼孔结构；（c）带阻尼孔结构

图 2-8-16 盖板

使用不同的盖板（先导阀）可以构成方向控制、压力控制或流量控制，还可以组成复合控制。由若干个不同控制功能的主阀插装在同一阀体内，并配上相应的控制盖板和先导控制元件，就可组成所需要的液压回路和系统。

4）引导阀

引导阀为控制插装阀动作的小型电磁换向阀或压力控制阀，叠装在阀盖上。

3. 插装阀的应用

1）插装式换向阀

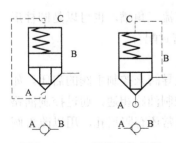

图 2-8-17 插装式单向阀

如图 2-8-17 所示插装阀用作普通式单向阀。设 A、B 不通，当 $p_a < p_b$，且达到一定数值（开启压力）时，便打开锥阀使油液

从 B 流向 A。若将图改为 B 和 C 腔沟通，便构成油液可从 A 流向 B 的普通式单向阀，如图 2-8-17 所示。

如图 2-8-18 所示插装阀用作二位二通换向阀，由二位三通电磁换向阀作为先导阀控制 C 口的通油方式。在如图 2-8-18 所示的状态下，控制 C 腔与油口 B 接通，从 A 口来油可顶开阀芯通油，而当 B 口来油时则阀口关闭，相当于油液由 A 口流向 B 口的单向阀。当电磁铁通电，二位三通阀右位工作时，控制腔 C 通过二位三通阀和油箱接通，此时，无论 A 口来油还是 B 口来油，均可将阀口开启通油，即 A、B 口互通。

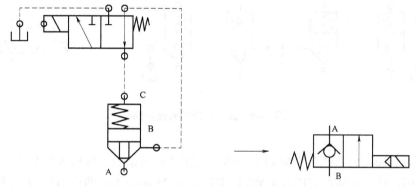

图 2-8-18 二位二通换向阀

如图 2-8-19 所示，插装阀用作二位三通换向阀，用一个二位四通电磁换向阀来转换两个插装阀控制腔中的压力。在如图 2-8-19 所示电磁铁断电状态下，锥阀 1 的控制腔接回油箱，阀口开启；锥阀 2 控制腔接压力油口 P，阀口关闭，即油口 A 与 T 相通，与油口 P 不通。若电磁铁通电时，二位四通阀换至右位工作，锥阀 1 的控制腔接压力油口 P，阀口关闭；锥阀 2 控制腔接回油箱，阀口开启，油口 A 与 P 通，与油口 T 不通。

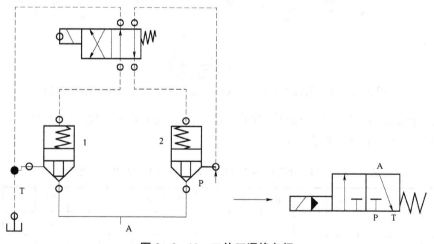

图 2-8-19 二位三通换向阀

1，2—锥阀

如图 2-8-20 所示二位四通换向阀，用一个二位四通电磁先导阀来对四个锥阀进行控制。在如图 2-8-20 所示状态下，锥阀 1 和 3 因其控制腔通油箱而开启，锥阀 2 和 4 因其控制腔通压力油而关闭，因此主油路压力油口 P 与 B 相通、A 与 T 相通；当电磁阀通电换为左位工

作时，锥阀 1 和 3 因其控制箱通压力油而关闭，锥阀 2 和 4 因其控制腔通油箱而开启，此时，主油路压力油口 P 与 A 相通、B 与 T 相通。

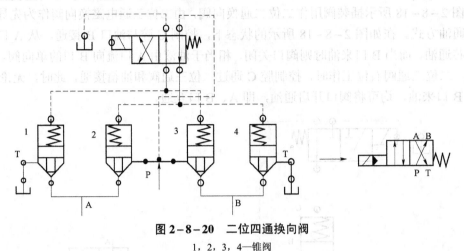

图 2−8−20 二位四通换向阀

1，2，3，4—锥阀

用多个先导阀（如上述各电磁阀）和多个二通插装阀相配，可构成复杂位、通组合的二通插装换向阀，这是普通换向阀做不到的。图 2−8−21 所示为由四个引导阀、四个插装阀构成的十二位四通换向阀。

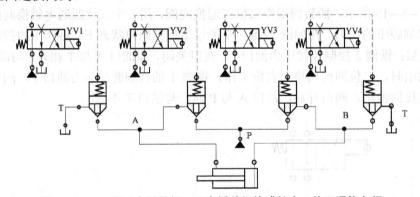

图 2−8−21 用四个引导阀、四个插装阀构成的十二位四通换向阀

采用四个引导阀来控制四个插装阀的开闭，实际有 16 种可能状态，但其中有 5 种油路相同，实际只有 12 种油路，见表 2−8−1。

表 2−8−1 12 种实际油路（编号 8、12、14～16 共五种相同）

编号	1	2	3	4	5	6	7	8	9	10	11	12	13	14	15	16
YV1	−	−	+	+	−	−	+	+	−	−	+	+	−	+	−	+
YV2	−	−	−	−	+	+	+	+	−	−	−	+	+	−	+	+
YV3	−	−	−	−	−	−	−	−	+	+	+	+	+	+	+	+
YV4	−	+	−	+	−	+	−	+	−	+	−	+	−	+	+	+
油路																

2）二通插装压力控制阀

如图 2-8-22 所示，用插装式锥阀控制腔的油液进行压力控制，即可构成各种压力控制阀，以控制高压大流量液压系统的工作压力。用直动式溢流阀作先导阀来控制插装式主阀，在不同的油路连接下便构成不同的插装式压力阀。

如图 2-8-22 所示控制油腔 X 与溢流阀相连，溢流阀的出油口与 Y 口相连，Y 口与油箱相连。若 B 腔再与油箱相连，就构成了插装式溢流阀。当 A 腔压力升高到先导溢流阀调定的压力时，先导阀打开，油液流过主阀芯阻尼孔时造成两端压力差，使主阀芯抬起，A 口压力油便经主阀开口由 B 口溢流回油箱，实现稳压溢流。插装阀用作溢流阀时，最好使 $A_c/A_a=1$，以减少 B 口压力对调整压力的影响。若 B 腔不接油箱而与负载油路相接，就构成了插装式顺序阀。

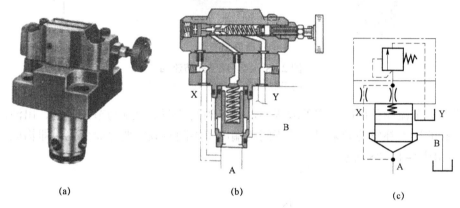

(a)   (b)   (c)

图 2-8-22　二通插装压力控制阀 1

（a）外形图；（b）结构图；（c）图形符号

如图 2-8-23 所示，若电磁铁不通电，则相当于上述溢流阀；若二位二通阀电磁铁通电，便可作为卸荷阀使用。如图 2-8-23 所示，主阀采用油口常开的阀芯，B 腔为进油口，A 腔为出油口。A 腔的压力油经阻尼小孔后与控制腔 C 相通，并与先导压力阀进口相通，这就构成了插装式减压阀。

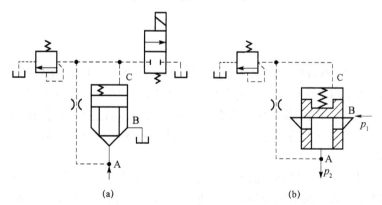

(a)   (b)

图 2-8-23　二通插装压力控制阀 2

（a）外形图；（b）结构图

3）插装式流量控制阀

图 2-8-24 所示为插装式节流阀，控制面板增加了一个锥形阀形成调节装置，以调节锥

形开口的大小。

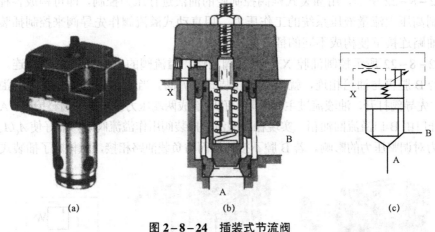

图 2-8-24　插装式节流阀

(a) 外形图；(b) 结构图；(c) 图形符号

如果插装节流阀前串联一定差减压阀，减压阀阀芯两端分别与节流阀进、出油口相通，利用减压阀的压力补偿功能来保证节流阀两端压差不随负载的变化而变化，即构成了插装式调速阀，如图 2-8-25 所示。

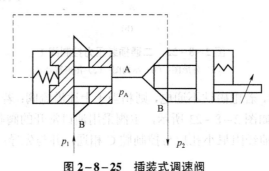

图 2-8-25　插装式调速阀

任务实施

HTF60W2 型注塑机液压系统原理图如图 2-8-26 所示。HTF60W2 型注塑机液压系统采用了比例溢流调速阀来进行压力和速度调节（图中的比例电磁铁 YA1 与 YA2 分别用来调节流量和压力），所以液体回路中不再需要采用双泵供油和调速阀，直接控制比例溢流调速阀可方便地控制各动作中所需的压力和流量，所以液压系统和继电控制回路比前面介绍的注塑机回路要简单得多。

系统中的行程阀 9 和二通插装阀 8 构成了液压保险，行程阀 9 在安全门打开后即被压下，此时压力油通过行程阀 9 的上位作用在二通插装阀 8 的控制口 C 口，二通插装阀 8 关闭，合模缸 A1 油路被切断，不能动作，系统无法启动；当安全门关闭到位后，行程阀 9 回复常位（下位），二通插装阀 8 的控制腔直接接油箱，无压力，此时二通插装阀 8 双向可通，合模缸 A1 能正常动作。二通插装阀 5 控制口 C 口和 B 口相通，构成了单向阀，提供开关模背压。电磁铁动作见表 2-8-2。

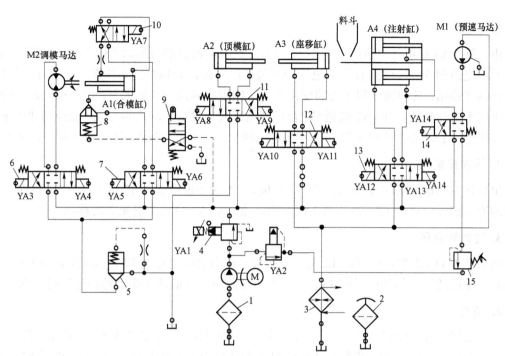

图 2-8-26　HTF60W2 型注塑机液压系统原理图

1—过滤器；2—空气滤清器；3—冷却器；4—比例溢流调速阀；5，8—二通插装阀；
6，7，12，13，14—电磁换向阀；9—行程阀；10，11—电磁换向阀；15—溢流阀

表 2-8-2　电磁铁动作

电磁铁代号	合模				注塑座前移	注射	保压	预塑	防流涎	注塑座后移	开模			顶针		调模	
	慢速	快速	低压	高压							慢速	快速	慢速	顶出	后退	调大	调紧
YA1	+	+	+	+	+	+	+										
YA2	+	+	+	+	+	+	+	+	+	+	+	+	+	+	+	+	+
YA3																+	
YA4																	+
YA5											+	+	+				
YA6	+	+	+	+													
YA7		+															
YA8															+		
YA9														+			
YA10					+	+		+									
YA11									+								
YA12								+									
YA13							+	+									
YA14								+									

1. 合模

电磁铁 YA6 得电，电磁阀 7 工作于右位，液压油经过比例溢流调速阀 4（三通比例阀）、三位四通电磁阀 7、二通插装阀 8 进入合模液压缸右腔，合模缸活塞按慢速、快速、低压、高压的顺序伸出，其间速度和压力的变化依靠比例溢流调速阀 4 来调节，电磁换向阀 10 在本系统中属于可选功能，当 YA7 接通时，合模液压缸被连接成差动连接方式，能提高伸出速度。右腔液压轴（YA7 不得电时）经三位四通电磁阀 7、二通插装阀 5（用作背压阀）回油箱。

2. 注射座前移

电磁铁 YA10 得电，电磁阀 12 工作于左位，压力油经过电磁阀 12 进入座移缸 A3 的右腔，左腔的液压油经电磁阀 12、冷却器 3 回油箱。座移缸 A3 带动注射座向前移动。

3. 注射和保压

电磁铁 YA13 得电，电磁阀 12 工作于右位，压力油经电磁阀 13 进入注射缸 A4（双缸）的右腔；左腔的液压油经电磁阀 13、冷却器 3 回油箱。注射活塞带动螺旋杆注射并保存。

4. 预塑

保压完毕（时间控制），从料斗加入的熔料随着螺杆的转动被带至料筒的前端，进行加热塑化，并建立一定的压力。当螺杆头部熔料压力达到能克服注射缸活塞退回的阻力时，螺杆开始后退。当后退到预定位置，即螺杆头部熔料达到所需注射量时，螺杆停止转动和后退，准备下一次注射。与此同时，在模腔内的制品冷却成型。

螺杆转动由预速马达 M1 驱动，此时电磁铁 YA14 得电，电磁阀 14 工作于左位，压力油经电磁阀 14 进入预速马达 M1。当螺杆头部熔料压力迫使注射缸后退时，注射缸 A4 右腔油液经过电磁阀 14、溢流阀 15（用作背压阀）、冷却器 3 回油箱，此时注射缸 A4 左腔会形成局部真空，左腔从油箱吸油。

5. 防流涎

当采用直通敞开式喷嘴时，预塑加料结束，要使螺杆后退一小段距离以减小料筒前端压力，防止喷嘴端部熔料流出。此时电磁铁 YA12 得电，电磁阀 13 工作于左位，压力油经电磁阀 13 进入注射缸 A4（双缸）的左腔，右腔的液压油经电磁阀 13、冷却器 3 回油箱。

6. 注射座后退

电磁铁 YA11 得电，电磁阀 12 工作于右位，压力油经过电磁阀 12 进入座移缸 A3 的左腔，右腔的液压油经电磁阀 12、冷却器 3 回油箱，座移缸 A3 带动注射座后退。

7. 开模

电磁铁 YA5 得电，电磁阀 7 工作于左位，压力油经过电磁换向阀 11 进入合模液压缸右腔，左腔的液压油经过二通插装阀 8、过滤器 1、二通插装阀 5 回油箱。开模速度一般为慢速、快速、慢速，由比例溢流调速阀 4 控制。

8. 顶针的顶出和后退

顶针的顶出和后退由电磁换向阀 11 控制。

9. 调模

调模装置推动整个合模机向前或向后移动，调节动模板与前模板的距离，设定工艺所要求的锁模力。如图2-8-27所示，调模装置主要由液压马达、齿圈、定位轮、调模螺母的外齿圈等组成，均固定在后模上。

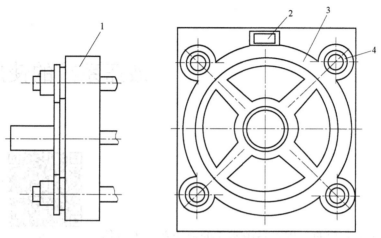

图2-8-27　调模装置示意图

1—后模板；2—液压马达；3—齿圈；4—调模螺母

思考与练习

一、填空题

1. 电液比例控制阀分为_____、_____和_____。

2. 二通插装阀相当于一个_____。

3. 电液比例控制阀阀芯的运动采用_____来控制，使输出的压力和流量与输入的电流成_____。

二、分析题

使用插装阀组成实现图2-8-28所示的两种形式的三位换向阀。

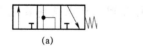
(a)

(b)

图2-8-28　两种三位换向阀的图形符号

项目三

液压系统的使用及维护

本项目以两个典型的工程设备中常见的液压系统为载体来制定工作任务，组织和实施教学，建立工作任务与知识和技能的联系，使学生掌握液压系统图的分析方法和步骤；掌握对液压系统进行日常使用及维护的方法；能对系统的常见故障进行分析与维修，并具备安装、调试一般液压系统的能力；培养学生学会用联系的、全面的、发展的观点看问题；鼓励学生树立坚定理想信念、脚踏实地、艰苦奋斗。

中国力量——液压支架振兴民族装备
制造业、第一台液压支架

任务1　组合机床液压系统分析及使用维护

知识目标

◇ 了解液压基本回路的组成、工作原理和功能；

◇ 掌握液压系统原理图分析方法及步骤；

◇ 掌握组合机床动力滑台液压系统工作原理、特点及安装使用与维护方法。

技能目标

◇ 能正确分析、使用和维护液压系统；

◇ 能正确安装、调试液压系统。

组合机床是一种高效率的机械加工专用机床，能完成钻、扩、铰、锪、铣、刮端面和攻螺纹等工序及工作台转位、定位、夹紧、输送等辅助动作，其结构如图 3-1-1 所示。动力滑台由液压驱动，并根据加工要求完成多种工作循环，其实现的工作循环是快进→第一次工作进给→第二次工作进给→止挡块停留→快退→原位停止。动力滑台液压系统怎样完成这些工作要求？如何使系统能够长期稳定地工作呢？

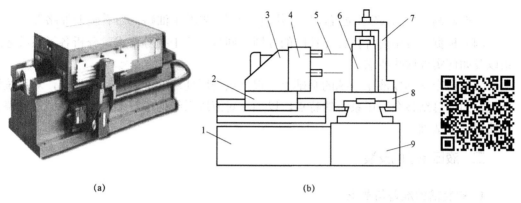

（a） （b）

图 3-1-1 组合机床结构示意图

（a）外形图；（b）结构图

1—床身；2—动力滑台；3—动力头；4—主轴箱；5—刀具；6—工件；7—夹具；8—工作台；9—底座

要达到动力滑台工作时的性能要求，就必须将各液压元件有机地组合，形成完整有效的液压控制回路。在动力滑台中，进给运动其实是由液压缸带动主轴头从而进行整个进给运动的。因此，其关键问题是如何来控制液压缸的动作。针对任务要求，需分析其液压系统图，了解其分析方法及步骤，才能对各元件组成的液压控制回路进行有效分析；液压系统的工作是否可靠，一方面取决于设计是否合理，另一方面还取决于安装质量及维护保养。下面引入相关知识。

现代机械设备应用液压技术越来越多，其系统也越来越复杂，但其液压系统通常也都由一些简单的基本回路组成。基本回路是指由若干液压元件组成并能完成某项特定功能的典型回路。常用的液压回路按其功能可分为方向控制回路、压力控制回路、顺序动作回路和速度控制回路等。

一、液压系统分析方法及步骤

一台液压设备通常由多个基本回路完成多种运动，这些基本回路构成了一个液压系统，一般用液压系统图表示。工况对液压系统有多种不同的要求，所以液压系统图种类繁多，必须学会阅读液压系统图，掌握其分析方法。分析液压系统图的方法和步骤大致如下：

（1）了解机械设备的功用、设备工况对液压系统的动作要求及液压设备的工作循环。如：组合机床以速度控制为主；磨床以方向控制为主；液压机以压力控制为主；注塑机多为综合控制。

（2）初步分析液压系统图，了解系统中包含哪些元件，且以各个执行元件为中心，将系统分解为若干个子系统，如主系统、进给系统等。

一般原则："先看两头，后看中间"。

（3）逐步分析各个子系统，了解系统由哪些基本回路组成、各个元件的功用及相互间的关系。参照电磁铁动作表和执行元件的动作要求，读懂系统图，理清其液流路线。

一般原则："先看图示位置，后看其他位置""先看主油路，后看辅助油路"。

（4）根据系统中对各执行元件间的互锁、同步、防干扰等要求，分析各子系统之间的联系以及如何实现这些要求。

（5）在全面读懂液压系统的基础上，根据系统所使用的基本回路的性能，对系统做综合分析，归纳总结整个液压系统的特点，以加深对液压系统的理解，为液压系统的调整、维护及使用打下基础。

二、液压系统的安装

1. 安装前的准备与要求

1）技术资料的准备

备齐各种技术资料，如液压系统原理图、电气原理图、系统装配图、液压元件、辅件及管件清单等有关样本。安装人员需对各种技术文件逐渐熟悉了解。

2）物质准备

按图纸要求进行物质准备，备齐管道、管接头及各种液压元件，并检查其型号和规格是否正确、质量是否达到要求。

2. 液压元件的配置与安装要求

1）液压元件的配置形式

一个能完成一定功能的液压系统是由若干个液压阀有机地组合而成的。液压阀的安装连接形式与液压系统的结构形式和元件的配置形式有关。

（1）集中式：将液压系统的动力源、阀类元件集中安装在主机外的液压泵站上。其特点是：安装与维修方便，并能消除动力源振动和油温对主机工作的影响。

（2）分散式：将液压系统的动力源、阀类元件分散在设备各处，如以机床床身或底座作油箱，把控制调节元件设置在便于操作的地方。其特点是：结构紧凑，占地面积小；动力源振动、发热等会对设备工作精度产生不利影响。

2）液压元件的连接形式

（1）管式连接：管式连接是用管接头及油管将各管式液压阀连接起来，流量大的则用法兰连接。其特点是：系统中各阀间油液走向一目了然；但结构分散，所占空间较大，管路交错，不便于装拆、维修，管接头处易漏油和空气侵入，而且易产生振动和噪声，目前很少采用。

（2）板式连接：将板式液压阀统一安装在连接板上。

① 单层连接板（见图 3-1-2）：是指阀类元件装在竖立的连接板的前面，阀间油路在板后用油管连接。这种连接工艺简单，检查油路方便；但板上管路多，装拆不方便，占用空间大。

② 双层连接板：两板间加工出连接油路，两块板再用黏结剂或螺钉固定在一起。这种连接工艺简单，结构紧凑；但系统压力高时易出现漏油、串腔问题。

③ 整体连接板（见图 3-1-3）：在板中钻孔或铸孔作为连接油路。其特点是工作可靠；但钻孔工作量大，工艺较复杂，如用铸孔，则清砂较困难。

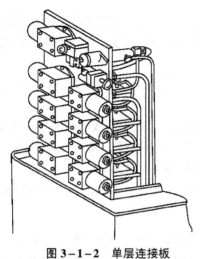

图 3-1-2　单层连接板

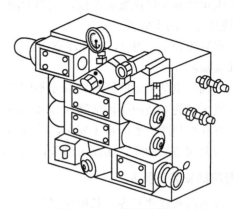

图 3-1-3　整体连接板

（3）集成块式。

集成块式（见图 3-1-4）：是将板式液压元件安装在集成块周围的三个面上，另外一面安装管接头，通过油管连接到执行元件，在集成块内加工出所需的油路通道，取代油管连接。

集成块的上下面是块与块的结合面，在结合面加工有相同位置的进油孔、回油孔、泄漏油孔、测压油路孔以及安装螺栓孔。集成块与装在其周围的元件构成一个集成块组，可以完成一定典型回路的功能，如调压回路块、调速回路块等。将所需的几种集成块叠加在一起，就可构成整个集成块式的液压传动系统。其结构紧凑，占地面积小，便于装卸和维修，抗外界干扰性好，节省了大量油管。其广泛应用于各种中高压和中低压液压系统中。

（4）叠加阀式。

叠加阀式（见图 3-1-5）：是由叠加阀直接连接而成，不需要另外的连接体，而是以它

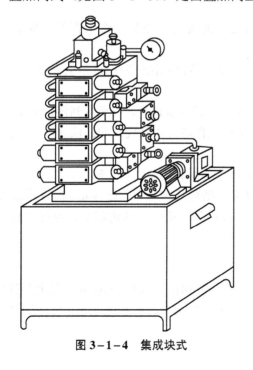

图 3-1-4　集成块式

图 3-1-5　叠加阀式

129

自身的阀体作为连接体直接叠加而组成所需的液压系统。其特点是用叠加阀组成的液压系统可实现液压元件间无管化集成连接，结构紧凑，体积小，功耗减少，设计安装周期缩短。

3）液压元件的安装要求

（1）安装各种泵、阀时，必须注意各油口的位置，不能接错，各接口要固紧且密封可靠，不得漏气或漏油。

（2）泵轴与电动机轴的同轴度偏差不应大于 0.1 mm，两轴中心线的倾角不应大于 1°。

（3）液压缸的安装应保证活塞（柱塞）的轴线与运动部件导轨面的平行度要求。

（4）方向控制阀一般应水平安装，蓄能器应保持轴线垂直安装。

（5）需要调整的阀类，如流量阀等，通常按顺时针方向旋转增加流量，反方向则减少。

3. 管路的安装与要求

（1）管道的布置要整齐，长度应尽量短，尽量少转弯，同时应便于拆装和检修。

（2）泵的吸油高度一般不大于 0.5 m，在吸油管口处应设置滤油器，吸油口和泵吸油口连接处应涂密封胶，以提高吸油管的密封性。

（3）回油管应插入油面以下足够的深度，以防飞溅形成气泡。

（4）吸油管与回油管不能离得太近，以免将温度较高的油液吸入系统。

（5）管道弯曲加工时，允许椭圆度为 10%，弯管半径一般应大于管道外径的三倍。

三、液压系统的调试

在安装和几何精度检验合格后必须对新设备及修理的设备进行调试，使其液压系统的性能达到预定要求，即使其具有可靠协调的工作循环并获得各参数所要求的准确数值。

一般液压系统的调试分空载调试和负载调试两个步骤。

1. 空载调试

（1）泵站空运转。启动液压泵，先点动确定泵的旋向，然后检查泵在卸荷状态下的运转。

（2）将溢流阀的调压旋钮放松，使其控制压力能维持油液循环时的最低值。系统中如有节流阀、减压阀，则将其调到最大开度。

（3）调整系统压力。在调整溢流阀时，压力从零开始逐步调高，直至达到规定的压力值。

（4）调整流量阀。先逐步关小流量阀，检查执行元件能否达到规定的最低速度及平稳性，然后按其工作要求的速度调整。

（5）调整自动工作循环和顺序动作等，并检查各动作的协调性和正确性。

（6）在空载工况下，各工作部件按预定的工作循环连续运转 2～4 h，检查油温是否在 30 ℃～60 ℃，检查系统所要求的各项精度是否达到。确定一切正常后，方可进行负载调试。

2. 负载调试

在空载运转正常的前提下，进行加载调试。负载调试时，一般应先在低于最大负载和速度工况下试车，如果轻载试车一切正常，再进行最大负载试车，若系统工作正常，则可交付使用。

四、液压系统的使用与维护

1. 液压系统保养要求

（1）操作者要熟悉液压元件控制机构的操作要领、各个调节手柄的转动方向与所控制的压力或流量大小的变化关系，严防发生事故。

（2）工作中应随时注意油位和温升，一般油液的工作温度在 30 ℃～60 ℃较合理，最高不超过 60 ℃，异常升温时应停车检查。冬天气温低，应使用加热器。

（3）保持液压油清洁，定期检查更换，对于新使用的液压设备，使用三个月左右就应清洗油箱、更换新油，以后每隔半年至一年进行一次清洗和换油。

（4）注意滤油器的使用情况，滤芯要定期清洗和更换。

（5）若设备长期不用，应将各调节手柄全部放松，防止弹簧产生永久变形。

2. 液压系统的日常维护

1）日常检查

主要是在使用中经常通过目视、耳听及手触等比较简单的方法，在泵启动前、后和停止运转前检查油量、油温、压力、泄漏和振动等，出现不正常现象时应停机检查原因，及时排除。

2）定期检查

主要内容：检查液压油，并根据情况定期更换；对主要液压元件定期进行性能测定；检查润滑管路是否正常；定期更换密封件，清洗、更换滤芯。定期检查的时间一般与滤油器检修间隔时间相同，大约三个月。

3）综合检查

综合检查大约一年一次，主要检查液压装置的各元件和部件，判断其性能和寿命，并对产生故障的部位进行检修。

任务实施

图 3-1-6 所示为组合机床动力滑台液压系统图。动力滑台由液压驱动，并根据加工要求完成多种工作循环，其实现的工作循环是快进→第一次工作进给→第二次工作进给→止挡块停留→快退→原位停止。其对液压系统性能的主要要求是速度换接平稳、进给速度稳定、功率利用合理、效率高、发热少。

一、液压系统中各液压元件的作用

（1）液压泵 1：限压式变量叶片泵，随负载变化而输出不同流量的油液，以适应各种不同速度要求，与调速阀 7 和 8 组成容积节流调速回路，使系统工作稳定、效率高。

（2）单向阀 2：防止系统的油液倒流，当滑台在原位停止时，使控制油路保持一定的压力，用以控制三位五通换向阀的启闭。

（3）溢流阀 3：作背压阀用，使工进速度较平稳。

（4）顺序阀 4：快进时关闭，使液压缸形成差动连接。

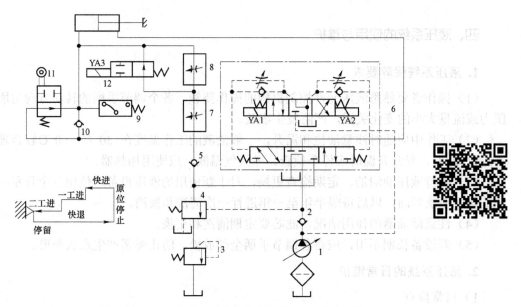

图 3-1-6　YT4543 型动力滑台的液压系统原理图

1—液压泵；2，5，10—单向阀；3—溢流阀；4—顺序阀；6，12—换向阀；7，8—调速阀；9—压力继电器；11—行程阀

（5）单向阀 5：液压缸工进时将进油路与回油路隔开。

（6）换向阀 6、12：实现缸换向和差动连接快进。换向阀 12 控制两种工进速度的换接。

（7）调速阀 7、8：实现节流调速，阀 7、8 分别控制第一次、第二次工作进给速度的换接。

（8）压力继电器 9：控制电液换向阀，使液压缸快速退回。

（9）单向阀 10：实现快退回油。

（10）行程阀 11：实现快、慢速换接。

二、液压系统工作原理

如图 3-1-6 所示，该系统采用限压式变量泵供油、电液动换向阀换向，快进由液压缸差动连接来实现。用行程阀实现快进与工进的转换，二位二通电磁换向阀用来进行两个工进速度之间的转换，为了保证进给的尺寸精度，采用了止挡块停留来限位。

1. 快进

按下启动按钮，电磁铁 YA1 得电，换向阀 6 的先导阀阀芯向右移动从而引起主阀芯向右移动，使其左位接入系统，其主油路如下：

（1）进油路：泵 1→单向阀 2→换向阀 6（左位）→行程阀 11（下位）→液压缸左腔。

（2）回油路：液压缸的右腔→换向阀 6（左位）→单向阀 5→行程阀 11（下位）→液压缸左腔，由此形成液压缸两腔连通，实现差动快进。

2. 第一次工作进给

挡块压下行程阀 11，电磁铁 YA1 继续通电，顺序阀 4 打开，单向阀 5 关闭，切断液压缸的差动连接油路，滑台由快进转为第一次工作进给，进给量大小由调速阀 7 调节，其油路如下。

（1）进油路：泵 1→单向阀 2→换向阀 6（左位）→调速阀 8→换向阀 12（右位）→液压缸左腔。

（2）回油路：液压缸右腔→换向阀 6（左位）→顺序阀 4→溢流阀 3→油箱。因为工作进给时，系统压力升高，所以变量泵 1 的输油量便自动减小，以适应工作进给的需要，其进给量大小由调速阀 8 调节。

3. 第二次工作进给

挡块压下行程开关使 YA3 通电，此时油液必须经调速阀 7 和 8 才能进入液压缸左腔，由于调速阀 8 的开口量小于阀 7，故回油路和第一次工作进给完全相同，进给量大小由调速阀 8 调节。

4. 止挡块停留

当滑台工作进给完毕之后，碰上止挡块的滑台不再前进，停留在止挡块处。同时系统压力升高，当升高到压力继电器 9 的调整值时，压力继电器动作。经过时间继电器的延时后再发出信号使滑台返回，滑台的停留时间可由时间继电器在一定范围内调整。

5. 快退

时间继电器经延时发出信号，YA2 通电，YA1、YA3 断电，主油路如下：

（1）进油路：泵 1→单向阀 2→换向阀 6（右位）→液压缸右腔。

（2）回油路：液压缸左腔→单向阀 10→换向阀 6（右位）→油箱。

6. 原位停止

当滑台退回到原位时，行程挡块压下行程开关，发出信号，使 YA2 断电，换向阀 6 处于中位。此时液压缸失去液压动力源，滑台停止运动。液压泵输出的油液经换向阀 6 直接回油箱，泵卸荷。该系统的电磁铁及行程阀动作顺序见表 3-1-1。

表 3-1-1　电磁铁及行程阀动作顺序

动作	电磁铁			行程阀
	YA1	YA2	YA3	
快进	＋	－	－	－
一次工进	＋	－	－	＋
二次工进	＋	－	＋	＋
止挡块停留	＋	－	＋	＋
快退	－	＋	－	＋（－）
原位停止	－	－	－	－

三、YT4543 型动力滑台液压系统的特点

（1）换向回路。采用电液换向阀的换向回路，换向平稳、无冲击。

（2）快速运动回路。采用了限压式变量泵和液压缸差动连接，实现快进，功率利用合理。

（3）快速与慢速换接回路。采用了行程阀和液控顺序阀，实现快进与工进的转换，使速度换接平稳、可靠，且位置准确。

（4）二次进给回路。两调速阀串联，实现二次进给速度。

（5）容积节流调速。采用了限压式变量叶片泵和调速阀组成的容积节流调速回路，无溢流功率损失，系统效率较高，且能获得稳定的低速和较好的速度负载特性以及较大的调速范围。进油调速在回油路上设置了背压阀，改善了运动的平稳性。

（6）卸荷回路。换向阀采用 M 型中位机能使泵卸荷，这种卸荷方式消耗能量最低。

四、动力滑台液压系统的维护与保养

动力滑台液压系统维护与保养的注意事项：

（1）定期更换液压油，油的牌号必须能满足系统的工作需要，同时在加油过程中对油进行过滤，对系统中的过滤器应经常检查、清洗和定期更换。

（2）油箱应加盖密封，油箱上的通气孔应经常检查是否畅通，与其连接的空气过滤器应定期更换。

（3）当系统工作时间达到设备规定的保养时间时，应对各压力元件进行重新调整，调整时应先调整系统压力控制阀（溢流阀），从压力为零时开始调整，逐步提高压力，使之达到规定压力值；然后依次调整回路中的其他压力控制阀。调整压力时应注意主油路液压泵安全溢流阀的调整压力一般要大于执行元件所需工作压力的 10%～25%。

（4）流量控制阀要从小流量调到大流量，并且逐步调整。

（5）经常对系统外露部位进行清理和清洗，使系统各外露部位清洁无污物。

在液压实训台上安装组合机床动力滑台液压控制回路，实训步骤如下：

（1）根据图 3−1−6 所给系统原理图中元件的图形符号找出相应的元件并合理布局，调定良好。

（2）根据系统原理图进行液压回路和电气回路连接并进行检查。

（3）打开电源，启动液压泵，观察运行情况，对使用中遇到的问题进行分析和解决。

（4）改变电磁铁的得、失电情况，并调节调速阀，观察滑台快进、第一次工进、第二次工进、停留、快速退回、原位停止的情况变化。

（5）对训练过程中得到的数据和观察到的现象进行分析总结，并得出结论。

（6）经老师检查评价后，关闭电源，拆下管线，将元件放回到原来位置。

液压系统的清洗

一、第一次清洗

先清洗油箱并用绸布擦净，然后注入油箱容量 60%～70% 的 N32 的汽轮机油，再按图 3−1−7 所示的方法将溢流阀及其他阀的排油口在阀进口处临时切断，将液压缸两端的油管

直接连通，使换向阀处于某换向位置，在主回油管临时接入一过滤器。向液压泵内灌油，启动液压泵，并通过加热装置将油液加热到 50 ℃～80 ℃进行清洗。清洗初期，用 80～100 目的网式滤油器，当达到预定清洗时间的 60%时，换用 150 目的滤油器，一般为十几小时。清洗结束后，应将系统中的油液全部排出，然后再次清洗油箱并用绸布擦净。

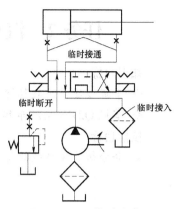

图 3-1-7 临时清洗图

二、第二次清洗

第二次清洗是对整个液压系统进行清洗。清洗前按正式油路接好，然后向油箱加入工作油液，再启动液压泵对系统进行清洗。清洗时间一般为 1～3 h，这次清洗后的油液可继续使用。清洗时应注意：

（1）可用工作用的液压油或试车油，但不可用煤油、汽油、酒精、蒸汽或其他液体。

（2）清洗过程中，液压泵运转和清洗介质加热同时进行。

（3）清洗过程中，也可用非金属锤击打油管，以利于清除管内的附着物。

（4）在清洗油路的回油路上，应安装过滤器或滤网。

（5）为防止外界湿气引起锈蚀，清洗结束后，泵应继续运转一段时间直到温度恢复正常。

思考与练习

一、简答题

1. 试分析 YT4543 型动力滑台液压系统原理图，说明动力滑台空载时能快速进给的原因。

2. YT4543 型动力滑台的液压系统由哪几部分组成？各基本回路的作用是什么？

3. YT4543 型动力滑台的液压系统是如何实现调速的？有何特点？

4. 试分析图 3-1-6 所示 YT4543 型动力滑台的液压系统中行程阀 11 及单向阀 2、5、10 的作用。

二、分析题

如图 3-1-8 所示的液压系统可实现"快进—工进—快退—原位停止泵卸荷"工作循环，按要求填写表 3-1-2 所示的电磁铁动作顺序表（通电"＋"，断电"－"）。

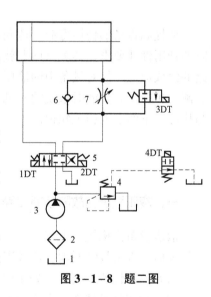

图 3-1-8 题二图

表 3-1-2 电磁铁动作顺序

动作　＼　元件	1DT	2DT	3DT	4DT
快进				
工进				
快退				
停止卸荷				

项目三　液压系统的使用及维护

任务2　汽车起重机液压系统故障分析及排除

知识目标

◇ 掌握液压系统故障诊断及排除方法；

◇ 掌握Q2-8型汽车起重机液压系统工作原理、特点、故障诊断及维护方法。

技能目标

◇ 会分析液压系统故障及维修方法。

汽车起重机（见图3-2-1）是将起重机安装在汽车底盘上的一种可自行行走、机动性较好的起重机械，可在有冲击、振动、温度变化较大和环境较差的条件下工作。其常见故障有系统压力不足、液压缸自行回缩等。出现这些故障的原因是什么？故障检测及维修方法有哪些？

要提高设备的使用寿命，达到设备正常工作时的使用性能要求，其关键问题就是了解液压回路的组成原理，能对设备中的液压系统进行随时监测与预防，并且能对系统的常见故障进行分析与排除。下面引入相关知识。

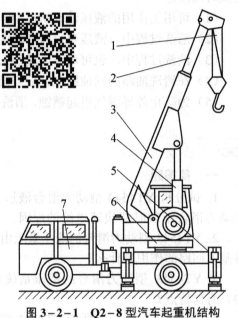

图3-2-1　Q2-8型汽车起重机结构
1—起升机构；2—吊臂伸缩液压缸；3—基本臂；
4—吊臂变幅液压缸；5—支腿；6—转台；7—汽车

一、液压系统的故障诊断步骤

液压设备由机械、电气、液压等装置组成，液压系统的故障不能直接观察到，当系统发生故障后，判断故障原因是比较困难的，一般按以下步骤进行：

（1）熟悉性能和资料。先了解设备的性能、运动要求及有关的技术参数。

（2）翻阅技术档案。本次故障现象是与以往记载的故障现象相似，还是新故障。

（3）全面了解故障状况，到现场向操作者询问设备出现故障前后的工作状况与异常现象、产生故障的部位，同时要了解过去是否发生过类似情况。

（4）确认阶段，根据液压系统图以及电气控制原理图，深入了解元件的作用及其安装位置，进行综合分析，从而确定故障的部位或元件。

（5）故障处理完后，应认真总结，并将本次故障的部位及排除方法作为资料纳入设备技术档案。

二、液压系统常见故障的诊断与预防方法

1. 液压系统常见故障

液压系统常见故障有：动作失灵、振动和噪声、系统压力不稳定、发热及油液污染严重。故障源大致有五大部分，即能源装置、控制调节元件、执行元件、管路和油箱，如图 3-2-2 所示。

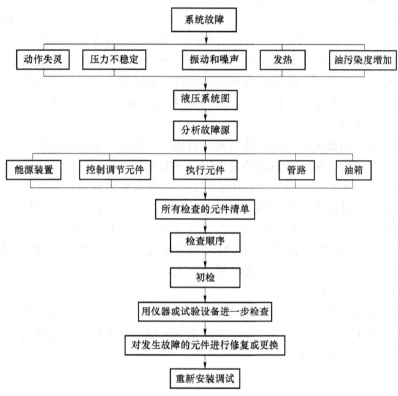

图 3-2-2　液压系统常见故障

2. 故障诊断方法

故障的诊断必须遵循一定的程序进行：根据液压系统的基本工作原理进行逻辑分析，减少怀疑对象，逐渐逼近，找出故障发生的部位和元件。

1）"四觉"诊断法

首先分析故障可用"四觉"诊断法进行初步判断：检修人员运用触觉、视觉、听觉和嗅觉来分析判断液压系统的故障，必要时可用专用仪器和试验设备进行检测。

（1）触觉：检修人员通过手感判断油温的高低、元件及管道的振动大小。

（2）视觉：如执行元件无力、运动不稳定、泄漏和油液变色等现象，检修人员凭经验通过目测可做出一定的判断。

（3）听觉：检修人员通过耳听，根据液压泵和液压马达的异常声响、溢流阀的尖叫声及油管的振动等来判断噪声和振动大小。

（4）嗅觉：指检修人员通过嗅觉，判断油液变质和液压泵发热、烧结等故障。

2）故障检查

如果不能断定故障原因，那么应采用以下方法进行检查。

（1）整机的检查。

根据故障征兆，初步确定故障点的范围。如：一台起重机械典型的液压系统，一般是由两个或两个以上液压泵组成各自的子系统，另外还设有操作、补油和辅助工作的子系统。通过动作观察、压力读数、对照液压系统图分析，一般可初步判定故障点的方位，确定是哪一套子系统发生了故障。如整机不能动作或动作不正常，则有可能是操作系统、补油系统或者液压油造成的故障；若一个液压泵供几个执行元件的油，仅一个执行元件有故障征兆，则故障点可能在该元件的操作阀及其后部件；若遇到有些液压系统在某种工况下是合流供油，其故障征兆则不明显。有些故障征兆可能被操作人员所忽视，这时应对照液压系统工作原理，对各自动作进行试验。在试验时要使发动机达到规定的转数，测量各部件的工作速度，有条件时带一定的负荷并作好记录。如果低于说明书规定的 20%时就很不正常了。

（2）液压油的检查。

检查油面位置、箱底沉淀物和水及回油滤清器，若有块状金属或有机物，或有大量的某一种金属粉末，则可能是某元件损坏的脱落物，可根据其材质、形状分析是哪个部位发生了故障。检查油脂，有条件时应做黏度、污染度、含水量和酸值化验，并了解前次换油的时间和油质，没有化验条件时也应凭经验对油质进行检验。黏度可将被检油和标准油分别放在相同的小瓶内摇晃一下，对比其稀稠情况。污染度可用斑痕法和在小瓶中沉淀后目测，正常油的颜色应清澈透明。若颜色混浊发白，说明含水量过大，已经乳化；若颜色变成较深的棕色，说明该油氧化较严重，酸和石油醚不溶物都会增大。

（3）发动机噪声变化的检查。

检查原理：利用柴油发动机在加速踏板位置不变的条件下，当外负荷增大，调速器将自动增大供油量，其工作噪声则必然增大，以此来判断液压泵所取得发动机功率大小的变化。汽油机外负荷增大，转速将降低。

检查方法：

① 使发动机处于中等转速，固定油门位置。

② 对于有故障征兆的执行元件，进行不动作、无负荷动作和加重负荷动作三个阶段的考察，注意其工作噪声变化，仔细将三个阶段的噪声进行对比，也可将有故障的子系统和无故障的同类子系统进行对比。

③ 若这三个阶段噪声无明显变化，说明该工作液压泵并未取得应有的功率，可能是该子系统中存在大量泄漏或因吸油不足等原因所致。在无负荷动作时，发动机声音增大很多，而加载后噪声增加不大，可能是操作阀及以后某元件被堵塞或者执行元件受到机械性障碍，如制动器未能正常打开等。若加载时发动机噪声突然增大许多，说明液压泵从发动机上取得了较大的功率，而无负荷动作迟缓可能是变量或合流机能在起作用，使执行元件在低压时不能增大流量。总之，通过控制各个执行元件三个阶段的动作，仔细分析发动机工作噪声变化，对照液压系统工作原理，可从一方面反映出故障点的位置和类型。

（4）元件的检查。

一个子系统工作压力建立不起来，会导致动作迟缓、无力甚至不动作，其中包含了 3 种情况，即：液压泵泄漏使容积效率降低，或是溢流阀泄漏达不到调定值，或是执行元件或中间控制元件内发生泄漏。

① 液压泵内泄漏的检查方法。

若为柱塞泵，可打开液压泵壳体，对油箱的漏油口启动主机，做执行元件无动作、无负荷动作和重负荷动作三个阶段的考察。若漏油口排油量不大，说明液压泵泄漏量不大；若漏油口喷油较大，说明液压泵已坏，需要拆开检查修理。

② 溢流阀的检查方法。

打开溢流阀对油箱的回油口，启动液压泵，在做执行元件不动作和无负荷动作时，溢流阀回油口应无油排出，在重负荷时会有大量的油喷出。若不操作，补油子系统应达到调定压力时才排油；如果在无负荷或者在固定压力80%以下就大量排油，说明该溢流阀芯可能卡住或已损坏需要拆下检修；若达到规定压力的80%左右才大量排油，应对着压力表将它调到规定值，若调不上去，则其锥阀的密封线损坏的可能性最大。若执行元件加重了负荷（液压缸顶死），操作补油系统（一般为保压系统）启动以后，系统压力并未达到调定值，而溢流阀也不排油，说明该系统存在严重泄漏点，使系统压力建立不起来。

③ 执行元件的检查方法。

a. 液压马达的故障检查：若为柱塞式液压马达，可拆开壳体的泄漏油口，将排油一端油口打开，并将马达制动检查。若马达不转，进油口加压力油后排油口有较多油排出，说明该马达高低压腔间有较严重的内泄漏；若松开马达制动，给压力油时马达仍不转动，也无油排出，说明马达内部被卡住。这两种故障均需拆卸检查。

b. 液压缸的故障检查：将活塞顶到头，或在故障征兆明显的位置将活塞强行制动，将排油一端接头打开，给油并达到调定压力后，若活塞不动作而有油排出，则说明活塞密封件泄漏。无论是液压马达还是液压缸，都应做往复两个方向的检查，才能最后确定检查结果。

3. 故障预防方法

1）保证液压油的清洁度

正确使用标定的和要求使用的液压油及其相应的替代品，防止液压油中侵入污物和杂质。因为在液压传动系统中，液压油既是工作介质，又是润滑剂，所以油液的清洁度对系统的性能及元件的可靠性、安全性、效率和使用寿命等影响极大。液压元件的配合精度极高，对油液中的污物杂质所造成的淤积、阻塞、擦伤和腐蚀等情况反应更为敏感。

造成污物杂质侵入液压油的主要原因：

（1）执行元件外部不清洁；

（2）检查油量状况时不注意；

（3）加油时未用120目的滤网过滤；

（4）使用的容器和用具不洁净；

（5）磨损严重和损坏的密封件不能及时更换；

（6）检查修理时，热弯管路和接头焊修产生的锈皮杂质清理不净；

（7）油液储存不当，等等。

2）防止液压油中混入空气

液压系统中液压油是不可压缩的，但空气可压缩性很大，即使系统中含有少量空气，它的影响也是非常大的。溶解在油液中的空气，在压力较低时，就会从油中逸出产生气泡，形

成空穴现象；到了高压区，在压力的冲击下，这些气泡又很快被击碎，急剧压缩，使系统产生噪声。同时，气体突然受到压缩时，就会放出大量的热能，从而引起局部受热，使液压元件和液压油受到损坏，工作不稳定，有时会引起冲击性振动，故必须防止空气进入液压系统。具体做法如下：

（1）避免油管破裂、接头松动、密封件损坏；

（2）加油时，避免不适当地向下倾倒；

（3）回油管插入油面以下；

（4）避免液压泵入口滤油器阻塞使吸油阻力增大，不能把溶解在油中的空气分离出来。

3）防止液压油温度过高

液压系统中油液的工作温度一般在 30 ℃~80 ℃比较好，在使用时必须注意防止油温过高。如油箱中的油液不够、液压油冷却器散热性能不良、系统效率太低、元件容量小、油液流速过高、选用油液黏度不正确，都会使油温升高过快。黏度高会增加油液流动时的能量损耗，黏度低会使泄漏增多，因此在使用中应注意并检查这些问题，以预防油温过高。

此外对液压油定期过滤、定期进行物理性能检验，既能保证液压系统的工作性能，又能减少液压元件的磨损和腐蚀，延长油液和液压元件的使用寿命。

一、Q2-8 型汽车起重机液压系统分析

Q2-8 型汽车起重机是以相配套的载重汽车为基本部分，在其上添加相应的起重功能部件，组成完整汽车起重机，并且利用汽车自备的动力作为起重机的液压系统动力。Q2-8 型汽车起重机的液压系统如图3-2-3所示。

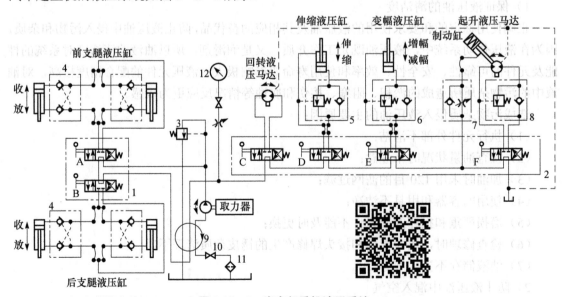

图 3-2-3 汽车起重机液压系统

1，2—手动换向阀组；3—安全阀；4—双向液压锁；5，6，8—平衡阀；
7—单向节流阀；9—液压泵；10—截止阀；11—过滤器；12—压力泵

该液压系统为中高压系统，动力源采用轴向柱塞泵，由汽车发动机通过汽车底盘变速箱上的取力箱驱动。液压泵通过中心回转接头从油箱中吸油，输出的液压油经手动换向阀组 1（由换向阀 A 和 B 组成）和手动换向阀组 2（由换向阀 C，D，E，F 组成）输送到各个执行元件。该系统由支腿收放、吊臂变幅、吊臂伸缩、转台回转和吊重起升 5 个工作回路所组成，且各部分都具有一定的独立性。系统的主要回路及特点如下：

（1）调压回路。用安全阀 3 限制系统最高压力。

（2）调速回路。用手动换向阀的开度大小来调整工作机构（起降机构除外）的速度。优点是方便灵活；缺点是自动化程度低，劳动强度大。

（3）锁紧回路。采用由液控单向阀构成的双向液压锁将前、后支腿牢牢锁住，确保起重机的工作安全可靠。

（4）平衡回路。采用由普通单向阀与外控式顺序阀并联组成的平衡阀，防止在重物起降、吊臂伸缩和变幅作业中因重物自重作用而下降，确保重物起降、吊臂伸缩和变幅作业安全可靠。缺点是平衡阀所造成的背压会产生功率损失。

（5）在多缸卸荷回路中，采用三位四通 M 型中位机能换向阀的串联连接，使各工作机构既可单独动作，也可在轻载下任意组合同时动作，以提高工作效率。缺点是六个换向阀的串接增大了液压泵的卸荷压力。

（6）制动回路。采用普通单向阀与节流阀并联组合来控制制动缸，配合起降马达安全可靠地工作。单向阀的作用是保证起降马达由动到静动作时制动缸能够快速制动；节流阀的作用是保证起降马达由静到动动作时制动缸解除制动动作缓慢柔和，防止重物突然下坠。

（7）卸荷回路。串接的各换向阀均处于中位时，M 型中位机能组成的卸荷回路可使液压泵卸荷，减少功率损耗，适于起重机间歇性工作。

二、Q2－8 型汽车起重机液压系统常见故障及维修方法

1. 系统压力不足

故障现象：汽车起重机液压系统动作迟缓、无力甚至不动作。

故障原因：主要是由于液压泵、溢流阀出现故障造成的。滤芯过脏，以及由于布置问题，液压油供油管线最高点高于油箱；供油管线密封不良、磨损，导致液压泵供油不足；溢流阀阀芯卡住、损坏或锥阀的密封线损坏同样会造成系统压力不足。

处理方法：首先应该听泵和取力器处有无异响，看液压油箱的油量是否正常。液压泵的常见故障是轴伸处外漏或因磨损引起排量减小。无论是齿轮泵还是柱塞泵，其内部泄漏量的80%均是因轴向密封面磨损引起的，可通过研磨来解决。排除这些易于查找的原因后，基本可以肯定是调压阀的问题。这种情况下不能盲目地调紧调压阀的调压螺杆，应将调压阀解体检查，看导阀弹簧是否折断、导阀密封是否失效、主阀芯是否卡死，尤其要注意主阀芯的阻尼小孔是否堵塞。为了避免压力过大对系统造成损坏，应先把螺杆拧松一些，由低向高地调到规定压力。

2. 液压缸自行回缩

故障现象：支腿在负载时"软腿"，行走时下沉；吊臂伸缩缸和变幅缸在重物作用下能够可靠地停在空中；油缸在重物作用下能够平稳下降，不出现"点头"现象。

故障原因：支腿收放、吊臂伸缩和变幅回路均采用液压缸作为动作执行元件，分别在其液压缸上装有双向液压锁；在吊臂伸缩和变幅回路上装有平衡阀。而支腿收放、吊臂伸缩和变幅液压回路的基本形式是：从泵排出的油液经手动换向阀后，先经双向液压锁或平衡阀，然后进入液压缸，推动液压缸执行动作。

因此，吊车液压缸自行回缩的故障原因为：

（1）平衡阀或双向液压锁故障造成液压缸自行回缩；

（2）液压缸本身内泄造成液压缸自行回缩。

处理方法：如果变幅缸或伸缩缸的活塞杆外伸动作正常，但当多路阀处于中位时活塞杆有持续缓慢的回缩现象，一般可判定是平衡阀密封不可靠。假如在负重情况下，液压缸活塞杆间歇性回缩，并伴有"咔、咔"声，则有两种可能：一是液压缸有杆腔内有空气，由于空气的可压缩性和弹性，导致平衡阀间歇性开启；二是液压缸无杆腔密封不良，压力油通过活塞处泄漏到有杆腔中，逐渐积蓄，到一定的压力时使平衡阀开启。有时会遇到活塞杆不能回缩的情况，此时可重点检查平衡阀控制油路上的阻尼小孔是否堵塞、柱塞是否卡死。如果小孔没有堵、柱塞也不卡，则可将小孔适当扩大些，以减小小孔的节流作用，补偿因柱塞和阀孔磨损产生的内泄漏，这样才能产生足够的压力来推动柱塞，顶开单向阀，使无杆腔回油。

维修液压缸时除了更换密封件，还要特别注意活塞上支撑环的磨损量，磨损量较大时也应予以更换。

3. 其他故障

（1）在有些中、小型汽车起重机上采用转阀控制各垂直支腿的单独动作。当转阀使用较长时间后间隙增大，在阀芯上会产生"偏压"，使得阀芯转动起来相当吃力。由于转阀结构上的限制，一般阀芯均未开均压槽，如果想从根本上解决转动费力的问题，只能换新件。

（2）支腿及其他工作机构的多路阀的故障多为外漏。外漏原因一是阀孔两端 O 形密封圈老化、变形或磨损；二是阀杆外露部分锈蚀，破坏了密封面。

解决的方法：更换尺寸、规格合适且光滑完好的 O 形密封圈；如果阀杆端头锈蚀较严重，可将其锈蚀部分磨掉，然后烧铜焊，恢复到原有直径并打磨光滑。

（3）多路阀各阀块接合面处漏液压油。

解决方法：解体并换 O 形密封圈。安装时连接螺杆的拧紧力矩要适当，拧得过紧会造成阀杆回位不灵活，拧紧力矩不足又容易出现泄漏。

Q2-8 型汽车起重机液压系统常见故障检查及排除

（1）根据液压传动系统原理图，分析 Q2-8 型汽车起重机液压系统中各元件的作用。

（2）根据液压传动系统原理图，分析压力故障可能是由哪些元件引起的。

（3）根据液压传动系统原理图，分析执行元件运动方向故障可能是由哪些元件引起的。

（4）根据液压传动系统原理图，分析执行元件速度故障可能是由哪些元件引起的。

（5）用排除法找出故障并排除。

（6）对训练过程中取得的数据和观察到的现象进行分析总结，得出结论。

知识拓展

液压系统常见故障原因及维修方法

设备液压系统出现的故障大致有五类：漏油，爬行，发热，压力不稳定，振动和噪声。发生故障时，可用上面的方法全面分析，也可对照表3-2-1～表3-2-5进行分析。

表3-2-1　漏油产生的原因及排除方法

漏油的原因	排除方法
密封件损坏或装反	更换密封件，调整安装方向
工作温度太高	降低工作温度或采取冷却措施
管接头松动	拧紧管接头
某些铸件有气孔、砂眼等缺陷	更换铸件或修补缺陷
单向阀钢球不圆、阀座损坏	更换钢球，配研阀座
压力调整过高	降低工作压力
相互运动表面间隙过大	更换某些零件，减小配合间隙
某些零件磨损	更换磨损的零件
油液黏度太低	选用黏度较高的油液

表3-2-2　产生噪声和振动的原因及排除方法

产生噪声和振动的原因	排除方法
气穴现象	检查排气装置工作是否可靠，同时在开车后使执行元件快速全行程往复几次排气
泵或马达密封处的密封性能降低	更换密封件
泵零件磨损，造成间隙过大、流量不足、压力波动大	调整各处间隙或更换液压泵
液压阀不稳定	清洗、疏通阻尼孔
换向阀调整不当，阀芯移动太快，造成换向冲击	调整控制油路中的节流元件
机械振动或管道固定装置松动	检查各固定点是否可靠

表3-2-3　产生爬行的原因及排除方法

发生爬行的原因	排除方法
液压油中混有空气	设置排气装置排除空气
相对运动部件间的摩擦阻力太大或不断变化	检查活塞、活塞杆等零件的形位公差及表面粗糙度是否符合要求，同时保证油液清洁

续表

发生爬行的原因	排除方法
密封件密封不良，造成液压油泄漏	更换密封件，检查连接处是否可靠
油液不洁，污物卡住执行元件或堵塞节流口	清洗执行元件或节流阀，更换油液或加强滤油
节流阀或调速阀流量不稳定	选用流量稳定性好的流量控制阀

表 3 - 2 - 4　油温过高的原因及维修方法

油温过高的原因	排除方法
管道过细、过长，弯曲过多，截面变化过于频繁	改变管道规格和管路形状
油液黏度不合适	选用黏度合适的液压油
管路缺乏清洗和保养，增大压力油流动时的压力损失	对管道进行定期清洗和保养
系统各连接处、配合间隙处内外泄漏严重	检查泄漏部位，防止内外泄漏
散热条件差，或油箱容积小、油量少	改善散热条件
压力调整过高，泵在高压下工作时间过长	按规定调整系统工作压力

表 3 - 2 - 5　压力不稳定的原因及维修方法

压力不稳定的原因		排除方法
液压泵	（1）液压泵转向错误； （2）泵体或配流盘缺陷，零件磨损，间隙过大，泄漏严重； （3）油面太低，液压泵吸空； （4）吸、压油管路不严，造成吸空，进油吸气	（1）改变转向； （2）修复或更换零件； （3）补加油液； （4）拧紧接头，检查管路，加强密封
溢流阀	（1）弹簧疲劳变形或折断； （2）滑阀在开口位置卡住，无法建立压力； （3）锥阀或钢球与阀座密封不严； （4）阻尼孔堵塞； （5）遥控口误接回油箱	（1）更换弹簧； （2）修研滑阀，使其移动灵活； （3）更换锥阀或钢球，配研阀座； （4）清洗阻尼孔； （5）截断通油箱的油路
液压缸高、低压腔相通		修配活塞，更换密封件
系统中某些阀卸荷		查明卸荷原因，采取相应措施
系统严重泄漏		加强密封，防止泄漏
压力表损坏失灵造成无压现象		更换压力表
油液黏度过低，加剧系统泄漏		提高油液黏度

🚗 思考与练习

一、填空题

1. 液压系统常见故障有_____、_____、_____、_____和_____。

2. 液压系统故障检查方法有_____、_____、_____和_____。

3. 液压系统故障预防方法有_____、_____和_____。

4. Q2-8 型汽车起重机液压系统回路有_____、_____、_____、_____、_____、_____和_____。

5. Q2-8 型汽车起重机液压系统最常见的故障是_____和_____。

二、简答题

1. 如何进行液压泵的内泄漏检查？

2. 如何进行溢流阀的泄漏检查？

3. 如何进行执行元件的泄漏检查？

4. 为什么要防止空气进入液压系统？具体方法有哪些？

5. 液压系统出现动作迟缓、无力甚至不动作的原因是什么？如何进行元件的故障检查？

6. 汽车起重机液压缸自行回缩的故障原因是什么？如何检查维修？

项目四

气压传动认知

中国精神——"两弹一星"钱学森的
爱国情怀

学习目标

本项目以工程实践中常用的气压传动系统为载体分析其
工作过程，使学生掌握气压传动的工作原理、系统的组成及
特点；认识气源装置的组成及应用；了解气动系统在工程实际中的应用；激发学生的爱国热
情，民族责任感和使命感；激励学生孜孜以求，扎实专业知识，肩负科技报国的志向。

任务1　认识气压传动系统

知识目标

◇ 掌握气压传动系统的基本原理和组成；

◇ 了解气压传动的优缺点、应用及发展。

技能目标

◇ 能正确区分气压传动系统的各组成部分；

◇ 会分析气压传动系统各部分的作用。

任务引入

随着气压传动与控制技术的飞速发展，特别
是气压传动与控制技术、液压技术、传感器技术、
PLC 技术、网络及通信技术等学科的相互渗透而
形成的机电一体化技术被各领域广泛应用后，气
压传动与控制技术已成为当今工业科技的重要
组成部分，尤其是在某些要求高净化、无污染的
特殊场合，如食品、印刷、木材、纺织等工业环
境，就必须使用气压传动设备。图4-1-1所示

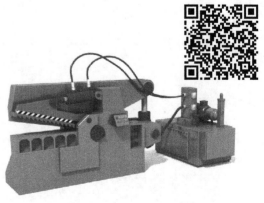

图4-1-1　气动剪切机

为气动剪切机，剪切机主要是通过气压传动控制剪裁各种尺寸金属板材的直线边缘，在轧钢、汽车、飞机、船舶、桥梁、仪表等各个部门都有广泛应用。那么什么是气压传动系统？气压传动系统又有哪些组成部分呢？

**任务分析**

气压传动与控制技术简称气动技术，它是以压缩空气为工作介质，进行能量传递或信号传递及控制的技术。下面以常用的气动剪切机为例分析气动系统的工作原理及组成。

**相关知识**

气压传动简称气动，和液压传动一样，是利用压缩空气作为传动介质对能量进行传递和控制，进而控制与驱动各种机械和设备，以实现生产过程机械化、自动化的一门技术。

一、气压传动的工作原理

气动剪切机的工作原理如图 4-1-2 所示，空气压缩机 1 输出压缩空气→冷却器 2→油水分离器 3（降温及初步净化）→储气罐 4（备用）→空气滤清器 5（再次净化）→减压阀 6（调压稳压）→油雾器 7（润滑元件）→气控换向阀 9→气缸 10。

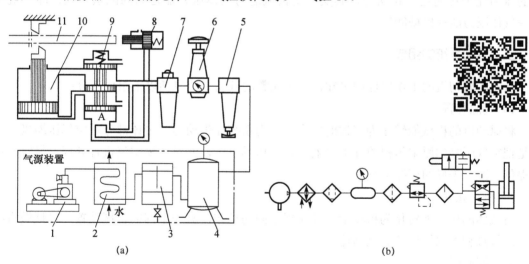

(a)   (b)

图 4-1-2　气动剪切机的工作原理

1—空气压缩机；2—冷却器；3—油水分离器；4—储气罐；5—空气滤清器；6—减压阀；

7—油雾器；8—行程阀；9—气控换向阀；10—气缸；11—工料

图 4-1-3 所示为气动剪切机的工作过程示意图，图 4-1-3（a）所示为剪切前的预备状态，此时行程阀关闭，换向阀 A 腔的压缩空气将阀芯推到上位，使气缸上腔充压，活塞处于下位，剪刀张开。

图 4-1-3（b）所示为剪切时的状态，当送料机构将工料送入剪切机并到达规定位置时，工料将行程阀的阀芯向右推动，换向阀 A 腔经行程阀与大气相通，换向阀阀芯在弹簧的作用下移到下位，气缸上腔与大气连通，下腔与压缩空气连通，此时活塞带动剪刀快速向上运动

将工料切下。

当工料被切下后，即与行程阀脱开，行程阀阀芯在弹簧作用下复位，将排气口封死，换向阀 A 腔压力上升，阀芯上移，气路换向。气缸上腔进压缩空气，下腔排气，活塞带动剪刀向下运动，系统又恢复到图 4−1−3（a）所示的预备状态，待第二次进料剪切。

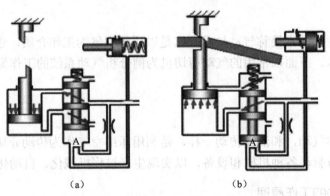

（a）　　　　　　　　　　　（b）

图 4−1−3　气动剪切机工作过程示意图

（a）剪切前；（b）剪切时

从上述实例可以得出结论：气压传动是以压缩空气作为工作介质，依靠气体在密闭容积中的压力能来传递运动和动力，其实质是机械能与气体压力能之间的能量转换，即"机械能→气体压力能→机械能"。

二、气动系统的组成

从气动剪切机的工作原理图可知，一个完整的气动系统包括以下组成部分：

1）气源装置

将原动机的机械能转化为气体的压力能，为系统提供动力。主体部分是空气压缩机，主要是把空气压缩到原来体积的 1/7 左右，形成压缩空气，并对压缩空气进行处理，最终向系统提供干净、干燥的压缩空气。

2）执行元件

将气体的压力能转化为机械能，以实现不同的动作，驱动不同的机械装置，包括做直线运动的气缸和做回转运动的气马达。

3）控制元件

对气动系统中压缩空气的压力、流量和流动方向进行控制和调节的装置，如气动减压阀、节流阀、换向阀等，这些元件的不同组合组成了能完成不同功能的气动系统。

4）辅助元件

连接气动元件所需的元件，以及对系统进行消声、冷却、测量等方面的元件，如管道、压力表、过滤器、消声器、油雾器等。它们对保持系统正常、可靠、稳定和持久地工作起着十分重要的作用。

5）工作介质

系统中传递能量的介质，即压缩空气。

三、气压传动的特点

1. 气动系统的优点

（1）空气随处可取，用后的废气直接排入大气，对环境无污染，处理方便。

（2）因空气黏度小（约为液压油的万分之一），在管内流动阻力小，压力损失小，便于集中供气和远距离输送，即使有泄漏，也不会像液压油一样污染环境。

（3）与液压传动相比，气动反应快，动作迅速，维护简单，管路不易堵塞。

（4）气动元件结构简单，制造容易，已标准化、系列化和通用化。

（5）气动系统对工作环境适应性好，特别是在易燃、易爆、多尘埃、强磁、辐射、振动等恶劣工作环境中工作时，安全性和可靠性优于液压、电子和电气系统。

（6）空气具有可压缩性，使气动系统能够实现过载自动保护，也便于储气罐储存能量，以备急需。

（7）排气时气体因膨胀降温，因而气动设备可以自动降温，长期运行也不会发生过热现象。

2. 气压传动的缺点

（1）空气具有可压缩性，当载荷变化时，气动系统的动作稳定性差，但可以采用气液联动装置解决此问题。

（2）工作压力较低（一般为 0.4～0.8 MPa），又因结构尺寸不宜过大，因而输出功率较小。

（3）气信号传递的速度比光和电子速度慢，故不宜用于要求高传递速度的复杂回路中，但对一般机械设备，气动信号的传递速度是能够满足要求的。

（4）排气噪声大，需加消声器。

四、气动技术的应用及发展

由于气动的工作介质为压缩空气，其具有防火、防爆、防电磁干扰，抗振动、冲击、辐射，无污染，结构简单和工作可靠等特点，所以气动技术与液压、机械、电气和电子技术相结合的方式，已发展成为实现生产过程自动化的一个重要手段。

气动技术现在被广泛应用于机械、电子、轻工、纺织、食品、医药、包装、冶金、石化、航空和交通运输等各个工业部门。气动机械手、组合机床、加工中心、生产自动线、自动检测和实验装置等已大量涌现，在提高生产效率、自动化程度、产品质量、工作可靠性和实现特殊工艺等方面显示出了极大的优越性。

气动控制技术以提高系统的可靠性、降低总成本为目标，研究与开发系统控制技术和机、电、液、气综合技术。显然，气动元件的微型化、节能化、无油化、位置控制高精度化以及与电子相结合的应用元件是当前的发展特点和研究方向。

 任务实施

认识气动实训台，指出气动系统中的各组成部分及其作用。

在气动实训台上安装气动剪切机控制回路，实训步骤如下：

（1）在老师指导下根据气动回路原理图正确连接各气动元件。

（2）按下相应按钮，观察气动执行元件的动作。

（3）能指出气动系统的工作原理及组成。

一、填空题

1. 气压传动是以_____作为工作介质，依靠气体在密闭容积中的_____来传递运动和动力。

2. 气动马达是_____元件，它是将压缩空气的_____能转换成_____的装置。

3. 气动控制元件是主要用来控制压缩气体的_____、_____、_____的三类控制阀。

二、简答题

1. 气动系统的工作原理及实质是什么？

2. 气动系统由哪几个部分组成？各部分的作用是什么？

3. 气动系统的优缺点有哪些？

任务 2　认识气源装置

知识目标

◇ 掌握气源装置各元件的工作原理、图形符号及功能；

◇ 掌握气源调节装置（气动三联件）的组成及作用。

技能目标

◇ 会合理选用空气压缩机并能正确运转操作；

◇ 会调整气动系统的压力；

◇ 能对气源装置进行日常维护。

在气动系统中，压缩空气是传递动力和信号的工作介质，气动系统能否可靠地工作，在很大程度上取决于系统中所用的压缩空气。而压缩空气中含有水分、油污和灰尘等杂质，若压缩空气不经处理直接进入管路系统，会对系统造成不良后果，所以气动系统中所使用的压缩空气必须经过干燥和净化处理后才能使用。那么气动系统是如何提供符合要求的压缩空气的？又是如何调节系统的压力的呢？

气动系统对压缩空气的质量要求为：具有一定的压力和流量，并具有一定的净化程度。

这种能产生、处理和储存压缩空气的设备称为气源装置，一般由气压发生装置、空气净化处理装置以及压缩空气传输管道构成。它为气动系统提供合乎质量要求的压缩空气，是气动系统的重要组成部分。

一、气源装置

气源装置是对空气进行压缩、净化，向各个设备提供洁净、干燥的压缩空气的装置，又称压缩空气站，主要由空气压缩机、压缩空气的净化装置等组成。图 4-2-1 所示为气源装置组成示意图，其主体部分是空气压缩机，净化装置有后冷却器、油水分离器、储气罐、干燥器等。

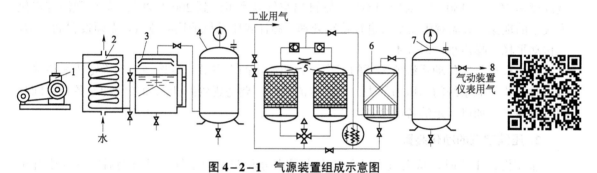

图 4-2-1　气源装置组成示意图

1—空气压缩机；2—后冷却器；3—油水分离器；4，7—储气罐；5—干燥器；6—过滤器；8—输油管路

1. 空气压缩机

空气压缩机简称空压机，是气源装置的核心，是产生和输送压缩空气的装置，用以将原动机输出的机械能转化为气体的压力能。

1）空压机的分类

空压机按输出压力高低分为低压型（0.2～1 MPa）、中压型（1～10 MPa）和高压型（>10 MPa）；按工作原理主要可分为容积式和速度式（叶片式）两类。容积式压缩机按结构不同又可分为活塞式、膜片式和螺杆式等；速度式按结构不同可分为离心式和轴流式等。其中最常用的是容积式空压机。

2）空压机的工作原理

气动系统中最常用的是往复活塞式空压机，通过曲柄连杆机构使活塞做往复运动而实现吸、压气，并达到提高气体压力的目的。

图 4-2-2 所示为活塞式空压机的工作原理图，其工作过程如下：曲柄由原动机（电动机）带动旋转，从而驱动活塞 3 在缸体 4 内往复运动。当活塞向右运动时，气缸内容积增大而形成部分真空，外界空气在大气压力下推开吸气阀 2 而进入气缸中；当活塞反向运动时，吸气阀 2 关闭，随着活塞的左移，缸内空气受到压缩使压力升高，当压力增至足够高时排气阀 1 打开，气体被排出，经排气管输送到储气罐中。曲柄旋转一周，活塞往复行程一次，即完成一个工作循环。活塞式压缩机就是这样循环往复运动，不断产生压缩空气。

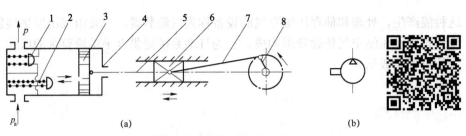

图 4-2-2　活塞式空压机的工作原理图

(a) 结构原理图；(b) 图形符号

1—排气阀；2—吸气阀；3—活塞；4—缸体；5—活塞杆；6—滑块；7—连杆；8—曲柄

3）空压机选用

（1）空气压缩机的性能要求选择类型。活塞式压缩机成本相对较低，但其振动大、噪声大，需防振、防噪声。为防止压力脉动，需设储气罐。活塞式压缩机若冷却良好，则排出空气温度为 70 ℃～180 ℃；若冷却不好，则排出空气温度可达到 200 ℃以上，易出现油雾炭化为炭末的现象，故需对压缩空气进行特别处理。螺杆式压缩机能连续排气，无须设置储气罐，其传动平稳、噪声小，但成本高。

（2）根据气压传动系统所需要的工作压力和流量两个参数进行选择。当确定压缩机输出压力时，要考虑系统的总压力损失；当确定流量时，要考虑管路泄漏和各气动设备是否同时用气等因素，加以一定的备用余量。

2. 压缩空气的净化装置

压缩机在工作时，从大气中吸入含有大量水分和灰尘的空气，经压缩后空气温度升至 140 ℃～170 ℃，此时油分、水分以及灰尘便形成混合的胶体微雾，同其他杂质一起送至气动装置，影响设备的寿命，严重时会使整个气动系统工作不稳定，因此必须设置一些除油、除水、除尘并使压缩空气干燥净化的处理设备。压缩空气净化设备一般包括：后冷却器、油水分离器、储气罐和干燥器。

1）后冷却器

后冷却器安装在空气压缩机出口管道上，空气压缩机排出具有 140 ℃～170 ℃的压缩空气，经过后冷却器温度降至 40 ℃～50 ℃，使压缩空气中油雾和水汽达到饱和，大部分凝结成滴而析出。

后冷却器一般采用水冷换热装置，其结构形式有：列管式（用于流量较大的场合）、散热片式、管套式、蛇管式（用于流量较小的场合）和板式等。其中，蛇管式冷却器最为常用。

图 4-2-3 所示为水冷式后冷却器的结构和工作原理，在安装使用时要特别注意冷却水与压缩空气的流动方向（图中箭头所示方向）

2）油水分离器

油水分离器主要利用回转离心、撞击、水浴等方法使水滴、油滴及其他杂质颗粒从压缩空气中分离出来。常用的油水分离器有撞击折回式、水浴式、旋转离心式等。

图 4-2-4 所示为撞击折回式油水分离器的结构，其工作原理是：当压缩空气进入除油器后，气流先受到隔板的阻挡，被撞击而折回向下；之后又上升并产生环形回转，产生流向和速度的急剧变化，在压缩空气中凝聚的水滴、油滴等杂质，受惯性力的作用而分离析出，沉降于壳体底部，由排水阀定期排出。

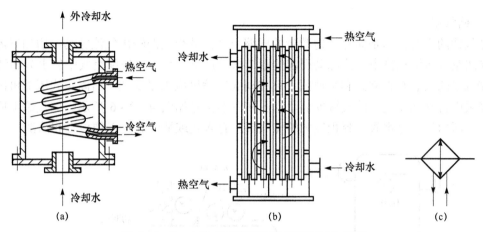

图 4-2-3 水冷式后冷却器的结构和工作原理

(a) 蛇管式；(b) 列管式；(c) 图形符号

3）干燥器

干燥器的作用是进一步除去压缩空气中含有的水分、油分和颗粒杂质等，使压缩空气干燥，提供的压缩空气主要用于对气源质量要求较高的气动装置、气动仪表等。

压缩空气常用的干燥方法有吸附、离心、机械降水及冷冻等。冷冻法是利用制冷设备使压缩空气冷却到一定的露点温度，析出空气中的多余水分，从而达到所需的干燥程度。吸附法的除水效果较好，是利用硅胶、活性氧化铝、焦炭或分子筛等具有吸附性能的干燥剂来吸附压缩空气中的水分，以达到干燥的目的。图 4-2-5 所示为吸附式干燥器。

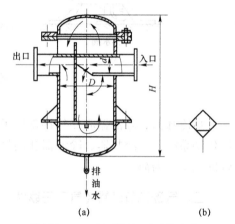

图 4-2-4 撞击折回式油水分离器

(a) 结构原理图；(b) 图形符号

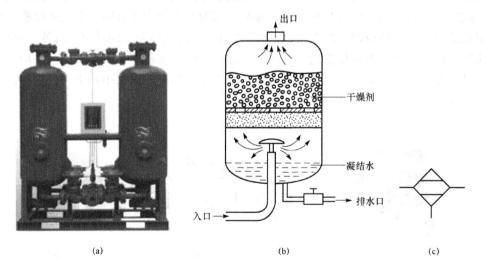

图 4-2-5 吸附式干燥器结构

(a) 实物图；(b) 结构示意图；(c) 图形符号

4）储气罐

储气罐的主要作用是储存一定数量的压缩空气；减少气源输出气流脉动，增加气流连续性，减弱空气压缩机排出气流脉动引起的管道振动；进一步分离压缩空气中的水分和油分。

储气罐的安装有直立式和平放式。可移动式压缩机应水平安装；而固定式压缩机因空间大则多采用直立式安装。储气罐安装示意图和图形符号如图 4-2-6 所示。储气罐上应配置安全阀、压力计、排水阀。容积较大的储气罐应有入孔或清洗孔，以便检查和清洗。

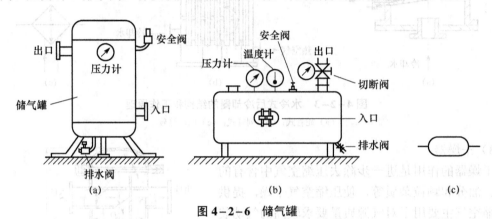

图 4-2-6 储气罐
（a）直立式；（b）平放式；（c）图形符号

后冷却器、除油器和储气罐都属于压力容器，制造完毕后应进行水压试验。目前，在气压传动系统中，冷却器、除油器和储气罐三者一体的结构形式已被采用，这使压缩空气站的辅助设备大为简化。

二、气源调节装置（气动三联件）

如图 4-2-7 所示，空气过滤器、减压阀和油雾器组合在一起构成气源调节装置，三大元件依次无管化连接而成的组件通常称为气动三联件，其安装次序依进气方向依次为空气过滤器→减压阀→油雾器，安装时顺序不能颠倒，因为调压阀内部有阻尼小孔和喷嘴，这些小孔容易被杂质堵塞而造成调压阀失灵，所以进入调压阀的气体先要通过空气过滤器进行过滤；而油雾器中产生的油雾为避免受到阻碍或被过滤，则应安装在调压阀的后面。气动三联件是多数气动设备必不可少的气源调节装置，但在采用无油润滑的回路中则不需要油雾器，称为气动二联件。

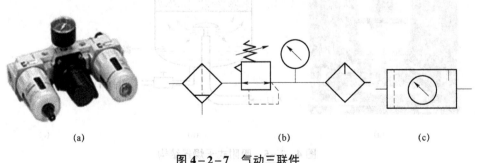

图 4-2-7 气动三联件
（a）实物图；（b）详细符号；（c）简化符号

1. 空气过滤器

空气过滤器又称分水滤气器、空气滤清器，它的作用是滤除压缩空气中的水分、油滴及杂质，以达到气动系统所要求的净化程度。它属于二次过滤器，大多与减压阀、油雾器一起构成气动三联件，安装在气动系统的入口处。

图 4-2-8 所示为空气过滤器的结构，其工作原理如下：压缩空气从输入口进入后，被引入旋风叶子 1，迫使空气沿切线方向运动产生强烈的旋转。夹杂在气体中较大的水滴、油滴等，在惯性作用下与存水杯 3 内壁碰撞，分离出来沉到杯底；而微粒灰尘和雾状水气在气体通过滤芯 2 时被拦截滤去，洁净的空气便从输出口输出。为防止气体旋涡将杯中积存的污水卷起而破坏过滤作用，在滤芯下部设有挡水板 4。为保证分水滤气器正常工作，必须将污水通过手动排水阀 5 及时放掉。

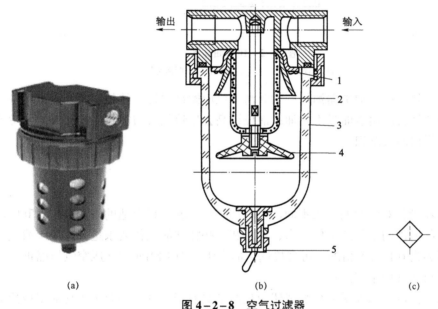

图 4-2-8 空气过滤器

（a）实物图；（b）结构原理图；（c）图形符号

1—旋风叶片；2—滤芯；3—存水杯；4—挡水板；5—手动排水阀

2. 减压阀

减压阀主要起调压和稳压的作用，如图 4-2-9 所示。

3. 油雾器

油雾器是一种特殊的注油装置，它以压缩空气为动力，将润滑油喷射成雾状并混合于压缩空气中，使压缩空气具有润滑气动元件的能力。

油雾器的工作原理如图 4-2-10 所示，压缩空气由输入口进入后，一部分进入油杯液面

图 4-2-9 减压阀

（a）实物图；（b）图形符号

上腔，使杯内的油面受压，润滑油经吸油管上升到顶部小孔，然后润滑油成滴状进入主通道高速气流中，被雾化后随压缩空气输送到需润滑的部位。

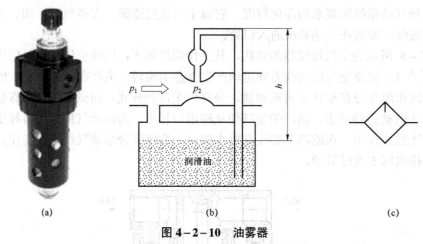

图 4-2-10　油雾器
（a）实物图；（b）结构原理图；（c）图形符号

注：在工作过程中，油雾器油杯中的润滑油位应始终保持在油杯上、下限刻度线之间。油位过低会导致油管露出液面吸不上油；油位过高会导致气流与油液直接接触，带走过多润滑油，造成管道内油液沉积。

不同的气动设备对气源的要求不同，可根据具体工况选择合适的气源装置，其中压缩机应根据气动系统所需的空气的工作压力、流量和一些特殊的工作要求选择。如一般气动系统常用的工作压力为 0.1～0.8 MPa，可直接选用额定压力为 1 MPa 的低压空气压缩机。

空气压缩机在使用中应注意：

（1）为防止高温下因油雾炭化变成铅黑色微细炭粒子，并在高温下氧化而形成焦油状的物质（俗称油泥），必须使用厂家指定的不易氧化和不易变质的压缩机油，并定期更换。

（2）空气压缩机的周围环境要求清洁，粉尘少，湿度低，以保证吸入的空气质量。

（3）避免日光直射及靠近热源，并要求通风，以利于压缩机散热。

（4）空气压缩机在启动前后应将储气罐中的冷凝水排放干净，并定期检查过滤器的阻塞情况。

1. 使用空气压缩机

（1）蓄气：蓄气前应确定空气压缩机的排水口已拴紧、储气罐未蓄满、电动机的转向正确。

（2）供气：储气罐中储存的压缩空气经供气口输送到气压系统，供气口装有止回阀，打开止回阀，气体就可送出，关闭止回阀，供气口则被封闭。

（3）排水：储气罐中累积的水分，可从排水器中排放，但需储气罐中无压缩空气时再进行排放。

2. 调节气源供气压力

（1）过滤和排水：过滤器中的滤筒积聚过多的杂质会影响空气的流通，必须取下过滤器进行清洗或更换。过滤器中沉积的水分在超过最高水面前必须排放，否则会被压缩空气带入系统中。

（2）调压：将手轮外拉，见到黄色圈后，顺时针或逆时针旋转手轮，读取出口压力表读数，调节至所需要的压力。顺时针旋转手轮，出口压力增加，反之减小。调压完成后，将手轮压回，手轮被锁住，以保持设定压力不变。注意，调节时关闭出口阀门。

（3）加油雾：若油雾器中的润滑油不够，可由加油柱加入润滑油，在工作过程中，油雾器油杯中的润滑油位应始终保持在油杯上、下限刻度线之间。若油位过低会导致油管露出液面吸不上油；油位过高会导致气流与油液直接接触，带走过多润滑油，造成管道内油液沉积。

气动辅助元件

1. 管道

气动系统中常用的管道有硬管和软管。硬管以钢管和紫铜管为主，常用于高温高压和固定不动的部件之间的连接。软管有各种塑料管、尼龙管和橡胶管等，其特点是经济、拆装方便、密封性好，但应避免在高温、高压和有辐射场合使用。气源管道的管径大小是根据压缩空气的最大流量和允许的最大压力损失决定的。

2. 管接头

管接头是连接、固定管道所必需的辅件，分为硬管接头和软管接头两类。

3. 消声器

在气动系统中，一般不设排气管道，当压缩气体直接从气缸或阀中排向大气时，由于阀内的气路十分复杂且又十分狭窄，压缩空气以近声速的流速从排气口排出，较高的压差使得气体体积急剧膨胀，产生涡流，引起气体的振动，发出强力的噪声。排气速度和排气压力越高，噪声也越高。消声器是能阻止声音的传播而允许气流通过的一种气动元件。气动装置中的消声器主要有阻性消声器、抗性消声器和阻抗复合消声器三大类。

1）吸收型消声器

如图4-2-11（a）所示，当有压气体通过消声罩2（吸声材料）时，气流受到阻力，声能量被部分吸收而转化为热能，从而降低了噪声强度。

2）膨胀干涉型消声器

消声器呈管状，其直径比排气孔大得多，气流在里面扩散反射，互相干涉，减弱了噪声强度，最后经过非吸声材料制成的多孔外壳排入大气。该消声器的优点是排气阻力小，可消除中、低频噪声；缺点是结构较大，不够紧凑。

3）膨胀干涉吸收型消声器

如图4-2-11（b）所示，膨胀干涉吸收型消声器是前两种消声器的综合应用。当气流由斜孔引入，在A室扩散、减速、碰壁撞击后反射到B室，气流束相互撞击、干涉，进一步减速，从而使噪声减弱。然后气流经过吸声材料的多孔侧壁排入大气，噪声被再次削弱，所以这种消声器的降低噪声效果更好。

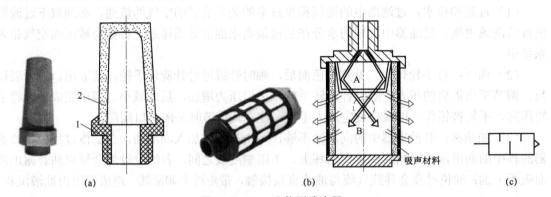

图 4-2-11 吸收型消声器

（a）吸收型；（b）膨胀干涉吸收型；（c）图形符号

1—器体；2—消声罩

4. 转换器

转换器是将电、液、气信号相互间进行转换的辅助元件，用来控制气动系统工作。气动系统中的转换器主要有气电、电气和气液转换器等。

1）气电转换器

将压缩空气的气信号转变成电信号的装置，即用气信号（气体压力）接通或断开电路的装置，也叫压力继电器，如图 4-2-12 所示。

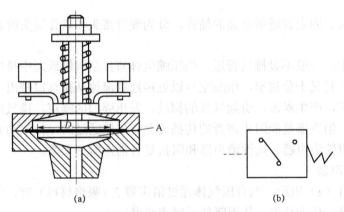

图 4-2-12 压力继电器

（a）结构原理图；（b）图形符号

使用注意事项：安装时应避免安装在振动较大的地方，且不应倾斜和倒置，以免使控制失灵、产生误动作，造成事故。

2）电气转换器

将电信号转换成气信号的装置，例如电磁换向阀。

3）气液转换器

在气动系统中，为了获得较平稳的速度，常用到气液阻尼缸或用液压缸作执行元件，这就需要用气液转换器把气压信号转换成液压信号，如图 4-2-13 所示。

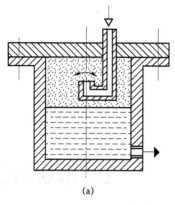

(a) (b)

图4-2-13 气液转换器

（a）结构原理图；（b）图形符号

当压缩空气由上部输入管输入后，经过管道末端的缓冲装置使压缩空气作用在油面上，液压油就以压缩空气相同的压力，由转换器主体下部的排油孔输出到液压缸，使其动作。

🚂 思考与练习

一、填空题

1. 气动系统对压缩空气的主要要求有：具有一定的_____和_____，并具有一定的_____程度。

2. 空气压缩机简称_____，是气源装置的核心，用以将原动机输出的_____转化为气体的_____。

3. 气动三联件依进气方向依次为_____、_____、_____。

4. 气液转换器的作用是把_____信号转换为_____信号。

二、简答题

1. 气源装置有哪些组成部分？各部分的作用是什么？

2. 如何正确选用空气压缩机？

3. 空气压缩机使用时应当注意哪些问题？

4. 气动三联件的组成及各部分的作用是什么？

项目五

气动系统分析与构建

学习目标

本项目以工程实践中常用的典型气动系统为载体来制定
工作任务，组织和实施教学，建立工作任务与知识和技能之

中国智造——马玉山在控制阀领域
攻克"卡脖"难关

间的联系。通过分析气动回路的工作过程，使学生掌握各种
气动元件的结构、工作原理及应用；能阅读一般设备的气动系统图，正确分析气动回路的组
成原理、特点及应用；能构建一般设备的气动控制回路，并通过 PLC 实现"机、电、气"
一体化技术综合应用；激发学生迎难而上，攻坚克难，锐意进取，争创一流的精神；培养学
生肩负重任，勇于创新，勇于担当的精神。

任务1   夹紧机构执行元件的选择

知识目标

◇ 了解气缸的类型、结构及特点；

◇ 掌握气缸的工作原理及应用。

技能目标

◇ 能正确选择气动执行元件。

图 5-1-1 所示为机床上的专用夹具夹
紧机构示意图，其中夹紧机构夹紧、松开工
件的动作是通过气动系统来实现的。那么该
机构的动作是通过系统中的什么元件实现
的？这些元件的类型又有哪些呢？

图 5-1-1   夹紧机构示意图

任务分析

在气动系统中,把气体的压力能转化为机械能并驱动工作机构运动的元件是执行元件,包括做直线运动的气缸和做回转运动的气马达。该任务中夹紧机构的动作应通过气缸来实现,气缸的种类很多,该如何选择呢?为使选出的气缸正确、合理,必须掌握气缸的类型、工作原理、结构及选择的方法。下面引入气动执行元件的相关知识。

相关知识

气缸是将压缩空气的压力能转换为机械能并驱动工作机构做往复直线运动或摆动的装置。与液压缸相比,它具有结构简单、制造容易、工作压力低和动作迅速等优点,故应用十分广泛。

一、气缸的分类

1. 根据压缩空气对活塞端面作用力的方向分

(1)单作用气缸:气缸运动时,只有一个方向是靠压缩气体完成的,另外一个方向是靠复位弹簧或者自重完成的。

(2)双作用气缸:气缸的往返运动都是靠压缩气体来完成的。

2. 按气缸的结构特征分

活塞式气缸、薄膜式气缸、伸缩式气缸和摆动式气缸等。

3. 按气缸的安装形式分

(1)固定式气缸:气缸安装在机体上固定不动,有耳座式、凸缘式和法兰式。

(2)轴销式气缸:缸体围绕一固定轴可做一定角度的摆动。

(3)回转式气缸:缸体固定在机床主轴上,可随机床主轴做高速旋转运动。这种气缸常用于机床上的气动卡盘中,以实现工件的自动装卡。

(4)嵌入式气缸:气缸做在夹具本体内。

4. 按气缸的功能分

(1)普通气缸:包括活塞单作用式和双作用式气缸,常用于无特殊要求的场合。

(2)特殊气缸:包括气液阻尼缸、薄膜式气缸、冲击式气缸、回转气缸、步进气缸、摆动气缸和伸缩气缸等,常用于有某种特殊要求的场合。

二、普通气缸

图 5−1−2 所示为典型的单杆双作用普通气缸结构原理图,气缸结构主要由缸筒、活塞杆、活塞、导向套、前缸盖与后缸盖以及密封元件组成。

气缸工作原理与普通液压缸相同,通过无杆腔与有杆腔的交替进气和排气,活塞杆伸出和退回,气缸实现往复直线运动。

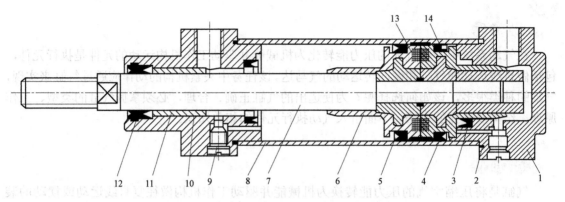

图 5-1-2 单活塞杆双作用气缸结构原理图
1—后缸盖；2—密封圈；3—缓冲密封圈；4—活塞密封圈；5—活塞；6—缓冲柱塞；7—活塞杆；8—缸筒；
9—缓冲节流阀；10—导向套；11—前缸盖；12—防尘密封圈；13—磁铁；14—导向环

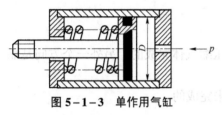

图 5-1-3 单作用气缸

1. 单作用气缸

图 5-1-3 所示为单作用气缸的结构原理图，当右端进气时，气缸活塞向左运动，而活塞的返回则是借助于其他外力，如重力、弹簧力等。其推力计算公式为

$$F = \frac{\pi}{4}D^2 p\eta_c - F_n \qquad (5-1-1)$$

式中：F——活塞杆上的推力；

D——活塞直径；

p——气缸工作压力；

F_n——弹簧力；

η_c——气缸的效率。

因弹簧的安装限制了活塞的行程，并且弹簧力的存在影响了气缸的运动稳定性，故该气缸多用于短行程及对活塞杆推力、运动速度要求不高的场合，如定位和夹紧装置等。

2. 双作用气缸

图 5-1-4 所示为双作用气缸的结构原理图，压缩空气能使活塞获得双向运动。其推力计算公式为

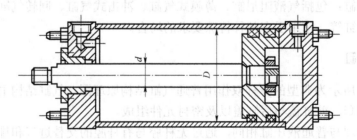

图 5-1-4 双作用气缸

$$F_1 = \frac{\pi}{4}D^2 p\eta_c \qquad\qquad (5-1-2)$$

$$F_2 = \frac{\pi}{4}(D^2-d^2)p\eta_c \qquad\qquad (5-1-3)$$

式中：F_1——当无杆腔进气时活塞杆上的输出力；

　　　F_2——当有杆腔进气时活塞杆上的输出力；

　　　D——活塞直径；

　　　d——活塞杆直径；

　　　p——气缸工作压力；

　　　η_c——气缸的效率，一般取 0.7～0.8。

双作用气缸结构简单、维护方便，是使用最为广泛的一种普通气缸。

三、特殊气缸

1. 薄膜式气缸

薄膜式气缸是一种利用膜片在压缩空气作用下产生变形来推动活塞杆做直线运动的气缸。图 5－1－5 所示为薄膜式气缸结构简图，主要由缸体、膜片、膜盘和活塞杆组成。膜片可以做成盘形膜片和平膜片两种形式。膜片材料为夹织物橡胶、钢片或磷青铜片等。

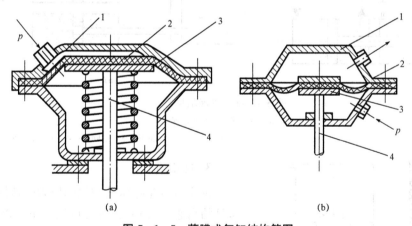

图 5－1－5　薄膜式气缸结构简图

（a）单作用式；（b）双作用式

1—缸体；2—膜片；3—膜盘；4—活塞杆

图 5－1－5（a）所示为单作用式薄膜气缸，压缩空气只能推动活塞杆单向运动；图 5－1－5（b）所示为双作用式，压缩空气能推动活塞杆做双向运动。

薄膜式气缸结构紧凑、简单，制造容易，成本低，维修方便，寿命长，泄漏少，效率高。但因膜片的变形量有限，故其行程短，一般不超过 40～50 mm，故常应用于气动夹具、自动调节阀及短行程场合。

2. 气液阻尼缸

普通气缸工作时，由于气体的可压缩性大，当外部载荷变化较大时，会产生"爬行"或

"自走"现象，使气缸的工作不稳定。为使气缸活塞运动平稳，可采用气—液阻尼缸。

气—液阻尼缸由气缸与液压缸组合而成，是以压缩空气作为动力，利用液体的可压缩性很小和控制流量来获得活塞的平稳运动及调节活塞的运动速度。与液压缸相比，它不需要液压源，经济性好；与气缸相比，它传动平稳，定位精确，噪声小。气液阻尼缸同时具有气动和液压的优点，因此得到了越来越广泛的应用。

图 5-1-6（a）所示为串联型气液阻尼缸，气缸与液压缸串联，当压缩空气自气缸右端进入时，气缸活塞克服外负载向左移动。由于两活塞固定在一个活塞杆上，因此同时带动液压缸活塞向左运动，此时液压缸左腔排油，单向阀关闭，油液只能经节流阀缓慢流入液压缸右腔，对整个活塞的运动起阻尼作用，调节节流阀的开度能调节活塞的运动速度。当气缸左端供气时，液压缸右腔排油，顶开单向阀，活塞能快速返回原来位置。这种气缸缸体较长，加工和安装时对同轴度要求较高，并易产生油气互窜现象。

图 5-1-6（b）所示为并联型气液阻尼缸，它由气缸和液压缸并联而成，其工作原理和作用与串联气液阻尼缸相同。这种气液阻尼缸的缸体短，结构紧凑，消除了气缸和液压缸之间的窜气现象。

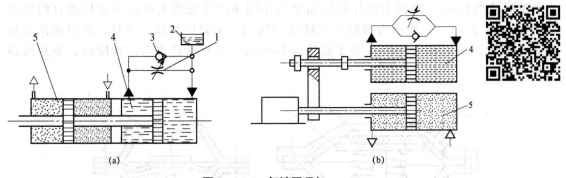

图 5-1-6 气液阻尼缸

（a）串联式；（b）并联式

1—节流阀；2—油箱；3—单向阀；4—液压缸；5—气缸

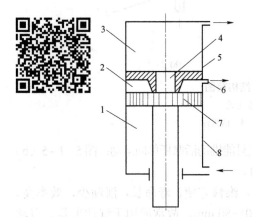

图 5-1-7 冲击气缸结构

1—活塞杆腔；2—活塞腔；3—蓄能器；
4—喷嘴口；5—中盖；6—泄气口；
7—活塞；8—缸体

3. 冲击气缸

冲击气缸是把压缩空气的压力能转换为活塞和活塞杆的高速运动（最大速度可达 10 m/s 以上），输出动能，产生较大的冲击力，打击工件做功的一种气缸。

图 5-1-7 所示为冲击气缸结构图，其比普通气缸多了一个带有流线型喷口的中盖和蓄能腔，喷口的直径为缸径的 1/3。当压缩空气进入蓄能腔时，其压力只能通过喷嘴口的小面积作用在活塞上，还不能克服活塞杆腔的排气压力所产生的向上的推力及活塞与缸体间的摩擦力，喷嘴处于关闭状态；当蓄能腔充气压力升高时，活塞下移使喷嘴口开启，压缩空气通过喷嘴口突然作用于活塞的全面积上，高速气流进入活塞腔进一步膨胀并产生冲击波，给予活塞很大的向下的推力。

冲击气缸结构简单、成本低、耗气功率小，且能产生相当大的冲击力，应用十分广泛，可完成下料、冲孔、弯曲、打印、铆接、模锻和破碎等多种作业。

4. 摆动气缸

摆动气缸也称摆动气马达，是将压缩空气的压力能转变为气缸输出轴的有限回转的机械能。图 5-1-8 所示为摆动气缸的结构图，分为单叶片和双叶片式，用于要求气缸叶片轴在一定角度内绕轴线回转的场合，如夹具转位、阀门的启闭等。

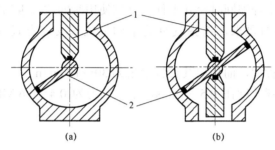

图 5-1-8　摆动气缸结构
（a）单叶片式；（b）双叶片式
1—定子；2—叶片

四、标准化气缸的标记和系列

我国目前已生产出五种从结构到参数都已经标准化、系列化的气缸（简称标准化气缸）供用户优先选用，在生产过程中应尽可能使用标准化气缸，这样可使产品具有互换性，给设备的使用和维修带来方便。

1. 标准化气缸的系列和标记

标准化气缸的标记是用符号"QG"表示气缸，用符号"A、B、C、D、H"表示五种系列。具体的标志方法是：

| QG | A、B、C、D、H | 缸径 × 行程 |

五种标准化气缸的系列为：
QGA—无缓冲普通气缸；
QGB—细杆（标准杆）缓冲气缸；
QGC—粗杆缓冲气缸；
QGD—气液阻尼缸；
QGH—回转气缸。
例如，标记为 QGA80 × 100，表示气缸的直径为 80 mm、行程为 100 mm 的无缓冲普通气缸。

2. 标准化气缸的主要参数

标准化气缸的主要参数是缸筒内径 D 和行程 L。
标准化气缸系列有 11 种规格：

缸径 D（mm）：40、50、63、80、100、125、160、200、250、320、400。

行程 L（mm）：对无缓冲气缸，$L=(0.5\sim2)D$；对有缓冲气缸，$L=(1\sim10)D$。

对于图 5-1-1 所示机床上专用夹具的夹紧机构，要求带动夹具动作的气缸能在压缩空气的作用下实现松开和夹紧的动作，因此可选用一个双作用单杆式普通气缸来实现，当活塞杆伸出时夹紧工件，活塞杆缩回时松开工件。气缸使用时的注意事项如下：

（1）根据工作任务的要求，选择气缸的结构形式、安装方式并确定活塞杆的推力和拉力。

（2）一般不使用满行程，而使用其行程余量为 30～100 mm。

（3）气缸工作的推荐速度在 0.5～1 m/s，工作压力为 0.4～0.6 MPa，环境温度为 5 ℃～60 ℃。

气动马达

气动马达是将压缩空气的压力能转换成旋转的机械能的装置。气动马达有叶片式、活塞式、齿轮式等多种类型，在气压传动中使用最广泛的是叶片式和活塞式马达。

1. 气动马达的工作原理

图 5-1-9 所示为双向旋转叶片式气动马达的结构示意图，当压缩空气从进气口进入气室后立即喷向叶片 1，作用在叶片的外伸部分，产生转矩，带动转子 2 做逆时针转动，输出机械能。若进气、出气口互换，则转子反转，输出相反方向的机械能。转子转动的离心力和叶片底部的气压力、弹簧力（图中未画出）使得叶片紧贴在定子 3 的内壁上，以保证密封，提高容积效率。

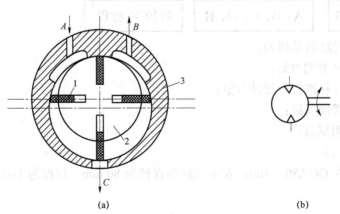

(a)   (b)

图 5-1-9　双向旋转叶片式气动马达

(a) 结构原理图；(b) 图形符号

1—叶片；2—转子；3—定子

2. 气动马达的特点

（1）工作安全，适应性强。在易燃、高温、振动、潮湿及粉尘等不利条件下都能正常工作；过载时气动马达只会降低速度或停车，不会因过载而发生烧毁，当负载减小时能迅速重新正常运转；满载时能连续长时间运转，其温升较小。

（2）可以无级调速。便于启、停与正反转控制；启动力矩较高，可直接带负载启动；启、停迅速。

（3）换向迅速。气动马达回转部分惯性矩小，压缩空气的惯性也小，换向时能瞬时升到全速；叶片式马达可在一转半的时间内升到全速；活塞式气马达可在不到一秒的时间内升至全速，达到快速启动和停止及换向的目的。

（4）功率范围及转速范围较宽。气马达功率小到几百瓦，大到几十千瓦，转速可以从零到 25 000 r/min 或更高。

（5）操纵方便，维修简单。

（6）速度稳定性较差、输出功率小、耗气量大、效率低、噪声大。

3. 气动马达的选用

不同类型的气动马达具有不同的特点和适用范围，因此主要从负载的状态要求出发来选择适用的气动马达。

叶片式气动马达适用于低转矩、高转速场合，如某些手提工具、复合工具、传送带、升降机等启动转矩小的中、小功率的机械。

活塞式气动马达适用于转速低、转矩大的场合。其耗气量不比其他气动马达小，且构成零件多、价格高。其输出功率为 0.2～20 kW，转速为 200～4 500 r/min。活塞式气动马达主要应用于矿山机械，如起重机、绞车、绞盘、拉管机等载荷较大且启动、停止特性要求高的机械，也用作传送带等的驱动马达。

齿轮式气动马达与其他类型的气动马达相比，具有体积小、重量轻、结构简单、对气源质量要求低、耐冲击及惯性小等优点。但转矩脉动较大、效率较低。小型气动马达转速能高达 10 000 r/min，大型的能达到 1 000 r/min，功率可达 50 kW，主要应用于矿山工具。

4. 气动马达的使用要求

润滑是气动马达正常工作不可缺少的一个环节。气动马达在得到正确、良好润滑的情况下，可在两次检修之间至少运转 2 500～3 000 h。一般应在气动马达的换向阀前装油雾器，以进行不间断的润滑。

思考与练习

一、填空题

1. 气缸的种类很多，按压缩空气在活塞端面作用力方向不同可分为_____和_____。

2. 冲击气缸是把压缩空气的_____能转化为_____的一种气缸。

3. 气动马达是气动系统的_____元件，它是将气源装置输出的_____能转换成

_____，用于驱动机构做旋转运动。

4. 气液阻尼缸由_____与_____组合而成，以_____作为动力，利用_____和控制流量来获得活塞的平稳运动与调节活塞的运动速度。

5. _____气缸结构紧凑、制造容易、成本低、维修方便、寿命长、泄漏少、效率高等优点，常应用于气动夹具、自动调节阀及短行程场合。

6. 气缸 QGA80 × 100 中，80 表示气缸的_____，100 表示气缸的_____。

二、简答题

1. 简述常见气缸的类型、功能和用途。

2. 试述气液阻尼缸的工作原理和特点。

3. 简述冲击气缸是如何工作的。

4. 选择和使用气缸应注意哪些要素？

5. 简述气缸马达的特点。

任务 2　板材成型装置气动系统的构建

知识目标

◇ 掌握各种方向控制阀的工作原理、图形符号及应用；

◇ 理解各种方向控制回路的控制原理及应用。

技能目标

◇ 能正确分析及构建各种方向控制回路；

◇ 会进行各种方向控制回路的安装与调试。

图 5-2-1 所示为板材成型装置示意图，该装置可通过气动系统对塑料板材进行成型加工。工作要求为：当两个按钮 S1、S2 同时按下后，气缸活塞杆伸出，带动曲柄连杆机构对塑料板材进行压制成型。加工完毕后，按下另一个按钮 S3，气缸活塞杆回缩。根据工作要求构建气动系统。

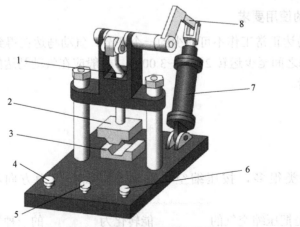

图 5-2-1　板材成型装置示意图

1—偏心曲轴；2—上模；3—下模；4—按钮 S1；5—按钮 S2；6—按钮 S3；7—气缸；8—气缸活塞杆

在图 5-2-1 所示的板材成型装置示意图中，对塑料板材进行压制成型的动作由气缸带动，首先要求气缸活塞杆能够带动曲柄连杆机构伸出、退回到指定位置，这可以通过换向阀改变进入气缸中压缩空气的流动方向来实现控制；其次要求气缸活塞杆只有在两个按钮全部按下时才会伸出，从而保证双手在气缸伸出时不会因操作不当而受到伤害，这可以通过与门型梭阀（双压阀）组成安全保护回路来实现控制。换向阀和与门型梭阀都属于方向控制阀，下面引入气动方向控制阀的相关知识。

一、方向控制阀

方向控制阀是用来控制管道内压缩空气的流通方向和气流的通、断，从而控制执行元件的启动、停止及运动方向的气动元件。

方向控制阀按气流在阀内的流动方向，可分为单向型控制阀和换向型控制阀；按控制方式不同，可分为手动控制、气动控制、电磁控制和机动控制等。

1. 单向型控制阀

单向型控制阀包括单向阀、或门型梭阀、与门型梭阀和快速排气阀。

1）单向阀

单向阀指气流只能正向导通、反向截止。如图 5-2-2 所示，单向阀中气体只能从左向右流动，反向时单向阀内的通路会被阀芯封闭。

在气压传动系统中单向阀一般和其他控制阀并联，使之只在某一特定方向上起控制作用。

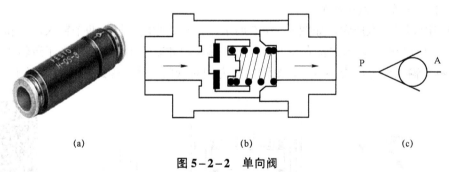

(a)　　　　　　　　　　(b)　　　　　　　　　　(c)

图 5-2-2　单向阀

(a) 实物图；(b) 结构原理图；(c) 图形符号

2）或门型梭阀（梭阀）

或门型梭阀又称梭阀，如图 5-2-3 所示，该阀有两个输入口 1 和 3 及一个输出口 2。当两个输入口中任何一个有输入信号时，输出口就有输出，从而实现了逻辑"或门"的功能；

当两个输入信号压力不等时，梭阀则输出压力高的一个。

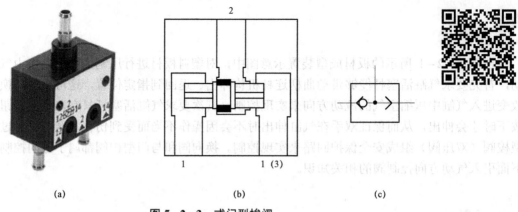

图 5-2-3 或门型梭阀

（a）实物图；（b）结构原理图；（c）图形符号

梭阀常用在逻辑回路和程序控制回路中，图 5-2-4 所示为梭阀在手动与自动控制的并联回路中的应用，该回路中电磁阀和手动阀都能使气缸活塞杆伸出。

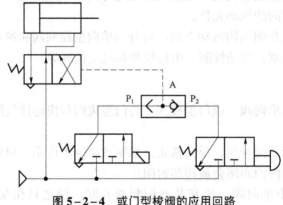

图 5-2-4 或门型梭阀的应用回路

3）与门型梭阀（双压阀）

与门型梭阀又称双压阀，如图 5-2-5 所示，该阀和梭阀一样有两个输入口 1 和 3 及一个输出口 2。只有当两个输入口都有输入信号时，输出口才有输出，从而实现了逻辑"与门"的功能。当两个输入信号压力不等时，则输出压力相对低的一个，因此它还有选择压力的作用。

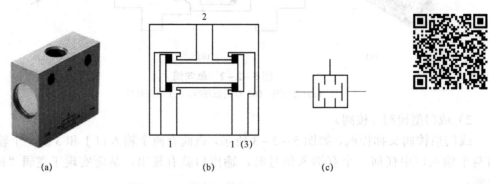

图 5-2-5 与门型梭阀

（a）实物图；（b）结构原理图；（c）图形符号

与门型梭阀的应用很广泛，如钻床、冲床、锻压机床上的安全保护回路。图 5-2-6 所示为双压阀在安全保护回路中的应用，该回路中只有同时按下两个手动换向阀，气缸活塞杆才会伸出，对操作人员的手起到安全保护作用。

4）快速排气阀

快速排气阀又称快排阀，常安装在换向阀和气缸之间，使气缸的排气不用通过换向阀而快速排出，加快气缸往复的运动速度，缩短工作周期。

图 5-2-7 所示为膜片式快速排气阀，其工作原理如图 5-2-7（b）所示，当进气口①进入压缩空气时，膜片被压下封住排气口③，气流经膜片四周小孔由②口流出，同时关闭③口；当气流反向经②口流入时，气压将膜片顶起封住①口，气体经排气口③迅速排掉。图 5-2-8 所示为快排阀的应用回路，该回路中气缸的往返运动速度均可加快。

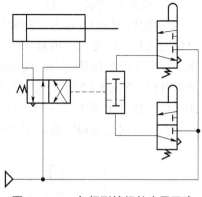

图 5-2-6　与门型梭阀的应用回路

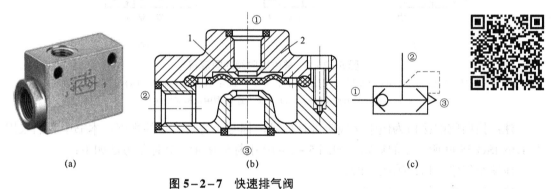

图 5-2-7　快速排气阀

（a）实物图；（b）结构原理图；（c）图形符号

1—膜片；2—阀体

2. 换向型控制阀

换向型方向控制阀（简称换向阀）的功用是改变气体通道，使气体流动方向发生变化，从而改变气动执行元件的运动方向。

1）种类

按操作方式：人力控制阀、机械控制阀、气压控制阀和电磁控制阀等。

按阀芯工作时在阀体中所处的位置不同：二位、三位等。

按换向阀所控制的通路数不同：二通、三通、四通和五通等。

2）工作原理

与液压换向阀的工作原理相同，气动换向阀也是通过改变阀芯和阀体间的相对位置，控制压缩空气的流动方向、接通或断开，从而改变执行元件的运动方向。

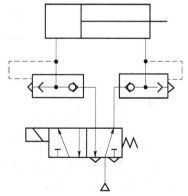

图 5-2-8　快速排气阀应用回路

3）换向阀的表示方法

气动换向阀的表示方法和液压换向阀基本相同，也包含了换向阀的位、通、控制方式、复位方式和定位方式等内容。图 5-2-9 所示为常用换向阀的图形符号，图中所谓的"位"指的是为了改变流体方向，阀芯相对于阀体所具有的不同的工作位置，即图形中有几个方格就有几位；所谓的"通"指的是换向阀与系统相连的通口，有几个通口即为几通。"↑"表示两接口连通，但不表示流向。"T"和"⊥"表示各接口互不相通，"↑"或"⊥"与方格的交点数为换向阀的通路数，即"通"数。

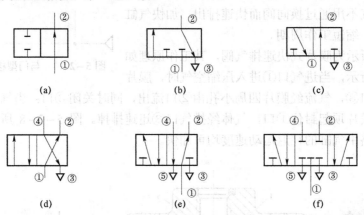

图 5-2-9　常用换向阀的图形符号

（a）二位二通换向阀；（b）常断型二位三通换向阀；（c）常通型二位三通换向阀；（d）二位四通换向阀；

（e）二位五通换向阀；（f）三位五通 O 型中位机能换向阀

注：换向阀的接口为便于接线应进行标号，标号应符合一定的规则。本书中我们采用的是 DIN ISO 5599 所确定的规则，如图 5-2-10 中标号所示，其标号方法如下：

压缩空气输入口：①或（P）；

排气口：③、⑤或（R、S）；

信号输出口：②、④或（A、B）；

使接口①和②导通的控制管路接口：⑫；

使接口①和④导通的控制管路接口：⑭；

使阀门关闭的控制管路接口：⑩。

图 5-2-10　换向阀的接口符号表示

4）常用换向阀

（1）人力控制换向阀。

依靠人力对阀芯位置进行切换的换向阀，简称人控阀。人控阀又可分为手动阀和脚踏阀两大类。手动阀操作方式有按钮式、旋钮式、锁式及推拉式等多种形式，图 5-2-11 所示为常用的人控阀的实物图。

图 5-2-12 所示为按钮式二位三通手动换向阀的工作原理，常态下如图 5-2-12（a）

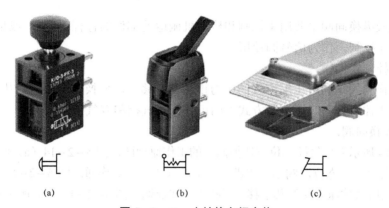

图 5-2-11　人控换向阀实物

（a）按钮式；（b）定位开关式；（c）脚踏式

所示，阀芯关闭进气孔①，气孔②、③连通；当按下按钮时，如图 5-2-12（b）所示，阀芯被压下，气孔①、②连通。图 5-2-12（c）所示为其图形符号。

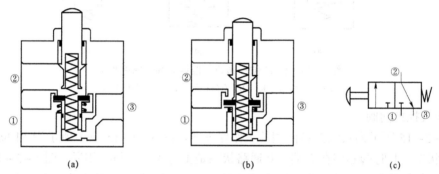

图 5-2-12　按钮式二位三通手动换向阀（常断型）

（a）换向前；（b）换向后；（c）图形符号

人力操纵换向阀与其他控制方式相比，使用频率较低，动作速度较慢。因操纵力不宜太大，所以阀的通径较小，操作也比较灵活。在直接控制回路中，人力操纵换向阀用来直接操纵气动执行元件，用作信号阀。

（2）机械控制换向阀（行程阀）。

机械操纵换向阀是利用安装在工作台上凸轮、挡块或其他机械外力来推动阀芯动作实现换向的换向阀。该阀常见的操控方式有顶杆式、滚轮式等，其实物和图形符号如图 5-2-13 所示，其换向原理与手动换向阀类似。

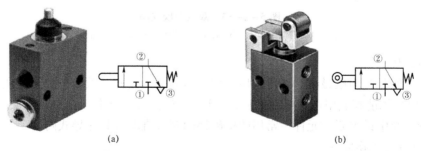

图 5-2-13　二位三通行程阀（常断型）

（a）顶杆式；（b）滚轮式

由于机械操纵换向阀主要用来控制和检测机械运动部件的行程,所以一般也称为行程阀,多用于行程程序控制,作为信号阀使用。

(3)气压控制换向阀。

气压控制换向阀是利用压缩空气的压力推动阀芯移动,使换向阀换向,从而实现气路换向或通断。气压控制换向阀按控制方式不同可分为单气控和双气控两种。

① 单气控换向阀。

图5-2-14所示为单气控二位三通换向阀的工作原理图,图5-2-14(a)所示为无气控信号K,此时阀芯处于常态位,阀芯关闭进气孔①,气孔②、③连通;图5-2-14(b)所示为有气控信号K,此时气体压力使阀芯下移,气孔①、②连通。图5-2-14(c)所示为其图形符号。

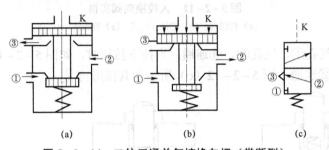

图5-2-14 二位三通单气控换向阀(常断型)
(a)无气控信号K;(b)有气控信号K;(c)图形符号

② 双气控换向阀。

图5-2-15所示为双气控换向阀的工作原理图,图5-2-15(a)所示为14位有气控信号时阀的状态,此时阀芯停在右端,其通路状态是①与④、②与③相通。图5-2-15(b)所示为12位有气控信号时阀的状态(信号⑭已不存在),阀芯换位,其通路状态变为①与②,④与⑤相通。图5-2-15(c)所示为其图形符号。

由于换向阀内没有弹簧,在两端控制口均无外加控制信号时,换向阀会保持上一个阀位工作状态,所以双气控换向阀具有"记忆功能",即气控信号消失后,阀仍能保持在有信号时的工作状态。

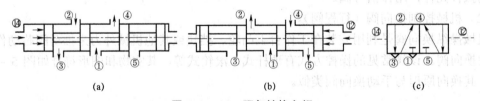

图5-2-15 双气控换向阀
(a)14位有气控信号;(b)12位有气控信号;(c)图形符号

(4)电磁控制换向阀。

电磁换向阀是利用电磁线圈通电时所产生的电磁吸力使阀芯改变位置来实现换向的,简称电磁阀。电磁阀能够利用电信号对气流方向进行控制,使气压传动系统可以实现电气控制,是气动控制系统中最重要的元件。常用的电磁换向阀有直动式和先导式两种。

① 直动式电磁换向阀。

直动式电磁阀由于阀芯的换向行程受电磁吸合行程的限制,故只适用于小型阀。直动式又分单电控和双电控换向阀。

图 5-2-16 所示二位三通单电控电磁换向阀的工作原理图，图 5-2-16（a）所示为电磁线圈断电状态，此时阀芯在复位弹簧的作用下处于上端位置，气孔②与③相通，阀处于排气状态；图 5-2-16（b）所示为电磁线圈通电时，电磁铁 1 推动阀芯 2 向下移，气路换向，气孔①与②相通，阀处于进气状态。图 5-2-16（c）所示为其图形符号。

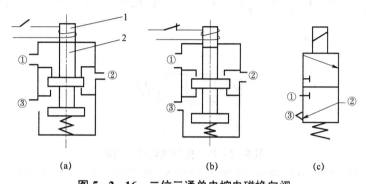

图 5-2-16　二位三通单电控电磁换向阀
（a）电磁铁断电；（b）电磁铁通电；（c）图形符号
1—电磁铁；2—阀芯

图 5-2-17 所示为二位五通双电控电磁换向阀的工作原理图，图 5-2-17（a）所示为电磁铁 1 通电、2 断电时，阀芯 3 被推向右端，使气孔①与④通、②与③相通，即④口进气、②口排气；图 5-2-17（b）所示为电磁铁②通电、①断电时，阀芯被推向左端，使气孔①与②通、④与⑤相通，即②口进气、④口排气。该阀和双气控换向阀一样，具有"记忆功能"，即当两电磁线圈均断电时，阀芯仍处于断电前的工作状态保持不变。

② 先导式电磁换向阀。

先导式电磁换向阀由电磁先导阀和主阀两部分组成。用先导阀的电磁铁首先控制气路，产生先导压力，再由先导压力去推动主阀阀芯，使其换向。

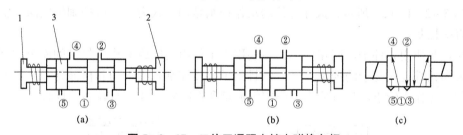

图 5-2-17　二位五通双电控电磁换向阀
（a）电磁铁 1 通电、2 断电；（b）电磁铁 2 通电、1 断电；（c）图形符号
1，2—电磁铁；3—阀芯

图 5-2-18 所示为先导式电磁换向阀的工作原理图，图 5-2-18（a）所示为电磁先导阀 1 的线圈通电、先导阀 2 断电，这时主阀 3 的 K1 腔进气、K2 腔排气，使主阀芯向右移动，气孔①与②通、④与⑤相通，即②口进气、④口排气；图 5-2-18（b）所示为电磁先导阀 2 通电、先导阀 1 断电，主阀 K_2 腔进气、K_1 腔排气，主阀芯向左移动，气孔①与④通、②与③相通，即④口进气、②口排气。为保证主阀正常工作，两个电磁阀不能同时通电，电路中

要考虑互锁。

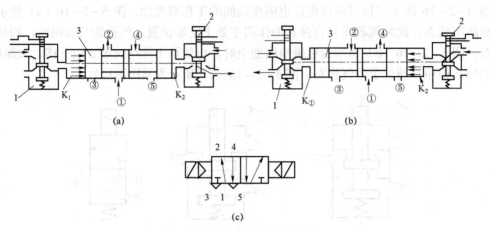

图 5-2-18　先导式电磁换向阀

(a) 电磁先导阀 1 通电、2 断电；(b) 电磁先导阀 2 通电、1 断电；(c) 图形符号

1, 2—电磁先导阀；3—主阀

直动式电磁阀是由电磁铁直接推动阀芯移动的，当阀通径较大时，用直动式结构所需的电磁铁体积和电力消耗都必然加大，而先导式电磁换向阀克服了此缺点，便于实现电、气联合控制，应用广泛。

二、方向控制回路

方向控制回路是通过控制进入执行元件压缩空气的通、断或变向来实现气动系统执行元件的启动、停止和换向作用的回路。

1. 气缸的控制方式

1）直接控制

如图 5-2-19（a）所示，执行元件的动作控制是通过人力或机械控制换向阀来实现的方式称为直接控制。

直接控制所用元件少，回路简单，主要用于单作用气缸或双作用气缸的简单控制，但无法满足换向条件比较复杂的控制要求。而且由于直接控制是由人力和机械外力直接操控换向阀换向的，操作力较小，故只适用于所需气流量和控制阀尺寸相对较小的场合。

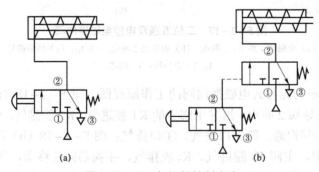

图 5-2-19　气缸的控制方式

(a) 直接控制；(b) 间接控制

2）间接控制

如图 5-2-19（b）所示，执行元件的动作控制是由气控换向阀来实现的，而人力、机械外力等外部输入信号只用来控制气控换向阀的换向，不直接控制执行元件动作的方式称为间接控制。间接控制主要用于下面两种场合：

（1）控制要求比较复杂的回路。

在多数气压控制回路中，控制信号往往不止一个，或输入信号要经过逻辑运算、延时等处理后才去控制执行元件动作，如采用直接控制就无法满足控制要求，这时宜采用间接控制。

（2）高速或大口径执行元件的控制。

执行元件所需气流量的大小决定了所采用的控制阀门通径的大小。对于高速或大口径执行元件，其运动需要较大压缩空气流量，相应的控制阀的通径也较大。这样，使得驱动控制阀阀芯动作需要较大的操作力。这时如果用人力或机械外力来实现换向比较困难，而利用压缩空气的气压力就可以获得很大的操作力，容易实现换向。所以对于这种需要较大操作力的场合也应采用间接控制。

2. 气缸的换向回路

1）单作用气缸换向回路

图 5-2-20 所示为单作用气缸换向回路。在图 5-2-20（a）中，当电磁铁通电时，活塞杆向上伸出；当电磁铁断电时，活塞杆在弹簧作用下返回。在图 5-2-20（b）中，当两电磁铁均断电时，在弹簧的作用下换向阀在中位，使气缸可以停在任意位置，但定位精度不高。

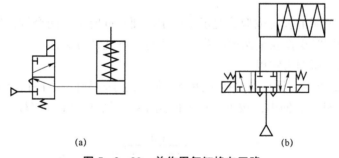

（a）   （b）

图 5-2-20　单作用气缸换向回路

（a）可控制气缸伸出、缩回；（b）可控制气缸伸出、缩回、停止

2）双作用气缸换向回路

图 5-2-21 所示为双作用气缸换向回路。图 5-2-21（a）所示为小通径的带电控二位五通阀操纵气缸换向；图 5-2-21（b）所示为双电控二位五通阀控制气缸换向；图 5-2-21（c）所示为两个小通径的二位五通手动阀控制气缸换向；图 5-2-21（d）所示为三位五通阀控制气缸换向，该回路有中停功能，但定位精度不高。

注：若单作用气缸为小型气缸，可以采用手控阀直接控制。若为大型气缸，就要采取间接控制，即手控换向阀输出口不是直接与气缸的气口相连，而是与单气控换向阀控制口相连，通过控制单气控换向阀换向，实现对气缸的间接控制。

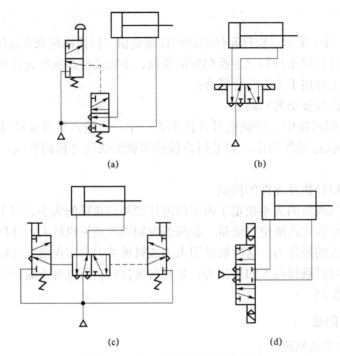

图 5-2-21　双作用气缸换向回路

（a）单电控二位五通阀控制；（b）双电控二位五通阀控制；

（c）双气控二位五通阀控制；（d）三位五通电磁阀控制

 **任务实施**

在图 5-2-1 所示的板材成型装置示意图中，要求同时按下两个按钮气缸才动作，可根据需要设计成双手同时操作安全保护回路，具体有以下几种方案：

方案一：通过双压阀来实现。

如图 5-2-22 所示，只有同时按下两个二位三通手动换向阀 1S1、1S2，双压阀才有输出，气缸 1A1 活塞杆才会伸出；按下手动换向阀 1S3，气缸 1A1 活塞杆缩回。

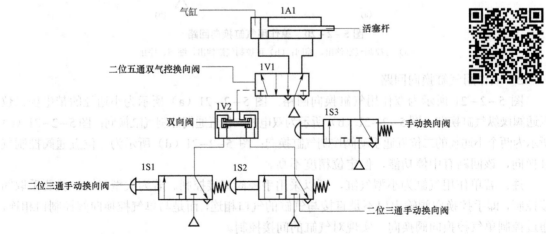

图 5-2-22　板材成型装置控制回路图（方案一）

方案二：通过两个串联的手动换向阀来实现。

如图 5-2-23 所示，只有同时按下两个二位三通手动换向阀 1S1、1S2，气缸 1A1 活塞杆才会伸出；按下手动换向阀 1S3，气缸 1A1 活塞杆缩回。

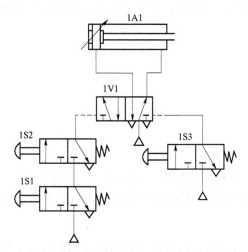

图 5-2-23 板材成型装置控制回路图（方案二）

方案三：通过电磁换向阀来实现。

如图 5-2-24 所示，只有同时按下两个按钮开关 1S1、1S2，电磁铁 1Y1 得电，气缸 1A1 活塞杆才会伸出；按下按钮开关 1S3，电磁铁 1Y2 得电，气缸 1A1 活塞杆缩回。

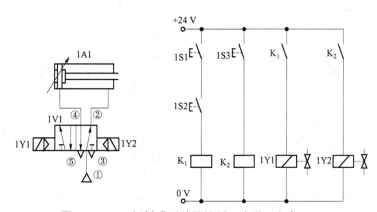

图 5-2-24 板材成型装置控制回路图（方案三）

 技能训练

在气动实训台上按上述三种方案安装与调试板材成型装置控制回路。实训步骤如下：

（1）能正确分析板材成型装置控制回路的动作原理。

（2）在实训操作台上找出系统所需的元器件并合理布置各元件的位置，正确连接该控制回路。

（3）检查无误后，接通电源，启动空气压缩机，先将空气压缩机出气口的阀门关闭，待气源充足后，打开阀门向系统供气。

（4）操作相应的控制按钮，观察气缸动作是否与控制要求一致，若不能达到预定动作，则检查各气动元件连接是否正确、调节是否合理、电气线路是否存在故障等。应能根据实训回路原理图检查并排除实训过程中出现的故障，直至实训正确。

（5）调试完毕经老师检查评估后，关闭空压机，放松减压阀的旋钮，拆下元件并放回原处。

安全保护回路

1. 互锁回路

如图 5-2-25 所示，两位四通主控阀的换向将受三个串联的二位三通机控换向阀的控制，只有当三个机控换向阀都接通时，主控阀才能换向，活塞才能动作。

2. 过载保护回路

如图 5-2-26 所示，当活塞向右运行过程中遇到障碍或其他原因使气缸过载时，左腔内的压力将逐渐升高，当其超过预定值时，打开顺序阀 3 使换向阀 4 换向，阀 1、2 同时复位，气缸返回，以保护设备安全。

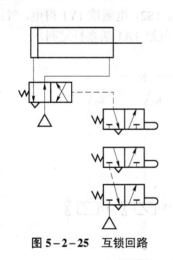

图 5-2-25 互锁回路

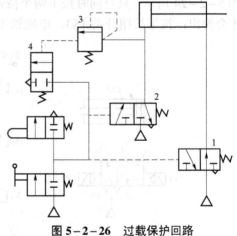

图 5-2-26 过载保护回路
1，2，4—单气控换向阀；3—顺序阀

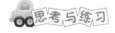

一、判断题

（　　）1. 气压控制换向阀是利用气体压力来使主阀芯运动而改变气体方向的。

（　　）2. 消声器的作用是排除压缩气体高速通过气动元件排到大气时产生的刺耳噪声污染。

（　　）3. 在气动系统中，双压阀的逻辑功能相当于"或"元件。

（　　）4. 快排阀是使执行元件的运动速度达到最快而使排气时间最短，因此需要将快排阀安装在方向控制阀的排气口。

（　　）5. 双气控及双电控两位五通方向控制阀具有记忆保持功能。

二、选择题

1. 气压传动中方向控制阀的作用是（　　）。

A. 调节压力　　　　　　B. 截止或导通气流　　　　　　C. 调节执行元件的气流量

2. 在图 5-2-27 所示的回路中，仅按下 Ps3 按钮，则（　　）。

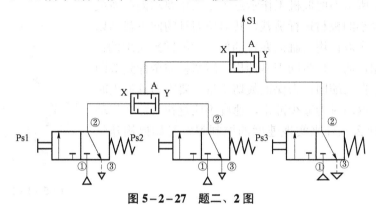

图 5-2-27　题二、2 图

A. 压缩空气从 S1 口流出

B. 没有气流从 S1 口流出

C. 如果 Ps2 按钮也按下，气流从 S1 口流出

三、简答题

1. 直接控制和间接控制的主要区别是什么？各适用于什么场合？

2. 快速排气阀有什么用途？它一般安装在什么位置？

四、分析设计题

1. 设计气动机械手抓取机构间接控制回路，任务要求：当按下按钮时，活塞杆伸出，机械手抓取工件；当松开按钮时，活塞杆缩回，机械手松开工件。

2. 设计一个双作用气缸动作之后单作用气缸才能动作的联锁回路。

3. 设计用两个梭阀能在三个不同场所均可操作气缸的回路。

4. 分析说明如图 5-2-28 所示回路具有什么功能。

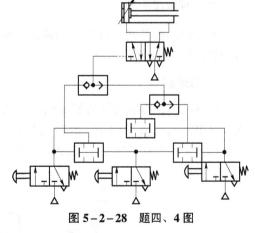

图 5-2-28　题四、4 图

任务 3　剪板机气动控制系统的构建

知识目标

◇ 掌握气动流量阀的工作原理、图形符号及应用；

◇ 掌握速度控制回路的控制原理及应用。

技能目标

◇ 能正确分析及构建各种速度控制回路；

◇ 会进行速度控制回路的安装与调试。

图 5-3-1 所示为剪板机工作示意图，工作要求为：剪板机可以对不同大小的板材进行剪裁，其剪切刀具的向下裁切以及返回是通过一个双作用气缸活塞杆的伸出和缩回来实现的；若按下一个按钮使活塞杆带动刀具伸出，活塞杆完全伸到头即裁切结束，活塞自动缩回；为保证裁切质量，要求刀具伸出时有较高的速度，返回时为减少冲击，速度不应过快。那么气动回路中应通过什么元件来实现速度的控制呢？又如何构建气动系统呢？

图 5-3-1 剪板机示意图

在如图 5-3-1 所示的剪板机示意图中，要求气缸伸出和缩回时速度是不一样的。伸出时，要实现气缸的快速动作，这就要求进气和排气的流量大。缩回时，要求速度比较慢，并且可以调节。为满足气缸动作的要求，需要使用速度控制元件来构建速度控制回路。

相关知识

一、流量控制阀

流量控制阀是通过改变阀的通流截面积来实现流量控制的元件，它包括节流阀、单向节流阀和排气节流阀等。

1. 节流阀

图 5-3-2 所示为气动节流阀，其结构原理如图 5-3-2（b）所示，压缩空气由 P 口进入，经节流后由 A 口流出，旋转阀芯调节螺母，就可改变节流口的开度，从而调节空气的流量。图 5-3-2（c）所示为其图形符号。

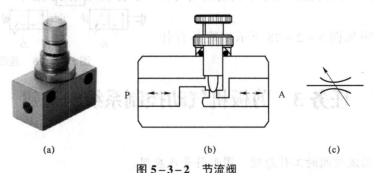

(a) (b) (c)

图 5-3-2 节流阀

（a）实物图；（b）结构原理图；（c）图形符号

2. 单向节流阀

图 5-3-3 所示为单向节流阀，该阀由单向阀和节流阀并联而成，节流阀只在一个方向上起流量控制的作用，相反方向的气流可以通过单向阀自由流通。利用单向节流阀可以实现对执行元件每个方向上的运动速度的单独调节。

图 5-3-3（b）所示为单向节流阀的结构原理图，当压缩空气从单向节流阀的左腔进入时，单向密封圈 3 被压在阀体上，空气只能从由调节螺母 1 调整大小的节流口 2 通过，再由右腔输出，此时单向节流阀对压缩空气起到调节流量的作用；反之，当压缩空气由右边进入时，膜片被顶开，流量不受节流阀限制。图 5-3-3（c）所示为其图形符号。

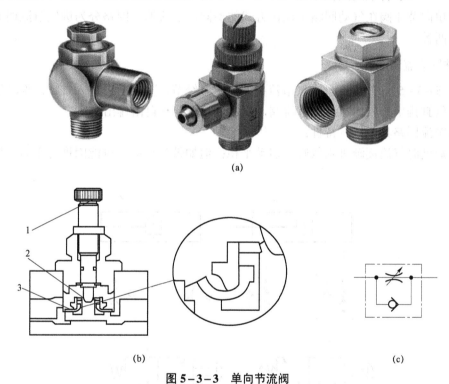

(a)

(b)   (c)

图 5-3-3　单向节流阀
（a）实物图；（b）结构原理图；（c）图形符号
1—调节螺母；2—节流口；3—单向密封圈

3. 排气节流阀

如图 5-3-4 所示，排气节流阀不仅能调节执行元件的运动速度，还能降低排气噪声。图 5-3-4（b）所示为其结构原理图，调节节流口 1 处的通流面积就可调节排气流量，消声器 2 用来降低排气噪声。图 5-3-4（c）所示为其图形符号。

排气节流阀只能安装在排气口处，调节排入大气的流量，以此来调节执行机构的运动速度，宜用在换向阀和气缸之间不能安装速度控制阀的场合。

二、调速方法

在气动控制回路中，只要改变了进入执行元件或执行元件排出的气体的流量，即可改变执行元件的运动速度。因为气动系统的功率都较小，故调速方法主要是节流调速。

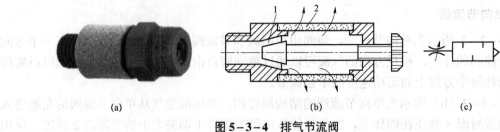

图5-3-4 排气节流阀

(a) 实物图;(b) 结构原理图;(c) 图形符号

1—节流口;2—消声器

根据单向节流阀在气动回路中连接方式的不同,节流调速回路分为进气节流调速和排气节流调速两种。

1. 进气节流调速

如图 5-3-5(a)所示,进气节流指压缩空气经节流阀调节后进入气缸,推动活塞缓慢运动;而气缸排出的气体不经过节流阀,直接通过单向阀自由排出。

进气节流回路具有以下特性:

(1)启动时气流逐渐进入气缸,启动平稳;但如带载启动,可能因推力不够,导致无法启动。

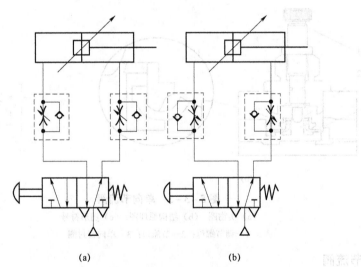

(a)   (b)

图5-3-5 节流调速回路

(a)进气节流;(b)排气节流

(2)采用进气节流进行速度控制,活塞上微小的负载波动都会导致气缸活塞速度的明显变化,使得进气运动速度稳定性较差。

(3)当负载的方向与活塞运动方向相同时(负值负载),由于直接经换向阀排气,几乎没有阻尼,负载易产生"跑空"现象,使气缸失去控制。

(4)当活塞杆碰到阻挡或到达极限位置而停止后,其工作腔由于受到的节流压力是逐渐上升到系统最高压力,利用这个过程可以很方便地实现压力顺序控制。

2. 排气节流调速

如图 5-3-5（b）所示，排气节流指压缩空气经单向阀直接进入气缸，推动活塞运动；而气缸排出的气体则必须通过节流阀受到节流后才能排出，从而使气缸活塞运动速度得到控制。

排气节流回路具有以下特性：

（1）启动时气流不经节流直接进入气缸，会产生一定的冲击，启动平稳性不如进气节流。

（2）采用排气节流进行速度控制，气缸排气腔由于排气受阻形成背压。排气腔形成的这种背压减少了负载波动对速度的影响，提高了运动的稳定性，使排气节流成为最常用的调速方式。

（3）在出现负值负载时，排气节流由于有背压的存在，可以阻止活塞的前冲。

（4）气缸活塞运动停止后，气缸进气腔由于没有节流，压力迅速上升；排气腔压力在节流作用下逐渐下降到零。利用这一过程来实现压力控制比较困难且可靠性差，一般不采用。

三、速度控制回路

速度控制回路用来调节气缸的运动速度或实现气缸的缓冲等。

1. 单作用气缸的速度控制回路

图 5-3-6 所示为单作用气缸速度控制回路，在图 5-3-6（a）中，气缸往返的速度均可调；在图 5-3-6（b）中，可用节流阀调节气缸的伸出速度，而气缸返回时则通过快速排气阀排气。

2. 双作用气缸的速度控制回路

图 5-3-7 所示为双作用气缸速度控制回路，在图 5-3-7（a）中，气缸只有一个方向的速度可调节；在图 5-3-7（b）中，气缸的往返速度均可调节。两回路都是采用排气节流调速方式，当外负载变化不大时，进气阻力小，负载变化对速度影响小，比进气节流调速效果要好。

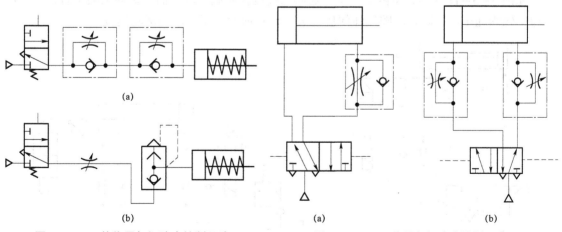

图 5-3-6 单作用气缸速度控制回路
（a）双向节流调速；（b）单向节流调速

图 5-3-7 双作用气缸速度控制回路
（a）单向节流调速；（b）双向节流调速

3. 气液调速回路

图 5-3-8 所示为气液调速回路，该回路利用气液转换器将气压变成液压，可实现快进、

项目五 气动系统分析与构建

工进和快退等工况，充分发挥了气动供气方便和液压速度容易控制的优点。

4. 缓冲回路

要获得气缸行程末端的缓冲，除采用带缓冲的气缸外，特别是在行程长、速度快、惯性大的情况下，往往需要采用缓冲回路来满足气缸运动速度的要求，常用的方法如图 5-3-9 所示。该回路能实现气缸快进—慢进—缓冲—停止—快退的循环，行程阀可根据需要来调整缓冲开始位置，缓冲回路常用于惯性力大的场合。

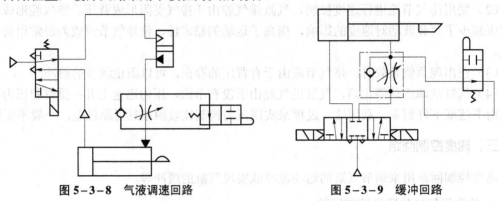

图 5-3-8　气液调速回路　　　　　　　　图 5-3-9　缓冲回路

5. 双速驱动回路

在气动系统中，常采用双速驱动回路实现气缸高低速驱动。如图 5-3-10 所示，该回路中二位三通电磁阀上有两条排气通路，一条是利用排气节流阀实现快速排气，另一条是通过单向节流阀采用排气节流调速方式，再经主换向阀排气实现慢速排气。使用时应注意，如果快速和慢速的速度相差太大，气缸速度在转换时则容易产生"弹跳"现象。

6. 行程中途变速回路

如图 5-3-11 所示，将两个二位二通阀与速度控制阀并联，活塞运动至某位置，令二位二通电磁阀通电，气缸背压腔气体便排入大气，从而改变了气缸的运动速度。

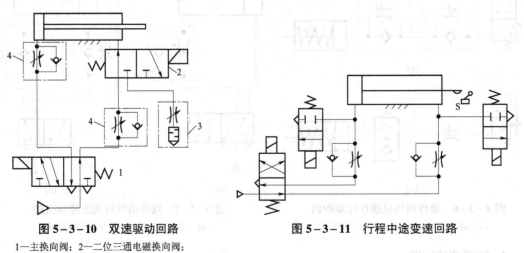

图 5-3-10　双速驱动回路　　　　　　　图 5-3-11　行程中途变速回路
1—主换向阀；2—二位三通电磁换向阀；
3—排气节流阀；4—单向节流阀

任务实施

在图 5-3-1 所示的剪板机装置示意图中，要求气缸伸出速度快，返回速度可调，可根据需要设计成气动速度控制回路，具体有以下两种方案：

方案一：通过双气控换向阀实现的气动控制回路。

如图 5-3-12 所示，按下二位三通手动换向阀 SB1，气缸快速伸出，当完全伸到位后压下行程阀 S1，气缸返回，返回速度可调节。

方案二：通过双电控换向阀实现的电气控制回路。

如图 5-3-13 所示，按下按钮开关 1S1，气缸快速伸出，当完全伸到位后压下行程开关 SQ1，气缸返回，返回速度可调节。

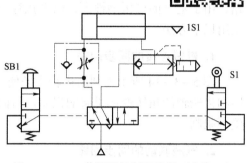

图 5-3-12　剪板机控制回路图（方案一）

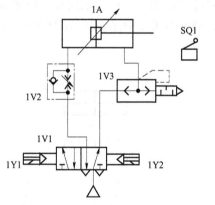

图 5-3-13　剪板机控制回路图（方案二）

技能训练

在气动实训台上按上述两种方案安装与调试剪板机控制回路。实训步骤如下：

（1）能正确分析剪板机控制回路的动作原理。

（2）在实训操作台上找出该系统所需要的元器件并合理布置各元器件的位置，正确连接该控制回路。

（3）检查无误后，接通电源，启动空气压缩机，先将空气压缩机出气口的阀门关闭，待气源充足后打开阀门向系统供气。

（4）操作相应的控制按钮，观察气缸动作是否与控制要求一致，若不能达到预定动作，则检查各气动元件连接是否正确、调节是否合理、电气线路是否存在故障等。应能根据实训回路原理图检查并排除实训过程中出现的故障，直至实训正确。

（5）调试完毕经老师检查评估后，关闭空压机，放松减压阀的旋钮，拆下元器件并放回原处。

知识拓展

同 步 回 路

同步回路是指驱动两个或多个执行元件以相同的速度移动或在预定的位置同时停止的回路。由于空气的可压缩性大，给多执行元件的同步控制带来了一定困难。为了实现同步，常采用以下方法。

1. 机械连接的同步回路

图 5-3-14 所示为利用齿轮齿条使两个活塞杆同步动作的回路。该回路虽然存在由齿侧隙和齿轮轴的扭转变形引起的误差，但同步可靠。缺点是结构较复杂，两缸布置的空间位置受到限制。

2. 气液联动的同步回路

使用气液转换或气液阻尼缸的气液联动的方法，能较好地实现气缸的同步动作。图 5-3-15 所示为采用气液转换的同步回路，气缸 1 的左腔与气缸 2 的右腔接管相连，内部注入液压油。只要保证两缸的缸径相同、活塞杆直径相等就可实现同步。但使用中要注意如果发生液压油的泄漏或者油中混入空气都会破坏同步，因此要经常打开气堵 6 放气并补油液。

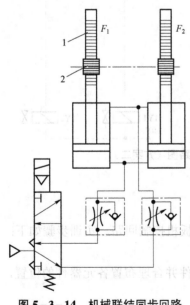

图 5-3-14　机械联结同步回路
1—齿条；2—齿轮

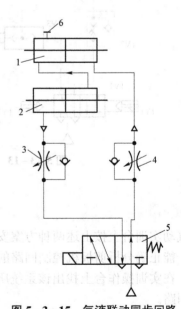

图 5-3-15　气液联动同步回路
1，2—气缸；3，4—单向节流阀；5—电磁阀；6—气堵

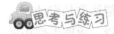思考与练习

一、填空题

1. 气动系统因使用的功率都不大，所以主要的调速方法是_____。

2. 根据单向节流阀在气动回路中连接方式的不同，节流调速回路分为_____和_____两种。其中_____回路气缸的速度平稳性好。

3. 流量控制阀是通过改变阀的_____来实现流量控制的元件。

4. 排气节流阀只能安装在系统的_____处，通过调节排入大气的流量，以此来调节执行机构的运动速度。

二、简答题

1. 如何对气动执行元件进行速度控制？进气节流和排气节流有什么区别？

2. 气液调速回路有何优点？

任务 4　打印机气动控制系统的构建

知识目标

✧ 掌握压力控制阀的工作原理、图形符号及应用；

✧ 掌握压力控制回路的控制原理及应用。

技能目标

✧ 能正确分析及构建各种压力控制回路；

✧ 会进行压力控制回路的安装与调试。

图 5-4-1 所示为工业上常用的气动打印装置工作示意图，打印机可在气缸的作用下对产品打印标志或记号。其工作要求为：当按下启动按钮后，气缸活塞杆伸出；当活塞杆完全伸出时开始对工件进行压印；当压印压力上升到 3 bar[①]时，则说明压印动作已经完成，气缸活塞杆自动缩回，并且气缸活塞的压印速度可以调节，压印机压力可以根据工件材料的不同进行调整。试根据上述工作要求完成此回路的设计。

图 5-4-1　打印机工作示意图

---

① 1 bar=0.1 MPa。

任务分析

在打印机工作过程中，要求能对系统的工作压力进行调节，并能以压力作为控制信号，控制气缸的缩回，这就需要使用压力控制元件构建压力控制回路；压力不仅是维持系统正常工作所必需的，同时也关系到系统的安全性、可靠性以及执行元件动作能否正常实现等多个方面。下面引入气动压力控制元件及压力控制回路的相关知识。

相关知识

一、压力控制元件

压力控制主要指的是控制、调节气动系统中压缩空气的压力，以满足系统对压力的要求。常用的压力控制元件有压力控制阀和行程开关。

压力控制阀按功能可分为减压阀、溢流阀和顺序阀等，它们的共同特点是利用作用在阀芯上压缩空气的作用力和弹簧力相平衡的原理来工作。

1. 减压阀（调压阀）

在气动系统中，一般气源压力都高于每台设备所需的压力，而且许多情况下是多台设备共用一个气源。利用减压阀可以将气源压力降低到各个设备所需的工作压力，并保持出口压力稳定。气动减压阀也称为调压阀，与液压减压阀一样，都是以阀的出口压力作为控制信号。调压阀按调压方式不同可分为直动式和先导式两种。

1）直动式减压阀

图5-4-2（a）所示为直动式减压阀的实物图，其工作原理如图5-4-2（b）所示：当阀处于工作状态时，调节手柄1、调压弹簧2、3及膜片5，通过阀杆6使阀芯8下移，进气阀口被打开，有压气流从左端输入，经阀口节流减压后从右端输出。输出气流的一部分由阻尼孔7进入膜片气室，在膜片5的下方产生一个向上的推力，这个推力总是企图把阀口开度关小，使其输出压力下降。当作用于膜片上的推力与弹簧力相平衡后，减压阀的输出压力便保持一定。

当输入压力发生波动时，如输入压力瞬时升高，输出压力也随之升高，作用于膜片5上的气体推力也随之增大，破坏了原来力的平衡，使膜片5向上移动，有少量气体经溢流口4、排气孔⑬排出。在膜片上移的同时，因复位弹簧10的作用，使输出压力下降，直到新的平衡为止。重新平衡后的输出压力又基本上恢复至原值。反之，输出压力瞬时下降，膜片下移，进气口开度增大，节流作用减小，输出压力又基本上回升至原值。调节手柄1使调压弹簧2、3恢复自由状态，输出压力降至零，阀芯8在复位弹簧10的作用下关闭进气阀口，这样，减压阀便处于截止状态，无气流输出。图5-4-2（c）所示为其图形符号。

2）先导式减压阀

图5-4-3（a）所示为内部先导式减压阀的实物图，它由先导阀和主阀两部分组成。其工作原理如图5-4-3（b）所示：当气流从左端流入阀体后，一部分经进气阀口9流向输

出口，另一部分经固定节流孔 1 进入中气室 5，经喷嘴 2、挡板 3、孔道反馈至下气室 6，再经阀杆 7 中心孔及排气孔⑧排至大气。

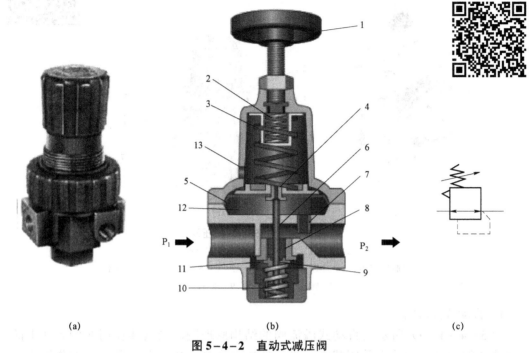

图 5-4-2　直动式减压阀

（a）实物图；（b）结构原理图；（c）图形符号

1—手柄；2，3—调压弹簧；4—溢流口；5—膜片；6—阀杆；7—阻尼孔；
8—阀芯；9—阀座；10—复位弹簧；11—排气阀口；12—膜片气室；13—排气孔

把手柄旋到一定位置，使喷嘴挡板的距离在工作范围内，减压阀就进入工作状态，中气室 5 的压力随喷嘴与挡板间距离的减小而增大，于是推动阀芯打开进气阀口 9，立即有气流流到出口，同时经孔道反馈到上气室 4，与调压弹簧相平衡。

若输入压力瞬时升高，输出压力也相应升高，通过孔口的气流使下气室 6 的压力也升高，破坏了膜片原有的平衡，使阀杆 7 上升，节流阀口减小，节流作用增强，输出压力下降，使膜片两端作用力重新平衡，输出压力恢复到原来的调定值。当输出压力瞬时下降时，经喷嘴挡板的放大也会引起中气室 5 的压力比较明显的提高，而使得阀芯下移、阀口开大、输出压力升高，并稳定到原数值上。图 5-4-3（c）所示为其图形符号。

安装减压阀时，要按气流的方向和减压阀上所示的箭头方向，依照空气过滤器→减压阀→油雾器的安装次序进行安装。调压时应由低向高调，直至规定的压力值为止。

注意：减压阀不用时应把手柄放松，以免膜片经常受压变形。

2. 溢流阀（安全阀）

当气动系统中的压力超过设定值时，溢流阀自动打开并排气，以降低系统压力，保证系统安全，故溢流阀也称安全阀。溢流阀按控制形式分为直动式和先导式两种。

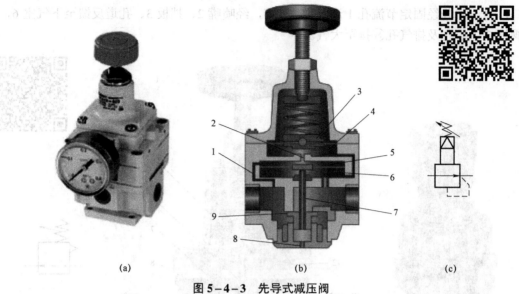

图 5-4-3 先导式减压阀

(a) 实物图；(b) 结构原理图；(c) 图形符号

1—固定节流孔；2—喷嘴；3—挡板；4—上气室；5—中气室；6—下气室；

7—阀杆；8—排气孔；9—进气阀口

1) 直动式溢流阀

图 5-4-4（a）所示为直动式溢流阀的结构原理图，当气体作用在阀芯 3 上的力小于弹簧 2 的力时，阀处于关闭状态；当系统压力升高，作用在阀芯 3 上的作用力大于弹簧力时，阀芯向上移动，阀开启并溢流，使气压不再升高。图 5-4-4（b）所示为其图形符号。

2) 先导式溢流阀

图 5-4-5（a）所示为先导式溢流阀的结构原理图，用一个小型直动式减压阀或气动定值器作为它的先导阀。工作时，减压后的空气从上部 C 口进入阀内，阀的流量特性好。图 5-4-5（b）所示为其图形符号。

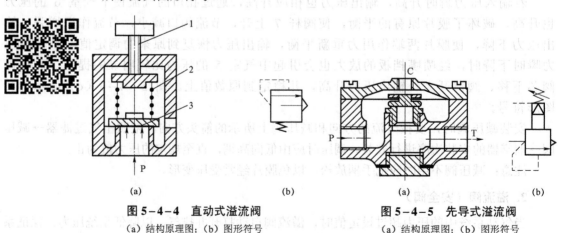

图 5-4-4 直动式溢流阀

(a) 结构原理图；(b) 图形符号

1—调节杆；2—弹簧；3—阀芯

图 5-4-5 先导式溢流阀

(a) 结构原理图；(b) 图形符号

3. 顺序阀

顺序阀是依靠气路中压力的变化而控制执行元件按顺序动作的压力控制阀。如图5-4-6所示，它根据弹簧的预压缩量来控制其开启压力，当输入压力达到或超过开启压力时，顶开弹簧，于是A才有输出；反之A无输出。

顺序阀一般很少单独使用，往往与单向阀组合在一起构成单向顺序阀。图5-4-7所示为单向顺序阀的工作原理图。如图5-4-7（a）所示，当压缩空气进入气腔4，作用在活塞3上的气压超过压缩弹簧2上的力时，将活塞顶起，空气从P经气腔4、5到A输出，此时单向阀6在压力差及弹簧力的作用下处于关闭状态。反向流动时，如图5-4-7（b）所示，输入侧P变成排气口，输出侧压力将顶开单向阀6由R口排气，调节旋钮1就可改变单向顺序阀的开启压力，以便在不同的开启压力下工作。

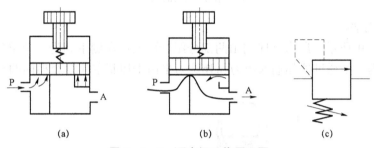

（a）　　　　　　（b）　　　　　　（c）

图5-4-6　顺序阀工作原理图

（a）关闭状态；（b）开启状态；（c）图形符号

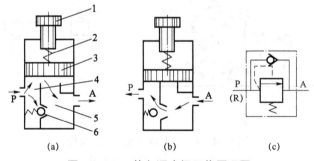

（a）　　　　　　（b）　　　　　　（c）

图5-4-7　单向顺序阀工作原理图

（a）开启状态；（b）关闭状态；（c）图形符号

1—旋钮；2—弹簧；3—活塞；4，5—气腔；6—单向阀

4. 压力顺序阀和压力开关

在某些气动设备或装置中，因结构限制而无法安装或难以安装位置传感器进行位置检测时，可采用安装位置相对灵活的压力顺序阀或压力开关来代替。因为在空载或轻载时气缸工作压力较低，当气缸活塞运动到终端停止时，压力会继续上升，使压力顺序阀或压力开关产生输出信号，这时它们所起的作用就相当于位置传感器。

图5-4-8所示为压力顺序阀和压力开关，两者都是根据所检测位置气压的大小来控制回路各执行元件的动作的元件。其中压力顺序阀产生的输出信号为气压信号，用于气动控制；压力开关的输出信号为电信号，用于电气控制。

图 5-4-8 压力顺序阀和压力开关实物图

（a）压力顺序阀；（b）压力开关

1）压力顺序阀

如图 5-4-9 所示，压力顺序阀由两部分组合而成：左侧主阀为一个单气控的二位三通换向阀；右侧为一个通过外部输入压力和弹簧力平衡来控制主阀是否换向的导阀。

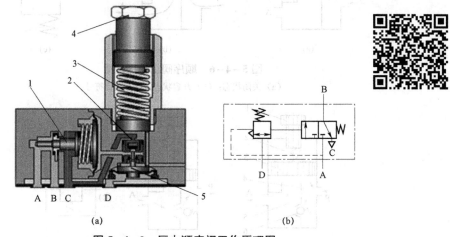

图 5-4-9 压力顺序阀工作原理图

（a）工作原理图；（b）图形符号

1—主阀；2—导阀；3—调节弹簧；4—调节旋钮；5—导阀阀芯

其工作原理如下：被检测的压力信号由导阀的 D 口输入，其气压力和调节弹簧的弹簧力相平衡。当压力达到一定值时，就能克服弹簧力使导阀的阀芯抬起。导阀阀芯抬起后，主阀输入口 A 的压缩空气就能进入主阀阀芯的右侧，推动阀芯左移实现换向，使主阀输出口 B 与输入口 A 导通产生输出信号。由于调节弹簧的弹簧力可以通过调节旋钮进行预先调节设定，所以压力顺序阀只有在 D 口的输入气压达到设定压力时，才会产生输出信号。这样就可以利用压力顺序阀实现由压力大小控制的顺序动作。

2）压力开关

压力开关是一种利用气压信号来控制电路的接通或断开，即把输入的气压信号转化为电信号输出的装置，也称气电转换器。

如图 5-4-10 所示，压力开关的工作原理图如下：当 X 口的气压力达到一定值时，即可推动阀芯克服弹簧力右移，使电气触点 1、2 断开，1、3 闭合导通。当压力下降到一定值时，则阀芯在弹簧力作用下左移，电气触点复位。其给定压力的大小可以通过调节旋钮设定。

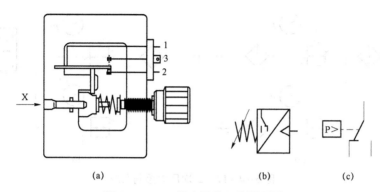

（a）　　　　　　　　　　　（b）　　　　（c）

图 5-4-10　压力开关工作原理图

（a）工作原理图；（b）气动回路中图形符号；（c）电气控制回路中图形符号

1，2，4—电气触点

二、压力控制回路

1. 一次压力控制回路

图 5-4-11 所示为一次压力控制回路，这种回路主要使储气罐输出的压力稳定在一定的范围内，可以采用外控溢流阀或电接点压力计来控制。

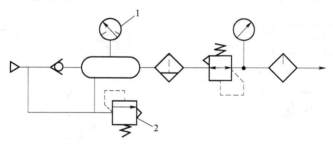

图 5-4-11　一次压力控制回路

1—电接点压力计；2—溢流阀

当采用溢流阀控制时，若储气罐内压力超过规定压力值，溢流阀接通，压缩机输出的压缩空气由溢流阀 2 排入大气，使储气罐内压力保持在规定范围内。该控制方式结构简单、工作可靠，但气量浪费大。

当采用电接点压力计 1 进行控制时，用它直接控制压缩机的停止或转动，这样也可保证储气罐内压力在规定的范围内。该控制方式对电动机及控制的要求较高，常用于小型空气压缩机。

2. 二次压力控制回路

图 5-4-12 所示为高低压转换回路。图 5-4-12（a）所示为分别由两个减压阀同时输出 p_1、p_2 两种不同的压力，气压系统就能得到所需的高压和低压输出；图 5-4-12（b）

所示为利用换向阀控制两个减压阀输出高、低压力 p_1、p_2 的转换回路，常适用于负载差别较大的场合。

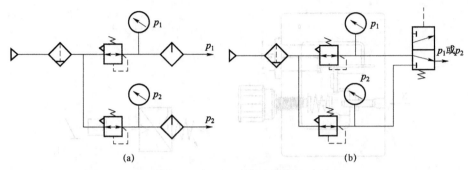

图 5-4-12　二次压力控制回路

（a）由减压阀输出高低压回路；（b）由换向阀选择高低压回路

3. 单往复动作回路

图 5-4-13 所示为压力控制的单往复回路，按下二位三通手动换向阀 1 的按钮后，双气控两位四通换向阀 3 的阀芯右移，气缸无杆腔进气，活塞杆伸出；当活塞到达终点时，无杆腔气体压力升高，打开顺序阀 2，阀 3 换向，气缸返回，完成一次循环。

4. 顺序动作回路

图 5-4-14 所示为用顺序阀控制两个气缸顺序动作的回路。通入压缩空气，气缸 1 先运动，当活塞到达终点时，无杆腔气压升高，打开顺序阀 4，气缸 2 运动。

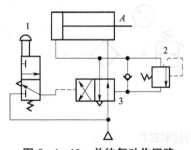

图 5-4-13　单往复动作回路

1，3—换向阀；2—顺序阀

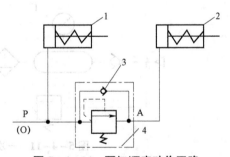

图 5-4-14　两缸顺序动作回路

1，2—气缸；3—单向阀；4—顺序阀

在图 5-4-1 所示的打印机装置示意图中，压印动作的完成是通过压力控制来实现的，可根据需要设计成气动压力控制回路，具体有以下两种方案：

方案一：通过压力顺序阀实现的气动控制回路。

如图 5-4-15 所示，按下两位三通手动换向阀 SB1，气缸活塞杆伸出，当完全伸到位后压下行程阀 1S1，并且气缸无杆腔压力达到顺序阀调定压力（3 bar）时返回。

方案二：通过压力开关实现的电气控制回路。

如图 5-4-16 所示，按下按钮开关 1S1，气缸活塞杆伸出，当完全伸到位后压下行程开关 1S2，并且气缸无杆腔压力达到压力开关 1B1 调定压力（3 bar）时返回。

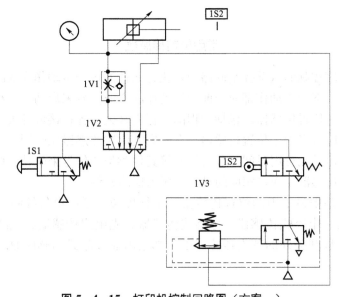

图 5-4-15　打印机控制回路图（方案一）

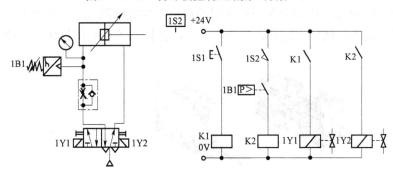

图 5-4-16　打印机控制回路图（方案二）

在气动实训台上按上述两种方案安装与调试打印机气动控制回路。实训步骤如下：

（1）能正确分析打印机控制回路的动作原理。

（2）在实训操作台上找出该系统所需的元器件并合理布置各元器件的位置，正确连接该控制回路。

（3）检查无误后，接通电源，启动空气压缩机，先将空气压缩机出气口的阀门关闭，待气源充足后，打开阀门向系统供气。

（4）操作相应的控制按钮，观察气缸动作是否与控制要求一致，若不能达到预定动作，则检查各气动元件连接是否正确、调节是否合理、电气线路是否存在故障等。应能根据实训回路原理图检查并排除实训过程中出现的故障，直至实训正确。

（5）调试完毕经老师检查评估后，关闭空压机，放松减压阀的旋钮，拆下元器件并放回原处。

知识拓展

常用位置传感器

在采用行程程序控制的气动控制回路中，执行元件的每一步动作完成时都有相应的发信元件发出完成信号，下一步动作都应由前一步动作的完成信号来启动。这种在气动系统中的行程发信元件一般为位置传感器，包括行程阀、行程开关、各种接近开关，在一个回路中有多少个动作步骤就应有多少个位置传感器。有时安装位置传感器比较困难或者根本无法进行位置检测时，行程信号也可用时间、压力信号等其他类型的信号来代替。此时所使用的检测元件也不再是位置传感器，而是相应的时间、压力检测元件。

在气动控制回路中最常用的位置传感器就是行程阀，采用电气控制时，最常用的位置传感器有行程开关、电容式传感器、电感式传感器、光电式传感器、光纤式传感器和磁感应式传感器。除行程开关外的各类传感器由于都采用非接触式的感应原理，所以也称为接近开关。

1. 行程开关

如图 5-4-17 所示，行程开关是最常用的接触式位置检测元件，它的工作原理和行程阀相似。行程阀是利用机械外力使其内部气流换向，行程开关是利用机械外力改变其内部电触点的通断情况。

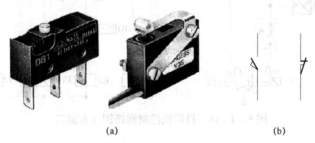

(a) (b)

图 5-4-17 行程开关

（a）实物图；（b）图形符号

2. 电容式传感器

电容式传感器的感应面由两个同轴金属电极构成，很像"打开的"电容器电极。这两个电极构成一个电容，串接在 RC 振荡回路内，其工作原理如图 5-4-18 所示。电源接通时，RC 振荡器不振荡，当物体朝着电容器的电极靠近时，电容器的容量增加，振荡器开始振荡。通过后级电路的处理，将不振和振荡两种信号转换成开关信号，从而起到了检测有无物体存在的目的。电容式传感器能检测金属物体，也能检测非金属物体，对金属物体可以获得最大的动作距离。而对非金属物体，动作距离的决定因素之一是材料的介电常数，材料的介电常数越大，可获得的动作距离越大。材料的面积对动作距离也有一定影响。

3. 电感式传感器

电感式传感器的工作原理如图 5-4-19 所示，内部的振荡器在传感器工作表面产生一个交变磁场，当金属物体接近这一磁场并达到感应距离时，在金属物体内产生涡流，从而导致

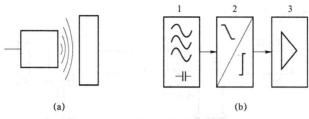

图 5-4-18 电容式传感器工作原理

1—振荡电路；2—信号处理；3—放大输出

振荡衰减，以致停振。振荡器振荡及停振的变化被后级放大电路处理并转换成开关信号，触发驱动控制器件，从而达到非接触式的检测目的。电感式传感器只能检测金属物体。

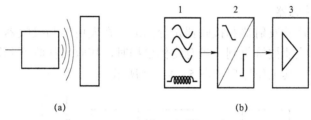

图 5-4-19 电感式传感器工作原理

1—振荡器；2—信号处理；3—放大输出

4. 光电式传感器

光电式传感器是通过把光强度的变化转换成电信号的变化来实现检测的。光电传感器在一般情况下由发射器、接收器和检测电路三部分构成。光束不间断地发射，或者改变脉冲宽度。接收器由光电二极管或光电三极管组成，用于接收发射器发出的光线。检测电路用于滤出有效信号并应用该信号。常用的光电式传感器又可分为漫射式、反射式和对射式等。

1）漫射式光电传感器

漫射式光电传感器集发射器与接收器于一体，在前方无物体时，发射器发出的光不会被接收器接收到。当前方有物体时，接收器就能接收到物体反射回来的部分光线，通过检测电路产生开关量的电信号输出。其工作原理如图 5-4-20 所示。

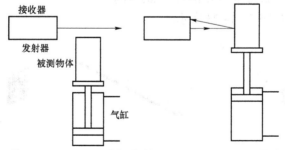

图 5-4-20 漫射式光电传感器工作原理

2）反射式光电传感器

反射式光电传感器也是集发射器与接收器于一体，但与漫射式光电传感器不同的是，其前方装有一块反射板。当反射板与发射器之间没有物体遮挡时，接收器可以接收到光线。当被测物体遮挡住反射板时，接收器无法接收到发射器发出的光线，传感器产生输出信号。其工作原理如图 5-4-21 所示。

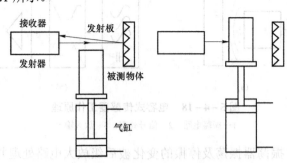

图 5-4-21 反射式光电传感器工作原理

3）对射式光电传感器

对射式光电传感器的发射器和接收器是分离的。在发射器与接收器之间如果没有物体遮挡，发射器发出的光线能被接收到。当有物体遮挡时，接收器接收不到发射器发出的光线，传感器产生输出信号。其工作原理如图 5-4-22 所示。

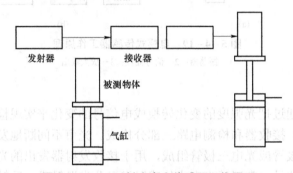

图 5-4-22 对射式光电传感器工作原理

5. 光纤式传感器

光纤式传感器把发射器发出的光用光导纤维引导到检测点,再把检测到的光信号用光纤引导到接收器。按动作方式的不同,光纤式传感器也可分成对射式、反射式、漫射式等多种类型。光纤式传感器可以实现被检测物体不在相近区域的检测。

各类传感器的实物如图 5-4-23 所示。

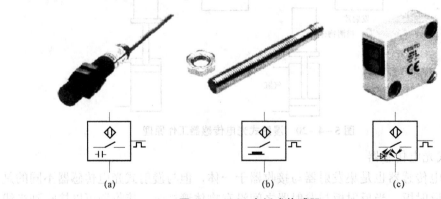

图 5-4-23 光纤式传感器

（a）电容式传感器；（b）电感式传感器；（c）光电式传感器

6. 磁感应式传感器

磁感应式传感器是利用磁性物体的磁场作用来实现对物体的感应的，它主要有霍尔式传感器和磁性开关两种，如图 5-4-24 所示。

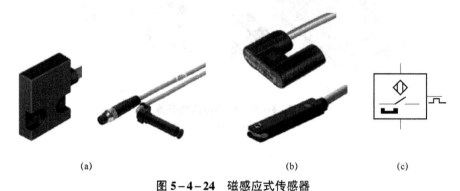

(a)　　　　　　　　　　(b)　　　　　　(c)

图 5-4-24　磁感应式传感器

（a）霍尔式传感器；（b）磁性开关；（c）图形符号

1）霍尔式传感器

当一块通有电流的金属或半导体薄片垂直地放在磁场中时，薄片的两端就会产生电位差，这种现象称为霍尔效应。霍尔元件是一种磁敏元件，用霍尔元件做成的传感器称为霍尔传感器，也称为霍尔开关。

2）磁性开关

磁性开关是流体传动系统中所特有的。磁性开关可以直接安装在气缸缸体上，当带有磁环的活塞移动到磁性开关所在位置时，磁性开关内的两个金属簧片在磁环磁场的作用下吸合，发出信号。当活塞移开时，舌簧开关离开磁场，触点自动断开，信号切断。通过这种方式可以很方便地实现对气缸活塞位置的检测，其工作原理如图 5-4-25 所示。

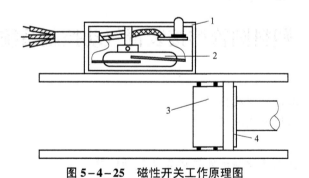

图 5-4-25　磁性开关工作原理图

1—指示灯；2—舌簧开关；3—气缸活塞；4—磁环

磁感应式传感器利用安装在气缸活塞上的永久磁环来检测气缸活塞的位置，省去了安装其他类型传感器所必需的支架连接件，节省了空间，安装调试也相对简单省时。图 5-4-26 所示为磁感应式传感器实物图及安装方式。

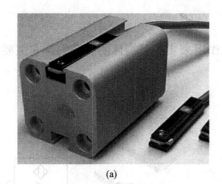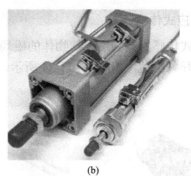

图 5－4－26　磁感应式传感器

（a）实物图；（b）安装方式

思考与练习

一、填空题

1. 气动压力控制阀按功能可分为_____、_____和_____。

2. 压力开关是一种利用气压信号来控制电路的接通或断开，即把输入的_____转化为_____输出的装置，也称气电转换器。

3. 气动溢流阀和气动顺序阀的区别在于_____打开后通大气，而_____打开后通入其他气动元件。

4. 压力顺序阀由两部分组合，其中单气控的二位三通换向阀为_____，通过外部压力控制的调压阀为_____。

二、简答题

1. 常用的压力控制回路有哪些？

2. 压力顺序阀和压力开关有哪些区别？

3. 常用的传感器有哪些类型？

任务 5　塑料圆管熔接装置气动控制系统的构建

知识目标

◇ 时间控制阀的工作原理及应用；

◇ 延时回路的控制原理及应用。

技能目标

◇ 能综合运用各种气动控制元件组成复杂气动回路。

任务引入

图 5－5－1 所示为塑料圆管熔接装置示意图，即通过电热熔接压铁将卷在滚筒上的塑料板片高温熔接成圆管。工作要求为：熔接压铁装在双作用气缸活塞杆上，为防止压铁损伤金属滚筒，将压力调节阀最大气缸压力调至 4 bar；按下按钮后气缸活塞杆伸出，完全伸出时压铁对塑料板片进行熔接；气缸活塞的回程运动只有在压铁到达设定

位置，且压力达到 3 bar 时才能实现。

为保证熔接质量，对气缸活塞杆的伸出进行节流控制；调节节流阀，使控制压力在气缸活塞杆完全伸出 3 s 后才增至 3 bar，这时塑料板片在高温和压力的作用下熔接成了一个圆管。

为了方便将熔接完成的塑料圆管取下，新的一次熔接过程必须在气缸活塞完全缩回 2 s 后才能开始。通过一个定位开关可将这个加工过程切换到连续自动循环工作状态。

图 5-5-1 塑料圆管熔接装置示意图
1—双作用气缸；2—熔接压铁

根据图 5-5-1 中的工作要求进行分析可知，本任务要综合运用到方向控制阀、流量控制阀、压力控制阀、时间控制元件等方面的知识，是一个综合性强、回路相对复杂的系统。我们该如何正确地选择元件并合理地组成回路呢？下面引入时间控制元件的相关知识及复杂回路的分析设计方法。

一、时间控制元件

对于气动执行元件在其终端位置停留时间的控制和调节，在电气控制回路中可通过时间继电器来实现，而在气动控制回路中则需要通过专门的延时阀来实现。

1. 时间继电器

当线圈接收到外部信号时，经过设定时间才使触点动作的继电器称为时间继电器。按延时的方式不同，时间继电器可分为通电延时时间继电器和断电延时时间继电器。

通电延时时间继电器线圈得电后，触点延时动作；线圈断电后，触点瞬时复位。断电延时时间继电器线圈得电后，触点瞬时动作；线圈断电后，触点延时复位。图 5-5-2 所示为时间继电器的图形符号。

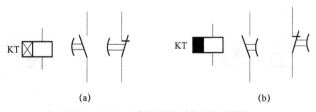

（a）　　　　　　　　　　　　　　　（b）

图 5-5-2 时间继电器的图形符号
（a）通电延时时间继电器；（b）断电延时时间继电器

2. 延时阀

延时阀是气动系统中的一种时间控制元件，它是通过节流阀调节气室充气时压力上升的速率来实现延时的，如图5-5-3所示延时阀有常通型和常断型两种。

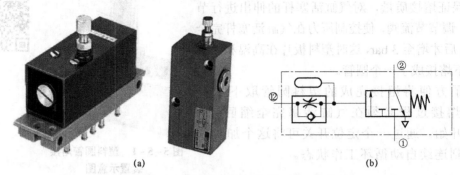

(a)   (b)

图5-5-3 延时阀的实物图及图形符号

（a）实物图；（b）图形符号

图5-5-4所示为常断型延时阀的工作原理图，延时阀由单向节流阀1、气室2和一个单气控二位三通换向阀组合而成。控制信号从⑫口经节流阀进入气室，由于节流阀的节流作用，使得气室压力上升速度较慢。当气室压力达到换向阀的动作压力时，换向阀换向，输入口①和输出口②导通，产生输出信号。由于从⑫口有控制信号到输出口②产生信号输出有一定的时间间隔，所以可以用来控制气动执行元件的运动停顿时间。若要改变延时时间的长短，只要调节节流阀的开度即可。通过附加气室还可以进一步延长延时时间。

当⑫口撤除控制信号时，气室内的压缩空气迅速通过单向阀排出，延时阀快速复位。

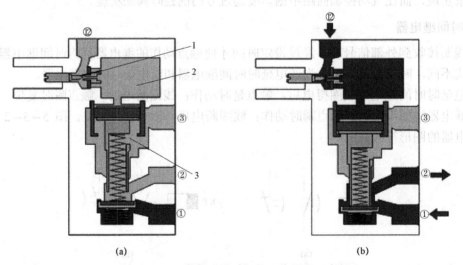

(a)   (b)

图5-5-4 常断型延时阀的工作原理示意图

（a）换向前；（b）换向后

1—单向节流阀；2—气室；3—单气控二位三通换向阀

二、延时回路

1. 延时输出回路

图 5-5-5 所示为延时输出回路，当控制信号切换阀 4 后，压缩空气经单向节流阀 3 向气容 2 充气，当充气压力延时升高达到一定值使阀 1 换向后，压缩空气就从该阀输出。

2. 延时退回回路

图 5-5-6 所示为延时退回回路。按下手动换向阀 1，换向阀 2 换向，活塞杆伸出，至行程终端，挡块压下行程阀 5，其输出的控制气体经节流阀 4 向气容 3 充气，当充气压力延时升高达到一定值后，阀 2 换向，活塞杆退回。

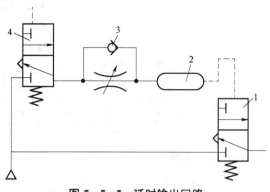

图 5-5-5 延时输出回路

1，4—二位三通单气控换向阀；
2—气容；3—单向节流阀

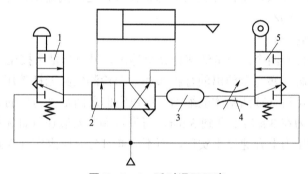

图 5-5-6 延时退回回路

1—手动换向阀；2—两位四通双气控换向阀；3—气容；4—节流阀；5—行程阀

如图 5-5-1 所示的塑料圆管熔接装置气动回路比较复杂，回路综合性强。根据系统的工作要求，可设计成气动控制回路或电气控制回路，具体方案如下：

方案一：气动控制回路。

图 5-5-7 所示为塑料圆管熔接装置气动控制回路，由于回路相对复杂，为便于设计，可将控制要求分成三部分分别进行分析和设计。

1）气缸活塞伸出控制

气缸活塞伸出控制条件有三个：按钮用于单循环工作的启动；定位开关用于连续循环工作的启动；气缸完全缩回停顿 2 s 用于保证圆管的取下和放上新的板片。

按钮和定位开关都可以启动气缸的动作，它们的关系是"或"的关系，它们的输出可以通过梭阀来连接，梭阀的输出即为按钮与定位开关这两个条件"或"的结果。气缸完全缩回2 s 可以用延时阀和检测气缸活塞回缩到位的行程阀连接实现。应在延时阀输出与梭阀的输出全部满足后，气缸活塞才能伸出，所以这两个条件是"与"的关系。它们可以通过双压阀或串联方式连接来实现。

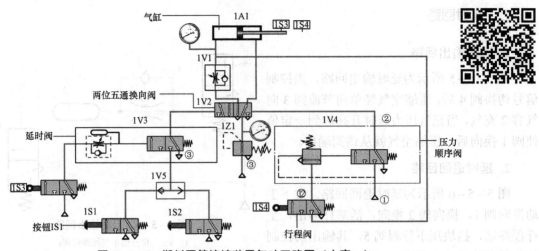

气缸　1A1　1S3 1S4

两位五通换向阀　1V1　1V2

延时阀　1V3　1Z1　1V4　压力顺序阀

1S3　1V5

按钮1S1　1S1　1S2　行程阀 1S4

图 5-5-7　塑料圆管熔接装置气动回路图（方案一）

假设按钮信号为条件 X，定位开关信号为条件 Y，延时阀输出信号为条件 Z，则气缸活塞伸出的条件 $A=(X+Y)Z$。

2）气缸活塞缩回控制

气缸活塞返回条件有两个：一是活塞杆完全伸出，另一个是熔接压力达到 3 bar。因此就需要一个用于检测气缸活塞完全伸出的行程阀和一个检测气缸无杆腔压力的压力顺序阀。这两个条件必须全部满足后气缸活塞才能缩回，所以它们之间是"与"的关系。

任务要求气缸压力在 3 s 后上升到 3 bar，可通过调节安装在气缸无杆腔侧的单向节流阀的开度，降低无杆腔压力上升速度来实现，而不应通过延时阀来实现 3 s 的延时。

3）压力调节

保证气缸最高压力为 4 bar，这可通过在主控阀输入口安装调压阀来实现。

注意：如果按图 5-5-8 对伸出控制部分的元件进行连接，启动后气缸活塞动作看似没有什么不同，但它与任务要求不是完全相符的。仔细分析就会发现，图 5-5-8 中延时阀的延时启动不仅需要气缸回缩到位后由 1S3 发出的信号，还需要按钮或定位开关发出的信号，即在用按钮启动伸出时，要使延时阀产生输出，按钮就必须持续按下满 2 s，显然不符合项目的控制要求，而且也不符合生产实际的需要。

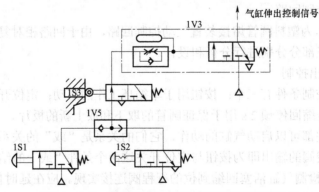

气缸伸出控制信号

1V3

1S3　1V5

1S1　1S2

图 5-5-8　塑料圆管熔接装置错误分析示意图

方案二：电气控制回路。

图 5-5-9 所示为塑料圆管熔接装置电气控制回路图，可通过磁性开关取代行程阀、时间继电器取代延时阀、压力开关取代压力顺序阀来实现任务要求。该方案简化了气动回路，但电路比较复杂。

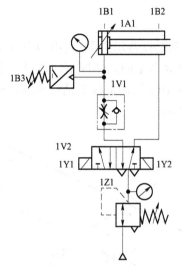

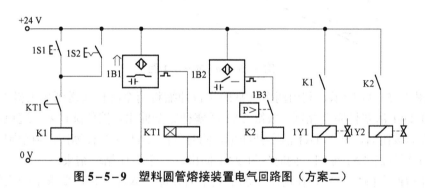

图 5-5-9 塑料圆管熔接装置电气回路图（方案二）

在气动实训台上按上述两种方案安装与调试塑料圆管熔接装置气动控制回路。实训步骤如下：

（1）能正确分析塑料圆管熔接装置控制回路的动作原理。

（2）在实训操作台上找出该系统所需的元器件并合理布置各元器件的位置，正确连接该控制回路。

（3）检查无误后，接通电源，启动空气压缩机，先将空气压缩机出气口的阀门关闭，待气源充足后打开阀门向系统供气。

（4）操作相应的控制按钮，观察气缸动作是否与控制要求一致，若不能达到预定动作，则检查各气动元件连接是否正确、调节是否合理、电气线路是否存在故障等。应能根据实训回路原理图检查并排除实训过程中出现的故障，直至实训正确。

项目五 气动系统分析与构建

（5）调试完毕经老师检查评估后，关闭空压机，放松减压阀的旋钮，拆下元器件并放回原处。

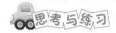

一、回路设计题

1. 如图5-5-10所示的标签粘贴设备示意图，利用两个双作用气缸同步动作将标签与金属桶身粘贴牢固。在保证气缸活塞完全缩回的情况下，通过一个手动按钮控制这两个气缸活塞的伸出。活塞伸出到位后应停顿10 s以保证标签粘贴牢固，10 s时间到后，气缸活塞自动回缩。试分别用两种方案设计该回路。

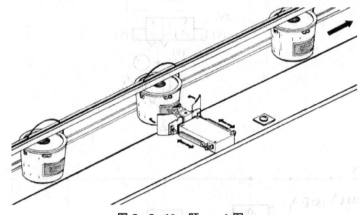

图5-5-10 题一、1图

2. 如图5-5-11所示，利用两个气缸的交替伸缩将两个圆柱塞送到加工机上进行加工。启动前气缸1A1活塞杆完全缩回，气缸2A1活塞杆完全伸出，挡住圆柱塞，避免其滑入加工机。按下启动按钮后，气缸1A1活塞杆伸出，同时气缸2A1活塞杆缩回，两个圆柱塞滚入加工机中。2 s后气缸1A1缩回，同时气缸2A1伸出，一个工作循环结束。

为保证后两个圆柱塞只有在前两个加工完毕后才能滑入加工机，要求下一次的启动只有在间隔5 s后才能开始。系统通过一个手动按钮启动，并用一个定位开关来选择工作状态是单循环还是连续循环。在供电或供气中断后，分送装置须重新启动，不得自行开始动作。试分别用两种方案设计该回路。

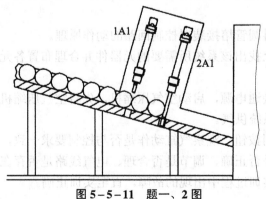

图5-5-11 题一、2图

项目六

气动系统的使用及维护

大国工匠——"维修神医"刘云清

学习目标

本项目以两个典型的工程设备中常见的气动系统为载体来制定工作任务，组织和实施教学，建立工作任务与知识和技能的联系，使学生掌握一般气动系统的分析方法和步骤，掌握气动系统日常使用及维护的方法，能对系统的常见故障进行分析与维修，并具备安装、调试一般气动系统的能力；激励学生爱岗敬业、踏实肯干，立志做有理想、敢担当、能吃苦、肯奋斗的新时代好青年；培养学生精益求精、持之以恒、开拓创新的工匠精神。

任务1 客车车门气动系统的使用及维护

知识目标

◇ 掌握气动系统的分析方法和步骤；

◇ 掌握气动系统日常维护的方法。

技能目标

◇ 能正确使用气动系统及对系统进行日常维护；

◇ 能对气动系统进行安装与调试。

任务引入

客车车门气动系统工作原理图如图 6-1-1 所示，它能控制汽车车门的开和关，而且当车门在关闭过程中遇到故障时，能使车门再次自动开启，起安全保护作用。那么该系统是如何工作的呢？系统在日常维护及安装调试过程中又该注意哪些事项呢？

任务分析

气动系统在实际生产中应用非常广泛，要提高设备的使用寿命，达到设备正常工作时的

项目六 气动系统的使用及维护

使用性能要求，其关键问题就是能正确分析气动回路的组成原理，并且能对系统进行日常维护、安装与调试。

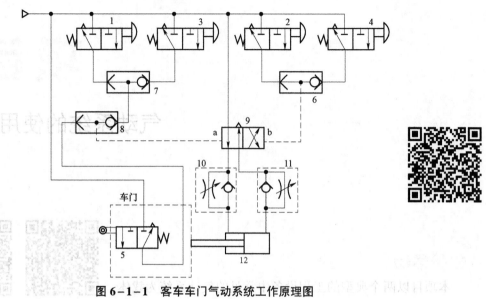

图 6-1-1　客车车门气动系统工作原理图

1，2，3，4—手动换向阀；5—机动控制换向阀；6，7，8—梭阀；9—双气控换向阀；10，11—单向节流阀；12—气缸

相关知识

一、气动系统图的一般分析步骤

（1）看懂图中各气动元件的图形符号，了解其名称及一般用途。

（2）分析图中的基本回路及功用。

（3）了解系统的工作程序及程序转换的发信元件。

（4）按工作程序图逐个分析其程序动作。

（5）一般规定工作循环中的最后程序终了时的状态作为气动回路的初始位置（或静止位置）。因此，回路原理图中控制阀和行程阀的供气及进出口的连接位置，应按回路初始位置状态连接。

（6）一般所介绍的回路原理图仅是整个气动控制系统中的核心部分，一个完整的气动系统还应有气源装置、气源调节装置及其他辅助元件等。

二、气动系统的安装和调试

1. 气动系统的安装

1）管道的安装

（1）安装前要彻底清理管道内的粉尘及杂物。

（2）管子支架要牢固，工作时不得产生振动。

（3）接管时要充分注意密封性，防止漏气，尤其注意接头处及焊接处。

（4）管路尽量平行布置，减少交叉，力求最短、转弯最少，并考虑到能自由拆装。

（5）安装软管要有一定的弯曲半径，不允许有拧扭现象，且应远离热源或安装隔热板。

2）元件的安装

（1）安装前应对元件进行清洗，必要时要进行密封试验。

（2）控制阀体上的箭头方向或标记，要符合气动流动方向。

（3）逻辑元件应按控制回路的需要，将其成组地装于底板上，并将底板上的引出气路用软管接出。

（4）密封圈不宜装得过紧，特别是 V 形密封圈，由于阻力特别大，所以松紧要适合。

（5）气缸的中心线要与负载作用力的中心线同心，以免引起侧向力，使密封件加快磨损、活塞杆弯曲。

（6）各种控制仪表、自动控制器、压力继电器等，在安装前进行校验。

3）系统的吹污和试压

（1）吹污：管路系统安装后，要用压力为 0.6 MPa 的干燥空气吹除系统中一切污物（用白布检查，以 5 min 内无污物为合格）。吹污后还要将阀芯、滤芯及活塞（杆）等零件拆下清洗。

（2）试压：用气密试验检查系统的密封性是否符合标准，一般是使系统处于 1.2～1.5 倍的额定压力保压一段时间（如 2 h）。除环境温度变化引起的误差外，其压力变化量不得超过技术文件规定值。

注意：试验时要把安全阀调整到试验压力。试压过程中最好采用分级试验法，并注意安全。如果发现系统出现异常，应立即停止试验，侍查出原因清除故障后再进行试验。

2. 气动系统的调试

1）调试前的准备

（1）要熟悉说明书等有关技术资料，力求全面了解系统的原理、结构、性能及操作方法。

（2）了解需要调整的元件在设备上的实际位置、操作方法及调节手柄的旋向。

（3）准备好调试的工具、仪表及补接测试管路等。

2）空载运行

空载运行不得少 2 h，观察压力、流量、温度的变化，如果发现异常现象，应立即停车检查，待排除故障后才能继续运转。

3）负载试运行

负载试运转应分段加载，运转不得少于 3 h，分别测出有关数据，记入试车记录。要注意摩擦部位的温升变化，分别测出有关数据，记入试车记录。

三、气动系统的使用和维护

1. 气动系统使用的注意事项

（1）应严格管理压缩空气的质量，开车前后要放掉系统中的冷凝水，定期清洗分水滤气器的滤芯。

（2）开车前要检查各调节手柄是否在正确位置，行程阀、行程开关、挡块的位置是否正确、牢固，对导轨、活塞杆等外露部分的配合表面应预先擦拭。

（3）熟悉元件控制机构的操作特点，要注意各元件调节手柄的旋向与压力、流量大小变化的关系，严防调节错误造成事故。

（4）系统使用中应定期检查各部件有无异常现象，各连接部位有无松动；油雾器、气缸、各种阀的活动部位应定期加润滑油。

（5）气动控制阀的密封元件通常用丁腈橡胶制成，应选择对橡胶无腐蚀作用的透平油作为润滑油（ISOVG32），即使对无油润滑的元件，一旦用了含油雾润滑的空气后，就不能中断使用。因为润滑油已将原有油脂洗去，中断后会造成润滑不良。

（6）设备长期不用时，应将各手柄放松，以免弹簧失效而影响元件的性能。

（7）气缸拆下长期不使用时，所有加工表面应涂防锈油，进、排气口加防尘塞。

（8）元件检修后重新装配时，零件必须清洗干净，特别注意防止密封圈剪切、损坏，并注意唇形密封圈的安装方向。

2. 气动系统的日常维护

气动系统日常维护工作的主要任务是冷凝水排放、系统润滑和空压机系统的管理。

1）冷凝水排放的管理

压缩空气中的冷凝水会使管道和元件锈蚀，防止冷凝水侵入压缩空气的方法是及时排除系统各处积存的冷凝水。冷凝水排放涉及从空压机、后冷却器、气罐、管道系统到各处空气过滤器、干燥器和自动排水器等整个气动系统。在工作结束时，应当将各处冷凝水排放掉，以防夜间温度低于 0 ℃导致冷凝水结冰。由于夜间管道内温度下降，会进一步析出冷凝水，故在每天设备运转前，也应将冷凝水排出。经常检查自动排水器、干燥器是否正常工作，定期清洗分水滤气器和自动排水器。

2）系统润滑的管理

气动系统中从控制元件到执行元件，凡有相对运动的表面都需要润滑。如果润滑不足，会使摩擦阻力增大，导致元件动作不良，因密封面磨损而引起泄漏。在气动装置运转时，应检查油雾器的滴油量是否符合要求、油色是否正常。如发现油杯中油量没有减少，应及时调整滴油量；若调节无效，则需检修或更换油雾器。

3）空压机系统的日常管理

定期检查空压机是否有异常声音和异常发热、润滑油位是否正常、空压机系统中的水冷式后冷却器供给的冷却水是否足够。

3. 气动系统的定期维护

气动系统定期维护工作的主要内容是漏气检查和油雾器管理。

（1）检查系统各泄漏处，因泄漏引起的压缩空气损失会造成很大的经济损失。因此，此项检查至少应每月一次，任何存在泄漏的地方都应立即进行修补。漏气检查应在白天车间休息的空闲时间或下班后进行。这时，气动装置已停止工作，车间内噪声小，且管道内还有一定的空气压力，根据漏气的声音便可知何处存在泄漏。检查漏气时还应采用在各检查点涂肥皂液等办法，这种显示漏气的效果比听声音更灵敏。

（2）通过对方向阀排气口的检查，检查润滑油是否合适、空气中是否有冷凝水。若润滑不良，检查油雾器滴油是否正常、安装位置是否恰当；若有大量冷凝水排出，检查排除冷凝水的装置是否合适、过滤器的安装位置是否恰当。

（3）检查安全阀、紧急安全开关动作是否可靠。定期检修时必须确认它们的动作可靠性，以确保设备和人身安全。

（4）观察方向阀的动作是否可靠。检查阀芯或密封件是否磨损（如方向阀排气口关闭时仍有泄漏，往往是磨损的初期阶段），查明后及时更换。让电磁阀反复切换，从切换声音可判断阀的工作是否正常。

（5）反复开关换向阀观察气缸动作，判断活塞密封是否良好；检查活塞杆外露部分，观察活塞杆是否被划伤、腐蚀或存在偏磨；判断活塞杆与端盖内导向套、密封圈的接触情况、压缩空气的处理质量和气缸是否存在横向载荷等；判断缸盖配合处是否存在泄漏。

（6）行程阀、行程开关以及行程挡块都要定期检查，确定其安装的牢固程度，以免出现动作混乱。

针对定期维护内容，应采取下述定期维护措施：

（1）每天应将过滤器中的水排放掉。检查油雾器的油面高度及油雾器调节情况。

（2）每周应检查信号发生器上是否有铁屑等杂质沉积，查看调压阀上的压力表，检查油雾器的工作是否正常。

（3）每三个月检查管道连接处的密封，以免泄漏；更换连接到移动部件上的管道；检查阀口有无泄漏；用肥皂水清洗过滤器内部，并用压缩空气从反方向将其吹干。

（4）每六个月检查气缸内活塞杆的支撑点是否磨损，必要时需更换，同时应更换刮板和密封圈。

上述定期检修的结果应记录下来，作为系统出现故障时查找原因和设备维修时的参考。

任务实施

分析图 6-1-1 所示客车车门气动系统工作原理图可知，在该系统中，车门的开和关靠气缸 12 来实现，气缸由双气控换向阀 9 来控制，而双气控换向阀又由 1、2、3、4 四个按钮式手动换向阀操纵，气缸运动速度的快慢由单向节流阀 10 或 11 来调节。起安全保护作用的机动控制换向阀 5 安装在车门上。

一、客车车门气动系统的使用

1. 车门的开启

操纵手动换向阀 1 或 3 时，压缩空气便经阀 1 或阀 3 到梭阀 7 和梭阀 8，把控制信号送到主控双气控换向阀 9 的 a 端，阀 9 处于左位，压缩空气便经阀 9 和阀 10 中的单向阀到气缸有杆腔，推动活塞杆缩回而使车门开启。

2. 车门的关闭

操纵手动换向阀 2 或 4 时，压缩空气则经梭阀 6 把控制信号送到主控双气控换向阀 9 的 b 端，阀 9 处于右位，此时压缩空气便经阀 9 右位和阀 11 的单向阀到气缸的无杆腔，推动活塞杆伸出而使车门关闭。

3. 安全保护

车门在关闭过程中若碰到障碍物，便推动机动换向阀 5 使压缩空气经阀 5 把控制信号由梭阀 8 送到主控双气控换向阀 9 的 a 端，使车门重新开启。但若手动换向阀 2 或阀 4 仍然保

持按下状态，则阀 5 不起自动开启车门的安全作用。

二、客车车门气动系统的维护

由于客车车门气动系统主要通过各种方向阀来控制车门的开启和关闭，因此应主要对以下几方面的内容进行维护：

（1）观察方向阀的动作是否可靠，检查阀芯或密封件是否磨损（如方向阀排气口关闭时仍有泄漏，往往是磨损的初期阶段），查明后及时更换。

（2）反复开关换向阀观察气缸动作，判断活塞密封是否良好；检查活塞杆外露部分，观察活塞杆是否被划伤、腐蚀或存在偏磨；判断活塞杆与端盖内的导向套、密封圈的接触情况及压缩空气的处理质量和气缸是否存在横向载荷等；判断缸盖配合处是否有泄漏。

（3）行程阀及行程挡块都要定期检查，确定其安装的牢固程度，以免出现动作混乱。

压缩空气的污染及防止方法

压缩空气的质量对气动系统性能的影响极大，它如被污染将使管道和元件锈蚀、密封件变形、堵塞喷嘴，使系统不能正常工作。压缩空气的污染主要来于自水分、油分和粉尘三个方面，其污染原因及防止方法如下。

1. 水分

空气压缩机吸入的是含水分的湿空气，经压缩后提高了压力，当再度冷却时就要析出冷凝水，侵入到压缩空气中致使管道和元件锈蚀，影响其性能。

防止冷凝水侵入压缩空气的方法是：及时排除系统各排水阀中积存的冷凝水，经常注意自动排水器、干燥器的工作是否正常，定期清洗空气过滤器、自动排水器的内部元件等。

2. 油分

这里是指使用过的因受热而变质的润滑油。压缩机使用的一部分润滑油成雾状混入压缩空气中，受热后引起汽化随压缩空气一起进入系统，将使密封件变形，造成空气泄漏、摩擦阻力增大、阀和执行元件动作不良，而且还会污染环境。

清除压缩空气中油分的方法有：较大的油分颗粒，通过除油器和空气过滤器的分离作用同空气分开，从设备底部排污阀排出；较小的油分颗粒则可通过活性炭的吸附作用予以清除。

3. 粉尘

如果大气中含有的粉尘、管道中的锈粉及密封材料的碎屑等浸入到压缩空气中，将引起元件中的运行部件卡死、动作失灵、喷嘴堵塞等加速元件磨损，降低使用寿命，导致故障发生，严重影响系统性能。

防止粉尘侵入压缩空气的主要方法有：经常清洗空气压缩机前的预过滤器，定期清洗空气过滤器的滤芯，及时更换滤清元件等。

思考与练习

一、填空题

1. 压缩空气的质量对气动系统性能的影响极大，它如被污染将使管道和元件锈蚀_____、密封件_____、喷嘴_____，使系统不能正常工作。

2. 压缩空气的污染主要来自于_____、_____和_____三个方面。

3. 清除压缩空气中油分的方法有：较大的油分颗粒，通过_____的分离作用同空气分开，从设备底部排污阀排除；较小的油分颗粒则可通过_____的吸附作用清除。

4. 气动系统日常维护的主要内容是_____的管理和_____的管理。

5. 要注意油雾器的工作是否正常，如果发现油量没有减少，则需及时_____油雾器。

二、简答题

1. 如何对气动系统管道及元件进行安装？

2. 如何对气动系统进行日常维护？

3. 气动系统在使用中应当注意哪些事项？

任务2 加工中心气动系统的故障分析与排除

知识目标

◇ 掌握气动系统的故障诊断方法；

◇ 掌握气动系统的常见故障及故障的排除方法。

技能目标

◇ 能对气动系统的故障进行分析及排除。

任务引入

图6-2-1所示为XH754卧式加工中心，该加工中心的换刀系统采用气动控制，气动系统在换刀过程中实现主轴的定位、松刀、拔刀、向主轴锥孔吹气和插刀等动作。系统在工作一段时间后发现有以下故障：主轴锥孔吹气时吹出含有铁锈的水分；主轴松刀动作缓慢；变速气缸不动作、无法变速等。分析系统故障产生的原因和采取的措施。

任务分析

图6-2-2所示为XH754卧式加工中心的气动控制回路，要想排除气动系统在使用过程中出现的故障，达到设备

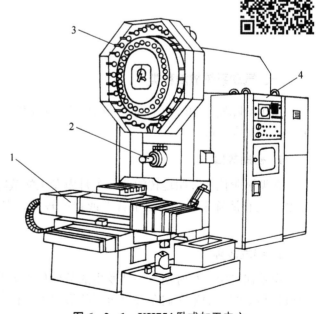

图6-2-1　XH754卧式加工中心

1—工作台；2—主轴；3—刀库；4—数控柜

正常工作时的使用性能要求，其关键问题就是能全面分析气动回路的组成原理，知道气动系统的常见故障类型及故障排除方法。

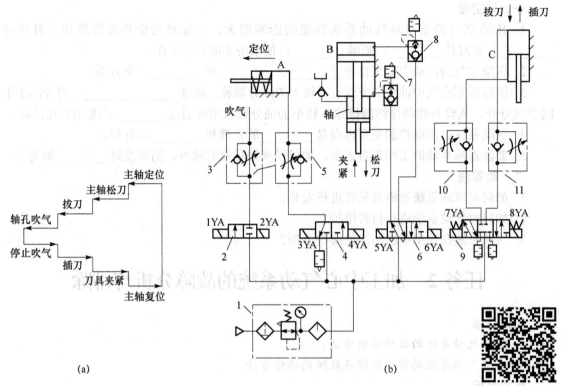

图 6-2-2　XH754 卧式加工中心气动控制回路

（a）工作循环图；（b）工作原理图

1—气动三联件；2，4，6，9—电磁换向阀；3，5，10—单向节流阀；7，8—快速排气阀

相关知识

一、气动系统故障种类

由于故障发生的时期不同，故障的内容和原因也不同。因此，可将故障分为初期故障、突发故障和老化故障。

1. 初期故障

在调试阶段和开始运转的两三个月内发生的故障称为初期故障。其产生原因主要有：零件毛刺没有清除干净，装配不合理或误差较大，零件存在制造误差，设计不当及维护管理不当。

2. 突发故障

系统在稳定运行时期内突然发生的故障称为突发故障。例如，油杯和水杯都是用聚碳酸酯材料制成的，如果它们在有机溶剂的雾气中工作，就有可能突然破裂；空气或管路中，残留的杂质混入元件内部，突然使相对运动件卡死；弹簧突然折断、软管突然爆裂、电磁线圈突然烧毁；突然停电造成回路误动作等。

有些突发故障是有先兆的，如排出的空气中出现杂质和水分，表明过滤器失效，应及时查明原因，予以排除，不要酿成突发故障。但有些突发故障是无法预测的，只能采取安全保护措施加以防范，或准备一些易损备件，以便及时更换失效的元件。

3. 老化故障

个别或少数元件达到使用寿命后发生的故障称为老化故障。根据经验，参照系统中各元件的生产日期、开始使用日期、使用的频繁程度以及已经出现的某些征兆，大致预测老化故障的发生期限是可能的。

二、气动系统故障诊断方法

1. 经验法

经验法指依靠实际经验，借助简单的仪表诊断故障发生的部位，并找出故障原因的方法。经验法可按中医诊断病人的四字"望、闻、问、切"进行。

1）望

例如，看执行元件的运动速度有无异常变化；各测压点压力表显示的压力是否符合要求，有无大的波动；润滑油的质量和滴油量是否符合要求；冷凝水能否正常排出；换向阀排气口排除空气是否干净；电磁阀的指示灯显示是否正常；紧固螺钉及管接头有无松动；管道有无扭曲和压扁；有无明显振动存在；加工产品质量有无变化等。

2）闻

闻包括耳闻和鼻闻。例如，气缸及换向阀换向时有无异常声音；系统停止工作但尚未泄压时，各处有无漏气，漏气声音大小及其每天的变化情况；电磁线圈和密封圈有无因过热而发出的特殊气味等。

3）问

问，即查阅气动系统的技术档案，了解系统的工作程序、运行要求及主要技术参数；查阅产品样本，了解每个元件的作用、结构、功能和性能；查阅维护检查记录，了解日常维护保养工作情况；访问现场操作人员，了解设备运行情况，了解故障发生前的征兆及故障发生时的状况，了解曾经出现过的故障及其排除方法。

4）切

例如，触摸相对运动件外部的手感和温度、电磁线圈处的温升等。触摸感到烫手，则应查明原因。另外，还要查明气缸、管道等处有无振动，气缸有无爬行，各接头处及元件处手感有无漏气等。

经验法简单易行，但由于每个人的感觉、实践经验和判断能力的差异，诊断故障会存在一定的局限性。

2. 推理分析法

推理分析法是利用逻辑推理，逐渐逼近，寻找出故障的真实原因。

1）推理步骤

从故障的症状推理出故障的真正原因，可按步进行。第一是从故障的症状，推理出故障

的本质原因；第二是从故障的本质原因，推理出故障可能存在的原因；第三是从各种可能的常见原因中，找出故障的真实原因。

2）推理原则

由简到繁、由易到难、由表及里地逐一进行分析，排除掉不可能的和非主要的故障原因；先查故障发生前曾调整或更换过的元件；优先查找故障概率高的常见原因。

3）推理方法

（1）仪表分析法：利用检测仪器仪表，检查系统或元件的技术参数是否合乎要求。

（2）部分停止法：暂时停止气动系统某部分的工作，观察对故障征兆的影响。

（3）试探反证法：试探性地改变气动系统中部分工作条件，观察对故障征兆的影响。

（4）比较法：用标准的或合格的元件代替系统中相同的元件，通过工作状况对比来判断被更换的元件是否失效。

可根据上述推理原则和推理方法，画出故障诊断逻辑推理框图，以便于快速准确地找到故障的真实原因。

三、气动系统常见故障及排除方法

1. 常见故障原因

由统计资料表明，气动系统常见故障的 60%是由气动元件失灵引起的，引起原因：

（1）气源处理不符合要求（如干燥不够、润滑不足等）；

（2）元件（如气缸）表面加工精度不符合要求；

（3）设计气动元件时未充分考虑到相应的使用条件。

2. 常见故障及排除方法

气动元件常见故障、原因及排除方法见表 6−2−1～表 6−2−8。

表 6−2−1　气动系统常见故障、原因及排除方法

故障	原因	排除方法
元件和管道堵塞	压缩空气质量不好，水汽、油雾含量过高	检查过滤器、干燥器，调节油雾器的滴油量
元件失压或产生误动作	安装和管道连接不符合要求（信号线太长）	合理安装元件与管道，尽量缩短信号元件与主控阀的距离
气缸出现短时输出力下降	供气系统压力下降	检查管道是否泄漏、管道连接处是否松动
滑阀动作失灵或流量控制阀的排气口堵塞	管道内的铁锈、杂质使阀座被连或堵塞	清除管道内的杂质或更换管道
元件表面有锈蚀或阀门元件严重阻塞	压缩空气中凝结水的含量过高	检查、清洗过滤器、干燥器
活塞杆速度有时不正常	由于辅助元件的动作而引起系统压力下降	提高压缩机供气量或检查管道是否泄漏、堵塞

故障	原因	排除方法
活塞杆伸缩不灵活	压缩空气中含水的质量分数过高,使气缸内润滑不好	检查冷却器、干燥器、油雾器工作是否正常
气缸的密封件磨损过快	气缸安装时轴向配合不好,使缸体和活塞杆上产生支撑应力	调整气缸安装位置或加装可调支撑架
系统停用几天后,重新启动时,润滑动作部件动作不顺畅	润滑油结胶	检查、清洗油水分离器或小油雾器的滴油量

表6-2-2 气压系统供压失常的故障、原因及排除方法

故障	原因	排除方法
气路没有气压	① 气动回路中的开关阀、启动阀、速度控制阀等未打开; ② 换向阀未换向; ③ 管路扭曲; ④ 滤芯堵塞或冻结; ⑤ 介质和环境温度太低,造成管路冻结	① 予以开启; ② 查明原因后排除; ③ 矫正或更换管路; ④ 更换滤芯; ⑤ 清除冷凝水
系统供气不足	① 空气压缩机活塞环等磨损; ② 空气压缩机输出流量不足; ③ 减压阀输出压力低; ④ 速度控制阀开度太小; ⑤ 管路细长或管接头选用不当,导致压力损失过大; ⑥ 漏气严重	① 更换零件; ② 选取合适的空气压缩机或增设定容积气罐; ③ 调节至使用压力; ④ 将阀开到合适开度; ⑤ 加粗管径,选用流通能力大的接头及气阀; ⑥ 更换密封件,紧固管接头和螺钉
异常高压	① 外部振动冲击; ② 减压阀损坏	① 在适当位置安装安全阀和压力继电器; ② 更换减压阀

表6-2-3 减压阀的常见故障、原因及排除方法

故障	原因	排除方法
出口压力升高	① 阀弹簧损坏; ② 阀座有伤痕,或阀座橡胶剥离; ③ 阀体中夹入灰尘,阀导向部分黏附异物; ④ 阀芯异向部分和阀体的 O 形密封圈收缩、膨胀	① 更换阀弹簧; ② 更换阀体; ③ 清洗、检查过滤器; ④ 更换 O 形密封圈
压力降很大（流量不足）	① 阀口径小; ② 阀下部积存冷凝水,阀内混入异物	① 使用口径大的减压阀; ② 清洗、检查过滤器
向外漏气（阀的溢流处泄漏）	① 溢流阀阀座有伤痕（溢流式）; ② 膜片破裂; ③ 出口压力升高; ④ 出口侧背压增加	① 更换溢流阀阀座; ② 更换膜片; ③ 参看"出口压力上升"栏; ④ 检查出口侧的装置、回路

故障	原因	排除方法
阀体泄漏	① 密封件损伤； ② 弹簧松弛	① 更换密封件； ② 张紧弹簧
异常振动	① 弹簧的弹力减弱，或弹簧错位； ② 阀体的中心、阀杆的中心错位； ③ 因空气消耗量周期变化使阀不断开启、关闭，与减压阀引起共振	① 把弹簧调整到正常位置，更换弹力减弱的弹簧； ② 检查并调整位置偏差； ③ 和制造厂协商
虽已松开手柄，出口侧空气也不溢流	① 溢流阀阀座孔堵塞； ② 使用非溢流式调压阀	① 清洗并检查过滤器； ② 非溢流式调压阀松开手柄也不溢流，因此需要在出口侧安装高压溢流阀

表 6-2-4 溢流阀的常见故障、原因及排除方法

故障	原因	排除方法
压力虽已上升，但不溢流	① 阀内部的孔堵塞； ② 阀芯导向部分进入异物	清洗
压力虽没有超过设定值，但在溢流口处却溢出空气	① 阀内进入异物； ② 阀座损伤； ③ 调压弹簧损坏	① 清洗； ② 更换阀座； ③ 更换调压弹簧

表 6-2-5 方向阀的常见故障、原因及排除方法

故障	原因	排除方法
不能换向	① 阀的滑动阻力大，润滑不良； ② O形密封圈变形； ③ 灰尘卡住滑动部分；	① 进行润滑； ② 更换密封圈； ③ 清除灰尘；
不能换向	④ 弹簧损坏； ⑤ 阀操纵力小； ⑥ 活塞密封圈磨损； ⑦ 膜片破裂	④ 更换弹簧； ⑤ 检查阀操纵部分； ⑥ 更换密封圈； ⑦ 更换膜片
阀产生振动	① 空气压力低（先导式）； ② 电源电压低（电磁阀）	① 提高操纵压力，采用直动式； ② 提高电源电压，使用低电压线圈

表 6-2-6 气缸的常见故障、原因及排除方法

故障	原因	排除方法
外泄漏 ① 活塞杆与密封衬套间漏气； ② 气缸体与端盖间漏气； ③ 从缓冲装置的调节螺钉处漏气	① 衬套密封圈磨损，润滑油不足； ② 活塞杆偏心； ③ 活塞杆有伤痕； ④ 活塞杆与密封衬套的配合面内有杂质； ⑤ 密封圈损坏	① 更换衬套密封圈； ② 重新安装，使活塞杆不受偏心负荷； ③ 更换活塞杆； ④ 除去杂质，安装防尘盖； ⑤ 更换密封圈

故障	原因	排除方法
活塞两端串气	① 活塞密封圈损坏； ② 润滑不良； ③ 活塞被卡住； ④ 活塞配合面有缺陷，杂质挤入密封圈	① 更换活塞密封圈； ② 重新安装，使活塞杆不受偏心负荷； ③ 缺陷严重者更换零件，除去杂质
输出力不足，动作不平稳	① 润滑不良； ② 活塞或活塞杆卡住； ③ 气缸体内表面有锈蚀或缺陷； ④ 进入了冷凝水、杂质	① 调节或更换油雾器； ② 检查安装情况，消除偏心； ③ 视缺陷大小再决定排除故障的方法； ④ 加强对空气过滤器和油水分离器的管理，定期排放污水

表 6-2-7　分水滤气器的常见故障、原因及排除方法

故障	原因	排除方法
压力降过大，引起振动	① 使用过细的滤芯； ② 过滤器的流量范围太小； ③ 流量超过过滤器的容量； ④ 过滤器滤芯网眼堵塞	① 更换适当的滤芯； ② 换流量范围大的过滤器； ③ 换大容量的过滤器； ④ 用净化液清洗（必要时更换）滤芯
从输出端逸出冷凝水	① 未及时排出冷凝水； ② 自动排水器发生故障； ③ 超过过滤器的流量范围	① 养成定期排水的习惯或安装自动排水器； ② 修理自动排水器（必要时更换）； ③ 在适当流量范围内使用或者更换容量大的过滤器

表 6-2-8　油雾器的常见故障、原因及排除方法

故障	原因	排除方法
油不能滴下	① 没有产生油滴下落所需的压差； ② 油雾器反向安装； ③ 油道堵塞； ④ 油杯未加压	① 加上文氏管或换成小的油雾器； ② 改变安装方向； ③ 拆卸，进行修理； ④ 因通往油杯空气通道堵塞，需拆卸修理
油杯未加压	① 通往油杯的空气通道堵塞； ② 油杯大，油雾器使用频繁	① 拆卸修理，加大通往油杯的空气通孔； ② 使用快速循环式油雾器
油滴数不能减少	油量调整螺钉失效	检修油量调整螺钉

任务实施

分析如图 6-2-2 所示的气动换刀系统回路图可知，其工作原理如下：

（1）主轴定位：当数控系统发出换刀指令时，主轴停转，4YA 通电，压缩空气经气动三联件 1→电磁换向阀 4（右位）→单向节流阀 5→定位缸 A 的右腔，缸 A 活塞左移，使主轴自动定位。

（2）主轴松刀：定位后压下无触点开关，使 6YA 通电，压缩空气经电磁换向阀 6→快速排气阀 8→气液增压缸 B 的上腔→增压缸的活塞伸出，实现主轴松刀。

（3）拔刀：8YA 通电，压缩空气经电磁换向阀 9→单向节流阀 11→气缸 C 的上腔，活塞下移实现拔刀。

（4）刀库转位：将选好的刀具转到最下面的位置。

（5）主轴锥孔吹气：1YA 通电，压缩空气经电磁换向阀 2→单向节流阀 3 向主轴锥孔吹气。

（6）插刀：8YA 断电，7YA 通电，压缩空气经电磁换向阀 9→单向节流阀 10→缸 C 的下腔，活塞上移，实现插刀。

（7）刀具夹紧：6YA 断电，5YA 通电，压缩空气经换向阀 6→气液增压缸 B 的下腔，活塞上移，主轴的机械机构使刀具夹紧。

（8）主轴复位：4YA 断电，3YA 通电，缸 A 的活塞在弹簧力的作用下复位，恢复到开始状态，换刀结束。

再对该气动系统进行全面分析，结合元件的常见故障分析方法，即可对该系统的故障维修如下：

1. 刀柄和主轴的故障维修

故障现象：该立式加工中心换刀时，主轴锥孔吹气，把含有铁锈的水分吹出，并附着在主轴锥孔和刀柄上，造成刀柄和主轴接触不良。

分析及处理过程：故障产生的原因是压缩空气中含有水分。如采用空气干燥机，使用干燥后的压缩空气问题即可解决。若受条件限制，没有空气干燥机，也可在主轴锥孔吹气的管路上进行两次分水过滤，设置自动放水装置，并对气路中相关零件进行防锈处理，故障即可排除。

2. 松刀动作缓慢的故障维修

故障现象：该立式加工中心换刀时，主轴松刀动作缓慢。

分析及处理过程：主轴松刀动作缓慢的原因如下：

（1）气压系统压力太低或流量不足；

（2）机床主轴拉刀系统有故障，如碟型弹簧破损等；

（3）主轴松刀气缸有故障。

根据分析，首先检查气压系统的压力，压力计显示气压为 0.6 MPa，压力正常；将机床操作转为手动，手动控制主轴松刀，发现系统压力下降明显，气缸的活塞杆缓慢伸出，故判定气缸内部漏气。拆下气缸，打开端盖，压出活塞和活塞环，发现密封环破损，气缸内壁拉毛。更换新的气缸后，故障排除。

3. 变速无法实现的故障维修

故障现象：该立式加工中心换挡变速时，变速气缸不动作，无法变速。

分析及处理过程：该系统未画出变速气缸，变速气缸不动作的原因如下：

（1）气压系统压力太低或流量不足；

（2）气动换向阀末通电或换向阀有故障；

（3）变速气缸有故障。

根据分析，首先检查气压系统的压力，压力计显示气压为 0.6 MPa，压力正常；检查换向阀电磁铁已带电，用手动换向阀，变速气缸动作，故判定气动换向阀有故障。拆下气动换向阀，检查发现有污物卡住阀芯。进行清洗后，重新装好，故障排除。

在气动实训台上连接加工中心换刀系统气动控制回路。实训步骤如下：

（1）能正确选择元件并合理布置各元件的位置，仔细检查回路的连接情况。

（2）启动空气压缩机，操作相应的控制按钮，观察气缸动作是否与控制要求一致。

（3）根据观察运行的情况，对使用中遇到的问题进行分析和解决。

（4）实训完毕后，关闭空压机，放松减压阀的旋钮，拆下元件并放回原处。

思考与练习

1. 气动系统的常见故障类型有哪些？

2. 气动系统的故障诊断方法有哪些？

气 – 电综合控制系统构建

劳模精神——国机重装工匠肖绍军

本学习项目以工程实践中常用的典型气–电控制系统为载体来制定工作任务，组织和实施教学，建立工作任务与知识和技能之间的联系。通过气–电回路的构建过程，使学生掌握气–电综合控制系统的构建方法，并能通过 PLC 实现"机、电、气"一体化技术综合应用；教育学生干一行、爱一行、钻一行，在平凡的岗位上做出不平凡的业绩；培养学生树立锲而不舍、一丝不苟、追求极致的职业精神。

任务 1　认 识 PLC

知识目标

◇ 掌握 PLC 的工作原理、组成及编程语言；

◇ 了解 PLC 的特点、分类及应用。

技能目标

◇ 能用梯形图语言编写 PLC 程序。

近年来，可编程序逻辑控制器（Programmable Logic Controller）的发展非常迅速，已成为现代工业控制的四大支柱（PLC 技术、机器人技术、CAD/CAM、数控技术）之一，广泛应用于冶金（如轧钢机控制）、石油、化工、电力（如电动机顺序启动控制）、建材、机械制造（如机械手）、汽车、轻纺、交通运输（如交通指挥灯控制）、环保及文化娱乐（如舞台艺术彩灯控制）等各个行业。可以说，凡是有控制系统存在的地方就有 PLC。那么什么是 PLC？它是怎样工作的呢？

PLC 是一种数字运算操作的电子系统,专为在工业环境下应用而设计,它采用了可编程序的存储器,用来在其内部存储执行逻辑运算、顺序控制、定时、计数和算术运算等操作的指令,并通过数字式与模拟式的输入和输出,控制各种类型机械的生产过程。PLC 面向过程、面向用户、适应工业环境、操作方便、可靠性高,它的控制技术代表着当前程序控制的先进水平,并且已经成为自动控制系统的基本装置。

相关知识

一、PLC 的产生和发展

1. PLC 的产生

20 世纪 60 年代末,工业生产以大批量、少品种为主,这种大规模生产线的控制以继电-接触器控制系统占主导地位。因市场发展,要求工业生产向小批量、多品种方向发展。

1968 年,美国通用汽车公司(GM)对外公开招标,期望设计出一种新型的自动工业控制装置,来取代继电器控制装置,从而达到汽车型号不断更新的目的。为此提出了以下 10 项指标。

（1）编程方便,现场可修改程序。

（2）维修方便,采用插件式结构。

（3）可靠性高于继电器控制装置。

（4）可将数据直接送入管理计算机。

（5）输入可以是交流 115 V。

（6）输出为交流 115 V、2 A 以上,能直接驱动电磁阀和接触器等。

（7）用户存储容量至少可以扩展到 4 KB。

（8）体积小于继电器控制装置。

（9）扩展时原系统变更较小。

（10）成本可与继电器控制装置竞争。

1969 年,美国数字设备公司(DEC)根据招标要求研制出世界上第一台可编程序控制器(PLC),并成功地应用于 GM 公司自动装配线上。从此 PLC 在美国其他工业领域广泛应用,开创了工业控制的新时代。

1971 年,日本从美国引进了这项新技术,很快研制成了日本第一台可编程控制器。1973 年,西欧国家也研制出他们的第一台可编程控制器。我国从 1974 年也开始研制可编程序控制器,1977 年开始在工业应用。

2. PLC 的发展趋势

1）网络化

主要是朝 DCS 方向发展,使其具有 DCS 系统的一些功能。网络化和通信能力强是 PLC 发展的一个重要方面,向下将多个 PLC、多个 I/O 框架相连,向上与工业计算机、以太网等相连构成整个工厂的自动化控制系统。

2）多功能

为了适应各种特殊功能的需要，各公司陆续推出了多种智能模块。智能模块是以微处理器为基础的功能部件，它们的 CPU 与 PLC 的 CPU 并行工作，占用主机 CPU 的时间很少，有利于提高 PLC 扫描速度和完成特殊的控制要求。智能模块主要有模拟量 I/O、PID 回路控制、通信控制、机械运动控制（如轴定位、步进电动机控制）、高速计数等。由于智能 I/O 的应用，使过程控制的功能和实时性大为增强。

3）高可靠性

由于控制系统的可靠性日益受到人们的重视，一些公司已将自诊断技术、冗余技术、容错技术广泛应用到现有产品中，推出了高可靠性的冗余系统，并采用热备用或并行工作。例如，S7－400 即使在恶劣的工业环境下依然可正常工作，在操作运行过程中模板还可热插拔。

4）兼容性

现代 PLC 已不再是单个的、独立的控制装置，而是整个控制系统中的一部分或一个环节，兼容性是 PLC 深层次应用的重要保证。例如，SIMATIC M7－300 采用与 SIMATIC S7－300 相同的结构，能用 SIMATICS7 模块，其显著特点是与通用微型计算机兼容，可运行 MS－DOS/Windows 程序，适合于处理数据量大、实时性强的工程任务。

5）小型化

随着应用范围的扩大和用户投资规模的不同，小型化、低成本、简单易用的 PLC 将广泛应用于各行各业。小型 PLC 由整体结构向小型模块化发展，增加了配置的灵活性。

二、PLC 的组成

由于 PLC 的核心是微处理器，因此它的组成也就同计算机有些相似，即由硬件系统和软件系统组成。

1. PLC 的硬件系统

PLC 型号种类繁多，但结构和工作原理基本相同，一般由四部分组成：中央处理单元、存储器、输入/输出单元、电源单元、编程器，如图 7－1－1 所示。

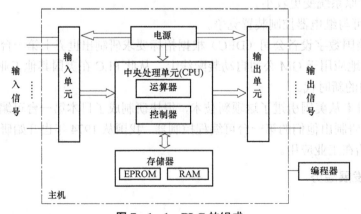

图 7－1－1　PLC 的组成

1）中央处理单元（CPU）

CPU 是 PLC 的核心部件，类似于人的大脑，包括运算器、控制器。根据系统程序，可完成以下任务。

（1）接收并存储用户程序和数据。

（2）根据扫描工作方式接收、调用现场信息。

（3）诊断电源 PLC 内部电路的工作故障及用户输入程序语法错误。

（4）执行用户程序，完成用户程序中的各种操作。

（5）更新有关标志的状态及输出映像寄存器的内容，最后输出部件实现输出控制、制表、打印或数据通信等。

2）存储器

存储器用于存储数据或程序，一般有随机存储器 RAM（Random Access Memory）、只读存储器 ROM（Read－Only Memory）、可擦写的存储器（EPROM、E2PROM），主要用于存放系统程序、用户程序及工作数据。

（1）系统程序存储器。

存放由 PLC 制造厂家编写的系统程序，存放在 E2PROM 或 EPROM 只读存储器 ROM 中，用户不能访问也不能更改其内容。

（2）用户程序存储器。

用户程序存储器存放用户按控制要求而编制的应用程序。不同类型的 PLC 的容量不尽相同，并可以根据需要进行扩充，可以是 RAM，大多采用 EPROM。

（3）工作数据存储器。

工作数据存储器用于存放 PLC 在运行过程中所需要的及生成的各种工作数据，包括输入/输出映像及各类软元件存储器。这些数据不断变化，无须长久保存，因此采用 RAM。

3）输入/输出单元

输入/输出单元是 PLC 与现场 I/O 设备或其他外部设备相互联系的通道，能输入、输出各种操作电平和驱动信号。

输入单元是将现场输入信号转换为 CPU 所能接收和处理的电平信号。

输出单元则是将 CPU 输出的电平信号转换为外部设备所能接受的强电平信号，以驱动各种执行部件。

所有 I/O 单元均带有光电耦合电路，以提高 PLC 的抗干扰能力。有些 I/O 模块还具有一些特殊功能，如串/并行变换、数据传递、A/D 与 D/A 转换等。

4）电源单元

电源单元是 PLC 为其内部电路进行供电的开关式稳压电源。其特点是输入电压范围宽、体积小、重量轻、效率高和抗干扰能力强。

5）编程器

编程器是 PLC 的主要外部设备，用以实现用户程序的编制、编辑、调试和监视，还可以通过其键盘来调用与显示 PLC 内部器件的状态和系统参数。因此，它也是系统运行和故障分析的一个主要工具。

S7－200 编程器有 3 种：语句表编程器、梯形图编程器、功能块编程器。

2. PLC 的软件系统

1）系统程序

系统程序是由 PLC 制造厂商设计编写的，并存入 PLC 的系统存储器中，用户不能直接

读写与更改。系统程序一般包括系统诊断程序、输入处理程序、编译程序、信息传送程序和监控程序等。

2）用户程序

用户程序是用户利用 PLC 的编程语言，根据控制要求编制的程序。在 PLC 的应用中，最重要的是用 PLC 的编程语言来编写用户程序，以实现控制目的。

编程语言是多种多样的，对于不同生产厂家、不同系列的 PLC 产品，采用的编程语言的表达方式也不相同，但基本上可归纳为以下几种：

（1）顺序功能图（SFC）。

顺序功能图编程方式采用画工艺流程图的方法编程，只要在每一个工艺方框的输入和输出端标上特定的符号即可。对于在工厂中搞工艺设计的人来说，用这种方法编程，不需要很多的电气知识，非常方便。

（2）梯形图（LAD）。

梯形图又称第一用户语言，是与电气控制电路图相呼应的图形语言。它沿用了继电器、触点、串并联等术语和类似的图形符号，并简化了符号，还增加了一些功能性的指令。

梯形图由触点、线圈或功能方框等构成，梯形图左、右的垂直线称为左、右母线。画梯形图时，从左母线开始，经过触点和线圈（或功能方框），终止于右母线。

（3）语句表（STL）。

类似于通用计算机程序的助记符语言，是 PLC 的另一种常用基础编程语言。所谓指令表，指一系列指令按一定顺序排列，每条指令有一定的含义，指令的顺序也表达一定的含义。指令往往由两部分组成：一是由几个容易记忆的字符（英文缩写词）来代表某种操作功能，称为助记符，比如用"MUL"表示"乘"；另一部分则是用编程元件表示的操作数，准确地说是操作数的地址，也就是存放乘数与积的地方。指令的操作数有单个的、多个的，也有的指令没有操作数，没有操作数的称为无操作数指令（无操作数指令用来对指令间的关联做出辅助说明）。

（4）功能图块（FBD）。

功能图块是一种由逻辑功能符号组成的功能块来表达命令的图形语言，这种编程语言基本上沿用了半导体逻辑电路的逻辑方块图。对每一种功能都使用一个运算方块，其运算功能由方块内的符号确定。常用"与""或""非"等逻辑功能表达控制逻辑。和功能方块有关的输入画在方块的左边，输出画在方块的右边。采用这种编程语言，不仅能简单明确地表现逻辑功能，还能通过对各种功能块的组合，实现加法、乘法、比较等高级功能，所以它也是一种功能较强的图形编程语言。对于熟悉逻辑电路和具有逻辑代数基础的人来说，功能图块是非常方便的。

（5）高级语言

在一些大型 PLC 中，为了完成一些较为复杂的控制，采用功能很强的微处理器和大容量存储器，将逻辑控制、模拟控制、数值计算与通信功能结合在一起，配备 BASIC、PASCAL、C 等计算机语言，从而可像使用通用计算机那样进行结构化编程，使 PLC 具有更强的功能。如结构文本 ST（Structured Text）是为 IEC61131－3 标准创建的一种专用的高级编程语言，能实现复杂的数学运算，编写的程序非常简洁和紧凑。

三、PLC 的工作原理

PLC 的工作是周而复始地循环扫描的过程。整个扫描工作过程包括内部处理、通信服务、输入采样、程序执行和输出刷新五个阶段。整个过程扫描执行一遍所需的时间称为扫描周期。扫描周期的长短与用户程序的长短和扫描速度有关，如图7-1-2所示。

（1）内部处理：包括系统初始化和自诊断测试。

系统初始化：PLC得电后，首先进行I/O和内部继电器的清零及所有定时器复位等初始化操作。

自诊断测试：包括电源检测、内部硬件是否正常、程序语法是否有错等，以及在运行状态下检查所有的I/O模块的状态。

（2）通信处理阶段：主要完成PLC之间、PLC与上位机或终端设备之间的信息交换。

（3）输入采样阶段：在执行用户程序之前，PLC以扫描方式顺序读入所有输入端子的状态，并存入输入映像寄存器中，此时，输入映像寄存器中的内容被刷新。

在用户程序执行期间，即使外部输入端子状态发生变化，输入映像寄存器中的内容也不会随之发生改变，直到下一扫描周期的输入采样阶段，这些变化才会被读入，输入映像寄存器中的内容又一次被刷新。

图7-1-2 PLC的工作过程

（4）执行用户程序：执行用户程序时，CPU从第一条指令开始，以扫描方式按顺序逐句（梯形图为从左向右、自上而下为序）执行程序指令，直到最后一条指令结束。在程序执行过程中，根据需要从输入映像寄存器、内部元件映像寄存器中读出元件的状态，进行数据运算，并将结果写入相关的元件映像寄存器中。

（5）输出刷新阶段：所有程序指令执行完毕后，PLC将元件映像寄存器中所有的输出继电器的状态以批处理的方式存到输出锁存寄存器中，再经过一定方式的输出驱动外部负载。

四、PLC 的分类

1. 根据 I/O 点数分类

（1）微型机。I/O点数小于64点，内存容量在256 B～1 KB，主要用于单台设备的监控，在纺织机械、数控机床、塑料加工机械、小型包装机械上应用广泛，甚至应用在家庭中。

（2）小型机。I/O点数（总数）在64～256点，具有算术运算和模拟量处理、数据通信等功能。其特点是价格低、体积小，适用于控制自动化单机设备及开发机电一体化产品。

（3）中型机。I/O点数在256～1 024点之间。它除了具备逻辑运算功能，还增加了模拟量输入输出、算术运算、数据传送、数据通信等功能，可完成既有开关量又有模拟量的复杂控制。其特点是功能强、配置灵活，适用于具有诸如温度、压力、流量、速度、角度、位置等复杂机械以及连续生产过程控制的场合。

（4）大型机。I/O点数在1 024点以上，功能更加完善，具有数据运算、模拟调节、联网通信、监视记录、打印等功能。特点是I/O点数特别多，控制规模宏大，组网能力强，可用于大规模的过程控制，构成分布式控制系统或整个工厂的集散控制系统（DCS）。

2. 按结构形式分

（1）整体式：是一种将电源、CPU、I/O接口集中在一个机箱内的PLC。

（2）模块式：是将 PLC 各部分分成若干个独立的模块，如电源模块、CPU 模块、I/O 模块及各种功能模块。

（3）分散式：将 PLC 的 CPU、电源、存储器集中放置在控制室，而将各 I/O 模块分散放置于各个工作站，由通信接口进行通信连接，由 CPU 集中指挥。

3. 按功能分

（1）通用 PLC：即一般的 PLC，可根据不同的控制要求，编写不同的程序。容易生产，造价低，但针对某一特殊应用时编程困难，而已有的功能却用不上。

（2）专用 PLC：完成某一专门任务的 PLC，其指令程序是固化或永久存储在该机器上的，虽然它缺乏通用性，但它执行单一任务时很快，效率很高。如电梯、机械加工、楼宇控制、乳业、塑料、节能和水处理机械等都有专用 PLC，当然其造价也高。

五、PLC 的特点

1. 可靠性高、抗干扰能力强

PLC 是专为工业控制环境而设计的，因此可靠性高、抗干扰性强是其最主要的特点之一，平均无故障工作时间达几十万小时。到目前为止，还没有任何一种工业控制设备的可靠性可以达到 PLC 水平，而且随着器件技术的提高，PLC 的可靠性还将会继续提高。

2. 功能强、通用性好、使用灵活

现代 PLC 运用计算机技术、微电子技术、数字技术、网络通信技术和集成工艺等最新技术，增强了其复杂控制及通信联网等功能。而且目前的 PLC 产品已经实现系列化、模块化、标准化，可灵活方便地组成不同规模、不同功能的控制系统，来满足用户的需求。

3. 编程简单、易于使用

PLC 大多采用与继电器控制电路类似的梯形图进行编程，直观性强，一般工程技术人员很容易掌握，并且易于操作和使用。

PLC 还设计了其他种类的编程语言，如指令语句表编程语言、功能块编程语言等，以适应不同编程人员的需要，更好地完成各种控制功能。

4. 扩展能力强

PLC 可以方便地与各种类型的输入、输出量连接，实现 D/A、A/D 转换及 PID 运算，实现过程控制、数字控制等功能。PLC 具有通信联网功能，可以进行现场控制和远程监控。

5. 设计周期短

PLC 用程序（软接线）代替硬接线，设计安装接线工作量小。

六、PLC 的应用领域

1. 开关量控制

开关量控制，又称数字量控制，是以单机控制为主的一切设备自动化领域，如：包装机械、印刷机械、纺织机械、注塑机械、自动焊接设备、水处理设备、切割、多轴磨床、冶金行业的辊压、连铸机械等，这些设备的所有动作、加工都需要靠依据工艺设定在 PLC 内的程

序来指导执行和完成，是 PLC 最基本的控制领域。

2. 模拟量控制

模拟量控制是以过程控制为主的自动化行业，比如污水处理、自来水处理、楼宇控制、火电主控和辅控、水电主控和辅控、冶金行业、太阳能、水泥、石油、石化、铁路交通等。这些行业所有设备需连续生产运行，存在许多的监控点和大量的实时参数，而要监视、控制和采集这些流程参数及相关的工艺设备，也必须依靠 PLC 来完成。

3. 通信和联网

PLC 的通信包括主机与远程 I/O 间的通信、多台 PLC 之间的通信、PLC 与其他智能设备（计算机、变频器、数控装置、智能仪表）之间的通信。

PLC 与其他智能设备一起，可以构成"集中管理、分散控制"的分布式控制系统，在各类工业控制网络中发挥着巨大的作用。

1. 简述 PLC 的组成及工作原理。
2. PLC 有哪些常用的编程语言？
3. PLC 有哪些特点？

任务 2　气动打印机气-电控制系统构建

知识目标

◇ 掌握气-电控制系统的设计方法和步骤。

技能目标

◇ 能设计基于 PLC 控制的气动系统。

◇ 能正确连接与调试 PLC 控制的气动系统。

图 7-2-1 所示为气动打标机的工作过程示意图，当按下启动按钮后，打印气缸和推料气缸按一定的顺序要求先后动作，完成一个工作循环，即：打印气缸活塞杆伸出，对工件进行打标→打印完毕，打印气缸活塞杆返回→推料气缸活塞杆伸出，推出已打印好工件→推料气缸活塞杆退回，等待推送下一个工件。试通过 PLC 控制实现打印机气动控制系统。

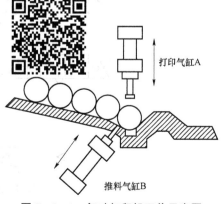

打印气缸A

推料气缸B

图 7-2-1　气动打印机工作示意图

要完成对打印机控制系统的设计，本系统气动回路比较简单，关键是如何实现 PLC 对气动回路的控制，这就必须掌握气-电控制回路设计的一般方法与步骤。

任务实施

一、打印机气动控制系统设计

1. 拟定打印机气动控制回路方案

根据任务分析，系统要实现"打印气缸伸出→打印气缸缩回→推料气缸伸出→推料气缸缩回"的工作循环。结合自动化生产的需要，气动回路设计方案如下：

1）调压回路

通过气动二联件中的减压阀对整个回路的压力进行调节，并保持稳定输出。

2）换向回路

两气缸的换向可通过两个二位五通双电控电磁阀来实现。

3）调速回路

为了保证打印质量，要求打印气缸伸出的速度比较快，可由快速排气阀加快其速度；气缸返回时为了减少冲击，可由单向节流阀来调定其速度，同时考虑到其稳定性，可设计成排气节流调速回路。

4）顺序动作回路

该气动系统可通过 4 个行程开关控制 2 个电磁阀的换向，从而控制 2 个气缸的顺序动作要求，整个动作过程通过 PLC 控制系统实现。

2. 绘制打印机气动回路原理图

根据以上分析，打印机气动回路原理图如图 7-2-2 所示。其回路工作过程为：当 YA1 "＋"时打印缸伸出，YA2"＋"时打印缸缩回；当 YA3"＋"时推料缸伸出，YA4"＋"时

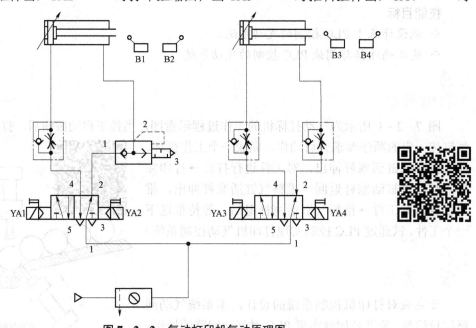

图 7-2-2　气动打印机气动原理图

推料缸缩回。

二、打印机 PLC 控制系统设计

1. 绘制打印系统的电气控制回路图

根据气动打印机工作过程绘制出如图 7-2-3 所示的电气控制图，常态下两气缸都处于缩回状态，分别压下行程开关 B1、B3，当按下启动按钮 SB1 后，继电器 KA1 " + " →电磁阀 YA1 " + " →打印气缸伸出；当打印气缸活塞杆完全伸出时，压下行程开关 B2→继电器 KA2 " + " →YA1 " - "，YA2 " + "（因 KA2 常开、常闭触点是复合触点，它们的动作顺序为常闭触点先断开，然后常开触点才闭合，因而 YA1 失电后 YA2 才得电）→打印气缸收回；当打印气缸收回时压下 B1，同时 KA2 保持 " + " →KA3 " + " →推料气缸伸出；当推料气缸伸出完全伸出时压下 B4→继电器 KA4 " + " →YA3 " - "，YA4 " + " →推料气缸缩回。

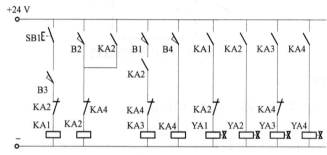

图 7-2-3　气动打印机电气控制图

2. 编写 I/O 地址分配

根据系统的要求，编制 I/O 分配表，见表 7-2-1。

表 7-2-1　I/O 分配表

PLC 地址		说　明
输入	I0.0	启动按钮 SB1
	I0.1	行程开关 B1（打印气缸前限位）
	I0.2	行程开关 B2（打印气缸后限位）
输入	I0.3	行程开关 B3（推料气缸前限位）
	I0.4	行程开关 B4（推料气缸后限位）
输出	Q0.1	电磁阀 YA1（打印气缸伸出）
	Q0.2	电磁阀 YA2（打印气缸缩回）
	Q0.3	电磁阀 YA3（推料气缸伸出）
	Q0.4	电磁阀 YA4（推料气缸缩回）

3. 绘制 PLC 控制外部接线图

PLC 控制外部接线图如图 7-2-4 所示。

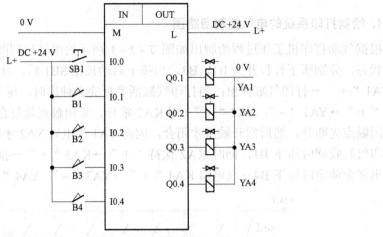

图 7-2-4　PLC 外部接线图

4. 编写 PLC 程序

气动打印机 PLC 控制程序如图 7-2-5 所示。

LD	I0.0	
A	I0.3	LD M0.1
AN	M0.2	AN M0.2
=	M0.1	= Q0.1
LD	I0.2	
O	M0.2	LD M0.2
AN	M0.4	= Q0.2
=	M0.2	
LD	I0.1	LD M0.3
A	M0.2	AN M0.4
AN	M0.4	= Q0.3
=	M0.3	
LD	I0.4	LD M0.4
=	M0.4	= Q0.4

图 7-2-5　气动打印机 PLC 控制程序

（a）梯形图；（b）语句表

234

在气动实训台上安装与调试气动打印机控制回路。实训步骤如下：

（1）能正确分析气动打印机控制回路的动作原理。

（2）在实训操作台上找出该系统所需要的元器件并合理布置各元器件的位置，正确连接该控制回路。

（3）检查无误后，接通电源，启动空气压缩机，先将空气压缩机出气口的阀门关闭，待气源充足后，打开阀门向系统供气。

（4）操作相应的控制按钮，观察气缸动作是否与控制要求一致，若不能达到预定动作，则检查各气动元件连接是否正确、调节是否合理、电气线路是否存在故障等。应能根据实训回路原理图检查并排除实训过程中出现的故障，直至实训正确。

（5）调试完毕经老师检查评估后，关闭空压机，放松减压阀的旋钮，拆下元件并放回原处。

PLC 的梯形图编程规则

（1）遵循从上到下、从左到右、左重右轻、上重下轻的原则。每个逻辑行起于左逻辑母线，止于线圈或一个特殊功能指令。一般并联支路应靠近左逻辑母线，在并联支路中，串联触点多的支路应安排在上边，如图 7-2-6 所示。

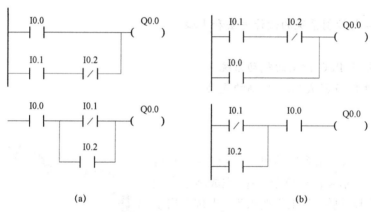

图 7-2-6 PLC 梯形图

（a）程序安排不当；（b）程序安排正确

（2）线圈不能直接与左逻辑母线相连，如果需要，可以通过特殊内部标志位存储器 SM0.0（该位始终为 1）来连接，如图 7-2-7 所示。

（3）线圈的右边不能再接任何触点，但对每条支路可串联的触点数并未限制，且同一触点可以使用无限多次，如图 7-2-8 所示。

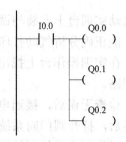

图7-2-7 PLC梯形图　　　　　　　　　　　图7-2-8 PLC梯形图
（a）程序安排不当；（b）程序安排正确

若汇集装置的工作过程为：当气缸 A 伸出时，可以把流水线上已加工好的产品，一个一个地送到气缸 B 的托架上。当托架上有三个产品后，气缸 B 伸出，将产品送入包装箱中，即气缸 A 连续往复 3 次，气缸 B 伸出。要求用 PLC 来控制两个气缸的动作程序，根据要求完成汇集装置的控制系统设计。

任务3　雨伞试验机气－电控制系统构建

知识目标

◇ 掌握气－电控制系统的设计方法和步骤。

技能目标

◇ 能设计基于 PLC 控制的气动系统。

◇ 能正确连接与调试 PLC 控制的气动系统。

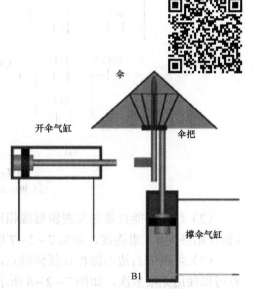

图 7-3-1 所示为雨伞试验机工作示意图，它可以连续模拟自动开伞和自动撑伞动作，完成晴雨伞无故障连续开关次数试验。其工作要求为：当按下启动按钮时实现一个工作循环，即撑伞气缸动作，其活塞杆缩回合伞，当完全缩回到位时压下磁性开关 B1，开伞气缸动作，活塞杆伸出压下开伞按钮，延时 1 s 后，撑伞气缸活塞杆伸出撑开雨伞，同时开伞气缸缩回复位，以等待下一次开伞试验。试通过 PLC 控制实现雨伞试验机气动控制系统。

图 7-3-1 雨伞试验机工作示意图

要完成对雨伞试验机控制系统的设计，本系统气动回路比较简单，关键是如何实现 PLC 对气动回路的控制，这就必须掌握气－电控制回路设计的一般方法与步骤。

一、雨伞试验机气动控制系统设计

1. 拟定雨伞试验机气动控制回路方案

根据任务分析，系统要实现"撑伞气缸缩回→开伞气缸伸出→撑伞气缸伸出→开伞气缸缩回"的工作循环，结合自动化生产的需要，气动回路设计方案如下：

（1）调压回路：通过气动二联件中的减压阀对整个回路的压力进行调节，并保持稳定输出。

（2）换向回路：通过两个二位五通单电控电磁阀来实现两气缸的换向。

（3）调速回路：为了保证开伞气缸和撑伞气缸的运动平稳性，减少冲击，可通过单向节流阀来调定其伸出速度，同时考虑到其气动回路的稳定性，可设计成排气节流调速回路。

（4）顺序动作回路：该气动系统可通过 1 个磁性开关控制电磁阀的换向，从而控制 2 个气缸的顺序动作要求。

（5）延时回路：该气动系统可通过时间继电器控制电磁阀的换向时间，整个动作过程通过 PLC 控制系统实现。

2. 绘制雨伞试验机气动回路原理图

根据以上分析，雨伞试验机气动回路原理图如图 7-3-2 所示。其回路工作过程为：按下启动按钮，1YA"+"，撑伞气缸缩回，压下磁性开关 B1，2YA"+"，开伞气缸伸出，延时 1 s 后，1YA"-"，撑伞气缸伸出，同时，2YA"-"，开伞气缸缩回复位，完成一次开伞试验。

二、雨伞试验机 PLC 控制系统设计

1. 绘制雨伞试验机系统的电气控制回路图

根据雨伞试验机工作过程绘制出如图 7-3-3 所示的电气控制图，常态下撑伞气缸伸出，开伞气缸缩回，当按下启动按钮 SB1 后，继电器 KZ "+"→电磁阀 1YA"+"（撑伞气缸缩回）；当撑

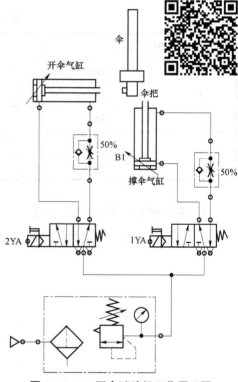

图 7-3-2　雨伞试验机工作原理图

伞气缸活塞完全缩回时，磁性开关 B1 接通→电磁阀 2YA"+"（开伞气缸伸出），同时时间继电器 KT"+"→记时 1 s 后，1YA"-"（撑伞气缸伸出）→磁性开关 B1 断开，2YA"-"（开伞气缸缩回）。

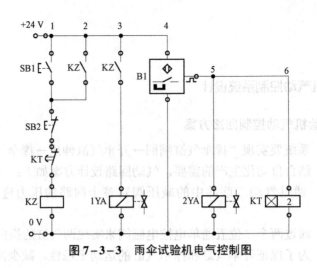

图7-3-3 雨伞试验机电气控制图

2. 编写 I/O 地址分配

根据雨伞试验机控制系统的要求，编制 I/O 分配表，见表7-3-1。

表7-3-1 I/O 分配表

PLC 地址		说　　明
输入	I0.0	启动按钮 SB1
	I0.1	停止按钮 SB2
	I0.2	磁性开关 B1（撑伞气缸缩回限位）
输出	Q0.1	电磁阀 1YA（撑伞气缸缩回）
	Q0.2	电磁阀 2YA（开伞气缸伸出）

3. 绘制 PLC 控制外部接线图

雨伞试验机 PLC 外部接线图如图7-3-4所示。

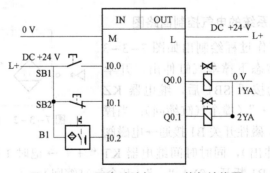

图7-3-4 雨伞试验机 PLC 外部接线图

4. 编写 PLC 程序

雨伞试验机 PLC 控制程序如图7-3-5所示。

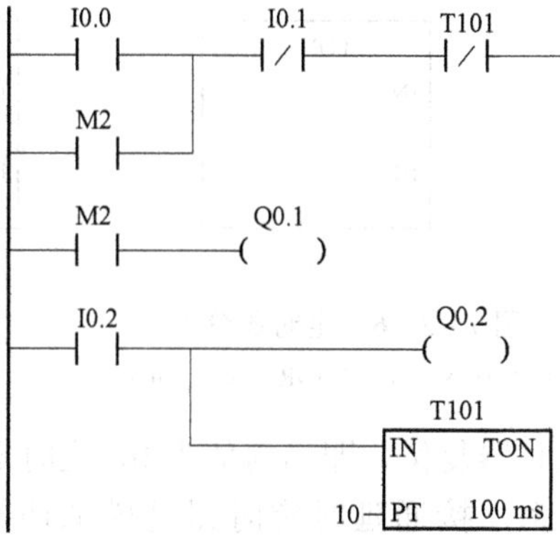

```
        I0.0          I0.1         T101         M2
       ──┤ ├────┬────┤/├─────────┤/├──────────( )
                 │
        M2       │
       ──┤ ├─────┘

        M2          Q0.1
       ──┤ ├──────────┤ ├──────────( )

        I0.2                       Q0.2
       ──┤ ├────┬───────────────────( )
                 │               T101
                 │            ┌──────────┐
                 └────────────┤IN    TON │
                              │          │
                          10──┤PT  100 ms│
                              └──────────┘
```

图 7-3-5　雨伞试验机 PLC 控制程序

（a）梯形图；（b）语句表

技能训练

在气动实训台上安装与调试雨伞试验机气动控制回路。实训步骤如下：

（1）能正确分析雨伞试验机控制回路的动作原理。

（2）在实训操作台上找出该系统所需要的元器件并合理布置各元器件的位置，正确连接该控制回路。

（3）检查无误后，接通电源，启动空气压缩机，先将空气压缩机出气口的阀门关闭，待气源充足后，打开阀门向系统供气。

（4）操作相应的控制按钮，观察气缸动作是否与控制要求一致，若不能达到预定动作，则检查各气动元件连接是否正确、调节是否合理、电气线路是否存在故障等。应能根据实训回路原理图检查并排除实训过程中出现的故障，直至实训正确。

（5）调试完毕经老师检查评估后，关闭空压机，放松减压阀的旋钮，拆下元件并放回原处。

知识拓展

定时器指令

定时器指令用来实现定时操作，可用于需要按时间原则控制的场合。S7-200 CPU 提供了 256 个定时器（T0～T255）。按功能定时器可分为接通延时定时器（TON）、有记忆接通延时定时器（TONR）和断开延时定时器（TOF）三类，如图 7-3-6 所示。

1. 接通延时定时器（TON）

TON 型定时器常用于单一时间间隔的计时，如电饭煲、微波炉的预置功能。其用法如下：

（1）输入端（IN）接通时，接通延时定时器开始计时，当定时器当前值等于或大于设定值（PT）时，该定时器位被置为 1，定时器累计值达到设定时间后，继续计时，一直计到最大值 32 767。

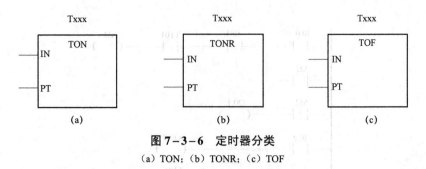

图 7-3-6 定时器分类

(a) TON；(b) TONR；(c) TOF

（2）输入端（IN）断开时，定时器复位，即当前值为 0，定时器位为 0。定时器的实际设定时间 T=设定值（PT）× 分辨率。接通延时定时器是模拟通电延时型物理时间继电器的功能。

例：图 7-3-7 所示为 TON 指令实际应用程序梯形图及时序图。

结合时序图，分析程序的工作过程如下：在 I0.0 闭合 1 s 后，定时器 T37 闭合，输出线圈 Q0.0 接通。I0.0 断开，定时器复位，Q0.0 断开。

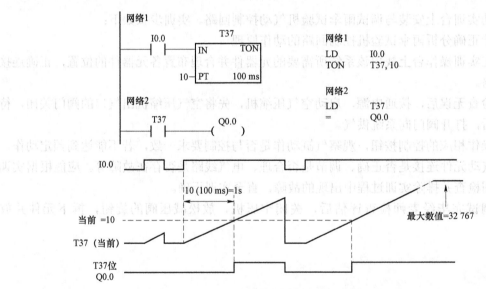

图 7-3-7 TON 实际应用程序梯形图及时序图

典型应用：

（1）如图 7-3-8 所示，T37 计数到 30（3 s）后归 0，若在程序中应用 T37 的触点，则为瞬时动作，动作时间为 3 s。

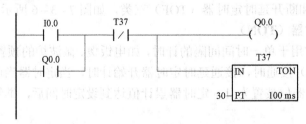

图 7-3-8 TON 典型应用程序 1

（2）图 7-3-9 所示为脉冲产生电路，可用于生产设备出现故障时发出间断报警，假设设备出现故障时 I0.0 闭合，Q0.0 以灭 3 s、亮 4 s 进行闪烁报警；通过改变 T37、T38 的定时值就可以改变时间间隔。

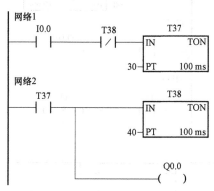

图 7-3-9　TON 典型应用程序 2

2. 有记忆接通延时定时器（TONR）

TONR 型定时器常用于许多时间间隔的计时，如累计记时。其用法如下：

（1）输入端（IN）接通时，有记忆接通延时定时器接通并开始计时，当定时器当前值等于或大于设定值（PT）时，该定时器位被置为 1。定时器累计值达到设定值后，继续计时，一直计到最大值 32 767。

（2）输入端（IN）断开时，定时器的当前值保持不变，定时器位不变。输入端（IN）再次接通时，定时器当前值从原来保持值开始向上继续计时，因此可累计多次输入信号的接通时间。

（3）上电周期或首次扫描时，定时器位为 0，当前值保持，可利用复位指令（R）清除定时器当前值。

注意：如果设备掉电，则定时器复位、清零。

例：图 7-3-10 所示为 TON 指令实际应用程序梯形图及时序图。

（2）图7-3-9所示为漏源短电流器。当图7-4中的故障源对地电阻很高时，被电路基低故障源 I0.0 闭合，I0.0 约断后 5 秒回复断电路复位，通电压 5 V，T1 的定时值高可以反映负的持续情况。

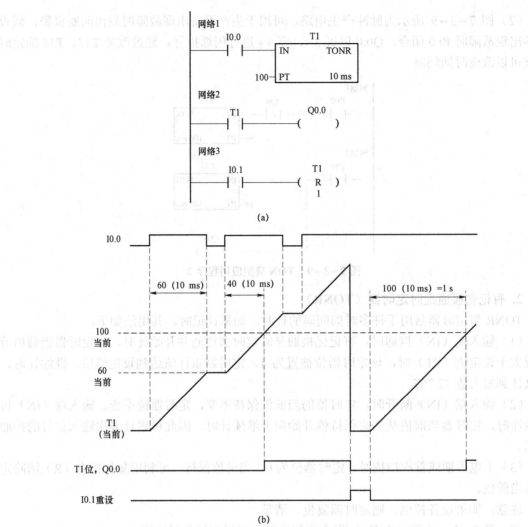

图 7 - 3 - 10　TONR 实际应用程序梯形图及时序图

(a) 梯形图；(b) 时序图

结合时序图，分析程序的工作过程如下：I0.0 闭合 0.6 s 后断开，T1 定时值为 60。当 I0.0 再次闭合 0.4 s 后 T1 的定时值在 60 的基础上继续增加 40 到 100。T1 位及 Q0.0 动作，其定时值继续增加，直到 I0.1 按下时 T1 被重新设置。

3. 断开延时定时器（TOF）

TOF 型定时器常用于故障事件后的间隔的计时。其用法如下：

（1）输入端（IN）接通时，定时器位立即置为 1，并把当前值设为 0。

（2）输入端（IN）断开时，定时器开始计时，当计时当前值等于设定时间时，定时器位断开为 0，并且停止计时，TOF 指令必须用负跳变（由 "on" 到 "off"）的输入信号启动计时。

例：图 7-3-11 所示为 TOF 指令实际应用程序梯形图及时序图。

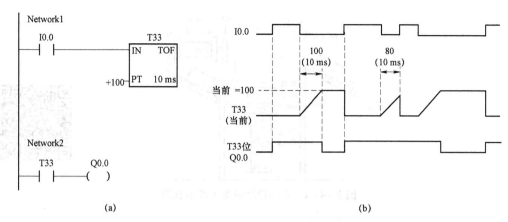

图 7-3-11 TOF 实际应用程序梯形图及时序图

（a）梯形图；（b）时序图

结合时序图，分析程序的工作过程如下：PLC 刚刚上电运行时，输入端 I0.0 没有闭合，定时器 T33 为断开状态；I0.0 由断开变为闭合时，定时器位 T33 闭合，输出端 Q0.0 接通，定时器并不开始计时，I0.0 由闭合变为断开时，定时器当前值开始累计时间，达到 1 s 时，定时器 T33 断开，输出端 Q0.0 同时断开。

任务 4　包裹提升装置液-电控制系统构建

知识目标

◇ 掌握液-电控制系统的设计方法和步骤。

技能目标

◇ 能设计基于 PLC 控制的液压系统；

◇ 能正确连接与调试 PLC 控制的液压系统。

图 7-4-1 所示为包裹提升设备工作示意图，其工作要求为：工作前，提升液压缸和输送液压缸均处于缩回状态，当按下启动按钮且光电开关检测到有包裹时，提升缸伸出，当举升包裹到位时，输送缸伸出把包裹推送至输送带上，最后提升缸和输送缸均回到初始位置，从而完成一个包裹的提升及推送过程。试通过 PLC 控制实现包裹提升装置气动控制系统。

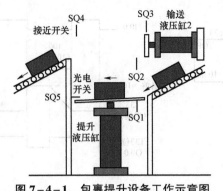

图 7-4-1 包裹提升设备工作示意图

包裹提升设备液压控制系统需要两个液压缸顺序动作，其动作过程是通过电感式接近开关来控制的。本系统液压回路相对简单，关键是如何实现 PLC 对液压回路的综合控制，这就必须掌握液-电控制回路设计的一般方法与步骤。

一、包裹提升设备液压控制系统设计

1. 拟定包裹提升设备液压控制回路方案

根据任务分析，系统要实现"提升液压缸伸出→输送液压缸伸出→输送液压缸缩回→提升液压缸缩回"的工作循环，结合自动化生产的需要，液压回路设计方案如下：

（1）调压回路：通过溢流阀对整个回路的压力进行调节，并保持稳定输出。

（2）换向回路：分别通过一个三位四通电磁换向阀和一个二位四通电磁阀来实现两个液压缸的换向。

（3）调速回路：为了保证举升和推送包裹的运动平稳性，减少冲击，可通过两个单向节流阀来调定两个液压缸的伸出速度。

（4）顺序动作回路：该液压系统可通过四个电感式接近开关控制电磁阀的换向，从而控制两个液压缸的顺序动作要求，整个动作过程通过 PLC 控制系统实现。

2. 绘制包裹提升设备的液压回路原理图

根据以上分析，包裹提升设备液压回路原理图如图 7-4-2 所示。其回路工作过程为：常态下，提升缸和液压缸缩回，按下启动按钮 SB1 且光电开关 SQ5 检测到有包裹时→提升缸伸出举升包裹→输送缸伸出推送包裹至输送带→提升缸缩回初始位置→输送缸缩回初始位置，从而完成一个包裹的提升及推送过程。

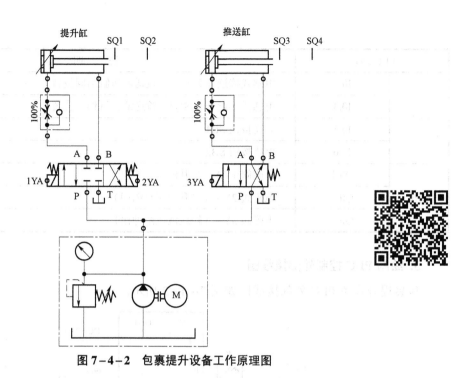

图 7-4-2 包裹提升设备工作原理图

二、包裹提升设备 PLC 控制系统设计

1. 包裹提升设备 PLC 的控制要求

包裹提升设备 PLC 控制回路工作要求如下：

（1）常态下，提升缸和液压缸均缩回，接近开关 SQ1 和 SQ3 接通。

（2）当按下启动按钮 SB1 且光电开关 SQ5 检测到有包裹时，1YA " + "，提升缸伸出，推动托举平台上升。

（3）当托举平台举升包裹到位时 SQ2 接通，3YA " + "，输送缸伸出推动包裹至输送带；同时 1YA " - "，提升缸处于保持托举状态。

（4）当包裹被推至输送带上时 SQ4 接通，2YA " + "，提升缸缩回，托举平台返回原位置；同时 SQ2 断开，3YA " - "，输送缸缩回，返回到初始位置，从而完成一个包裹的提升及推送过程。

（5）按下停止按钮 SB2，液压缸停止运动。

2. 编写 I/O 地址分配

根据包裹提升设备控制系统的要求，编制 I/O 分配表，见表 7-4-1。

表 7-4-1　I/O 分配表

PLC 地址		说　明
输入	I0.0	光电开关 SQ5
	I0.1	电感式接近开关 SQ1（提升液压缸缩回位置）
	I0.2	电感式接近开关 SQ2（提升液压缸伸出位置）

PLC 地址		说　明
输入	I0.3	电感式接近开关 SQ3（输送液压缸缩回位置）
	I0.4	电感式接近开关 SQ4（输送液压缸伸出位置）
	I0.5	启动按钮 SB1
	I0.6	停止按钮 SB2
输出	Q0.1	电磁阀 1YA（提升液压缸伸出）
	Q0.2	电磁阀 2YA（提升液压缸缩回）
	Q0.3	电磁阀 3YA（输送液压缸伸出）

3. 绘制 PLC 控制外部接线图

包裹提升设备 PLC 外部接线图如图 7-4-3 所示。

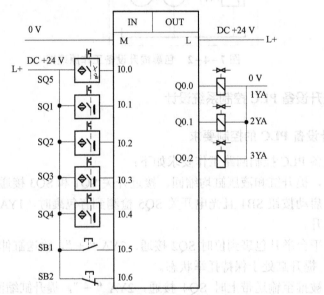

图 7-4-3　包裹提升设备 PLC 外部接线图

4. 编写 PLC 程序

包裹提升设备 PLC 控制程序如图 7-4-4 所示。

在气动实训台上安装与调试包裹提升设备气动控制回路。实训步骤如下：

（1）能正确分析包裹提升设备控制回路的动作原理。

（2）在实训操作台上找出该系统所需要的元器件并合理布置各元器件的位置，正确连接该控制回路。

（3）检查无误后，接通电源，启动空气压缩机，先将空气压缩机出气口的阀门关闭，待气源充足后，打开阀门向系统供气。

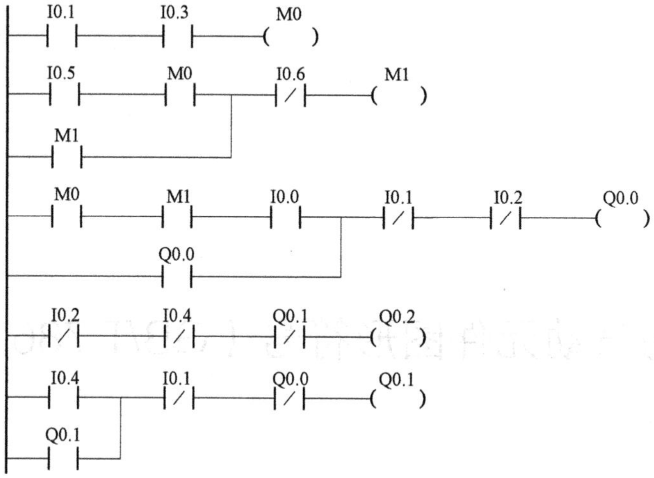

图 7-4-4 包裹提升设备 PLC 控制程序

（4）操作相应的控制按钮，观察气缸动作是否与控制要求一致，若不能达到预定动作，则检查各气动元件连接是否正确、调节是否合理、电气线路是否存在故障等。应能根据实训回路原理图检查并排除实训过程中出现的故障，直至实训正确。

（5）调试完毕经老师检查评估后，关闭空压机，放松减压阀的旋钮，拆下元件并放回原处。

附录

常用液压与气动元件图形符号（GB/T 786.1—2009）

附表1　基本符号、管路及连接

名　称	符　号	名　称	符　号
供油管路，回油管路，元件外壳和外壳符号	——————	内部和外部先导管路，泄油管路，冲洗管路，放气管路	- - - - - - - - - -
两个流体管路的连接		交叉管路	
软管总成		组合元件框线	- · - · - · - · -
旋转管接头		三通旋转接头	
不带单向阀的快换接头，断开状态	→‖←	不带单向阀的快换接头，连接状态	→‖←
带一个单向阀的快换接头，断开状态	→▷‖←	带一个单向阀的快换接头，连接状态	→▷‖←
带两个单向阀的快换接头，断开状态	→▷‖◁←	带两个单向阀的快换接头，连接状态	→▷‖◁←
管口在液面以下的油箱		管口在液面以上的油箱	

附表 2 控制机构和控制方法

名　称	符　号	名　称	符　号
按钮式人力控制		踏板式人力控制	
手柄式人力控制		顶杆式机械控制	
弹簧控制		液压先导控制	
单向滚轮式机械控制		液压二级先导控制	
滚轮式机械控制		液压先导卸压控制	
外部压力控制		内部压力控制	
单作用电磁铁，动作指向阀芯		单作用电磁铁，动作指向阀芯，连续控制	
单作用电磁铁，动作背离阀芯		单作用电磁铁，动作背离阀芯，连续控制	
双作用电气控制机构，动作指向或背离阀芯		双作用电气控制机构，动作指向或背离阀芯，连续控制	
电气操纵的气动先导控制机构		电气操纵的带有外部供油的液压先导控制机构	
使用步进电动机的控制机构		具有可调行程限制装置的顶杆	

附表 3 泵、马达和缸

名　称	符　号	名　称	符　号
单向旋转的定量泵或马达		变量泵	

名　称	符　号	名　称	符　号
双向流动，带外泄油路单向旋转的变量泵		双向变量泵或马达单元，双向流动，带外泄油路，双向旋转	
空气压缩机		真空泵	
变量泵，先导控制，带压力补偿，单向旋转，带外泄回路		带复合压力或流量（负载敏感）变量泵，单向驱动	
机械或液压伺服控制的变量泵		电液伺服控制的变量液压泵	
恒功率控制的变量泵		带两级压力或流量控制的变量泵，内部先导操纵	
单作用单杆缸，靠弹簧力返回		双作用单杆缸	
双作用双杆缸，活塞杆直径不同，双侧缓冲，右侧带调节		单作用缸，柱塞缸	

名　称	符　号	名　称	符　号
单作用伸缩缸		双作用伸缩缸	
摆动缸或摆动马达，限制摆动角度，双向摆动		单作用的半摆动缸或摆动马达	
气动马达		变方向变流量双向摆动气动马达	

附表4　控　制　元　件

名　称	符　号	名　称	符　号
二位二通方向控制阀，推压控制机构，弹簧复位，常闭		二位二通方向控制阀，电磁铁操纵，弹簧复位，常开	
二位三通方向控制阀，电磁铁操纵，弹簧复位，常闭		二位三通方向控制阀，滚轮杠杆控制，弹簧复位	
二位四通方向控制阀，电磁铁操纵，弹簧复位		二位四通方向控制阀，电磁铁操纵，液压先导控制，弹簧复位	
三位四通方向控制阀，电磁铁操纵先导级和液压操纵主阀		三位四通方向控制阀，双电磁铁直接操纵，有不同中位机能类别	
二位四通方向控制阀，液压控制，弹簧复位		三位四通方向控制阀，液压控制	
双压阀（与逻辑）		单向阀	

名 称	符 号	名 称	符 号
单向阀,带有复位弹簧		先导式液控单向阀,带有复位弹簧	
双单向阀,先导式		梭阀,压力高的入口自动与出口接通	
溢流阀,直动式,开启压力由弹簧调节		顺序阀,手动调节设定值	
外部控制顺序阀(气动)		内部流向可逆调压阀(气动)	
调压阀,远程先导可调,溢流,只能向前流动(气动)		电磁溢流阀,先导式,电气操纵预设定压力	
顺序阀,带有旁通阀		二通减压阀,直动式,外泄型	
二通减压阀,先导式,外泄型		三通减压阀(液压)	
比例溢流阀,直控式,通过电磁铁控制弹簧工作长度来控制液压电磁换向座阀		比例溢流阀,直控式,电磁力直接作用在阀芯上,集成电子器件	

名　　称	符　　号	名　　称	符　　号
比例溢流阀，直控式，带电磁铁位置闭环控制，集成电子器件		比例溢流阀，先导控制，带电磁铁位置反馈	
可调节流量控制阀		可调节流量控制阀，单向自由流动	
流量控制阀，滚轮杠杆操纵，弹簧复位		二通流量控制阀，可调节，带旁路阀，单向流动	
三通流量控制阀，可调节，将输入流量分成固定流量和剩余流量		分流器，将输入流量分成两路输出	
集流器，保持两路输入流量相互恒定		滚轮柱塞操纵的弹簧复位式流量控制阀	
比例流量控制阀，直控式		比例流量控制阀，直控式，带电磁铁闭环位置控制和集成式电子放大器	
比例流量控制阀，先导式，带主级和先导级的位置控制和电子放大器		流量控制阀，用双线圈比例电磁铁控制，节流孔可变，特性不受黏度变化的影响	

附表5　辅　助　元　件

名　　称	符　　号	名　　称	符　　号
可调节的机械电子压力继电器		输出开关信号、可电子调节的压力转换器	

名　称	符　号	名　称	符　号
模拟信号输出压力传感器		光学指示器	
数字式指示器		声音指示器	
压力测量单元（压力表）		压差计	
温度计		可调电气常闭触点温度计（接点温度计）	
液位指示器（液位计）		四常闭触点液位开关	
流量指示器		流量计	
数字式流量计		转速仪	
转矩仪		开关式定时器	
计数器		过滤器	
带附属磁性滤芯的过滤器		带光学阻塞指示器的过滤器	
带压力表的过滤器		带旁路节流的过滤器	

名　称	符　号	名　称	符　号
带旁路单向阀的过滤器		带手动切换功能的双过滤器	
不带冷却液流道指示的冷却器		液体冷却的冷却器	
电动风扇冷却的冷却器		加热器	
温度调节器		隔膜式蓄能器	
囊式蓄能器		活塞式蓄能器	
气瓶		气罐	
气压源		液压源	
手动排水流体分离器		带手动排水分离器的过滤器	
自动排水流体分离器		油雾分离器	

附录　常用液压与气动元件图形符号（GB/T 786.1—2009）

255

名　称	符　号	名　称	符　号
离心式分离器		空气干燥器	
手动排水式油雾器		油雾器	
真空发生器		电动机	Ⓜ

参 考 文 献

［1］梅荣娣. 液压与气压传动控制技术［M］. 北京：北京理工大学出版社，2012.

［2］马振福. 液压与气压传动［M］. 北京：机械工业出版社，2004.

［3］徐小东. 液压与气动应用技术［M］. 北京：电子工业出版社，2009.

［4］陈立群. 液压传动与气动技术［M］. 北京：中国劳动社会保障出版社，2006.

［5］胡海清，陈庆胜. 气压与液压传动控制技术［M］. 北京：北京理工大学出版社，2009.

［6］SMC（中国）有限公司. 现代实用气动技术［M］. 北京：机械工业出版社，1998.

［7］罗洪波，曹坚. 液压与气动系统应用与维修［M］. 北京：北京理工大学出版社，2009.

参考文献

参考文献

[1] 姜荣聚. 机床电气控制与维修技术 [M]. 北京: 北京理工大学出版社, 2012.xx.

[2] 李春城. 液压与气压传动 [M]. 北京: 机械工业出版社, 2004.

[3] 徐永生. 液压与气动控制技术 [M]. 北京: 电子工业出版社, 2000.

[4] 胡运权. 运筹学与生产管理技术 [M]. 北京: 中国劳动社会保障出版社, 2006.

[5] 刘延俊. 气压与液压传动控制技术 [M]. 北京: 北京理工大学出版社, 2009.

[6] SMC (中国) 有限公司. 现代实用气动技术 [M]. 北京: 机械工业出版社, 1998.

[7] 姜学良, 曹佳. 液压传动与气压传动实用教程 [M]. 北京: 北京理工大学出版社, 2009.